技術大全シリーズ

シリコーン大全

| 山谷正明 |─ 監修
| 信越化学工業 |─ 編著

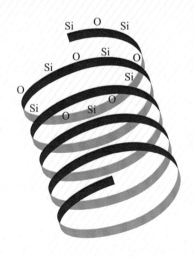

日刊工業新聞社

はじめに

　ケイ素（Si）は無機化学の主役である。ケイ素の地球表層部に存在する重量比率（クラーク数）は 25.8 % であり、酸素の 49.5 % に次いで多い。そのケイ素と酸素とは親和性が極めて高く、エネルギー的に安定な Si-O-Si 結合（シロキサン結合）を形成し、しかもケイ素の結合手が 4 本あるため、岩石の頑丈な立体的骨格を形成している。岩石が熱にも光にも強いのは、このシロキサン結合で形成されているからである。まさに、無生物の世界の主役はケイ酸塩であると言っても過言ではない。ケイ素原子を含むものを思い浮かべると、シリカ、石英、ガラスなどの酸化物、金属ケイ素の単結晶、SiC などのセラミック材料等無機材料ばかりである。

　一方、周期律表でケイ素の上に位置している炭素は、僅か 0.08 % しか存在しない。しかしながら、生命体の世界を構成している主役である。ケイ素と炭素が同じ第Ⅳ族に属する典型元素で、隣同士でありながら、無機化学と有機化学の代表者であるのは大変面白い。

　金属と有機基が直接結合している化合物は有機金属化合物と呼ばれ、特異な反応性を示す化合物が多く、通常の有機化合物とは区別される。ケイ素原子を 1 個だけ有する有機ケイ素化合物（シラン化合物）も有機金属化合物に分類される。シラン化合物を加水分解しシロキサン結合に誘導した有機置換基を有するポリマーはシリコーンと呼ばれるが、自然界には存在しないまさに人工物であり、無機と有機が融合したハイブリッド・ポリマーと呼ぶに相応しい材料である。

　シリコーンは、岩石から受け継いだ有機化合物では達成できない優れた耐熱性や耐候性を有している。さらに、シロキサン結合が分極しているので、その電気的影響を最小にするため、直鎖状のポリシロキサン化合物はらせん状のヘリックス（バネ）構造を採ることができる。バネ構造により伸び縮みできる能力が大きく、応力緩和など機能性材料の設計に大きく貢献しており、他の有機系ポリマーにはないユニークな特徴となっている。この構造から優れた界面活性能力も発現し、シリコーンは別名「魔法の砂」と呼ばれ、電気・電子、自動車、建築、化学、化粧品、繊維、食品などの様々な分野で使

用されている。無機構造を主骨格とするポリマーで、大きな工業にまで発展したのはシリコーンだけである。

シリコーンは、このように興味深い特性を示し、構造の制御、各種有機官能基の導入などにより新規素材が生まれ、性能の向上が図られ、応用分野もさらに拡大していった。工業生産が開始されてから60年以上が経過しているが、出願される特許は年々増加しており、さらなる発展が期待され、注目されている。

このようなシリコーンに関して、総合的にまとめたものとして、当社の先輩諸氏が、1990年日刊工業新聞社から「シリコーンハンドブック」という本を出版した（現在絶版）。この本のスタンスを踏襲して、本書は、シリコーンの基礎的性質、製造方法に触れながら、その後の技術的進展と新規用途を加えて、新しいケイ素化学の一端を紹介するよう努めた。 同じ第Ⅳ族ながら、炭素とは全く異なる世界を形成しているシリコーンの不思議な魅力を感じてもらい、これまでにない新しい用途が開拓されることを期待している。

なお、本書は、当社のシリコーン電子材料技術研究所の研究者が分担して執筆したため、もしかしたら内容にある種の偏りがあるかもしれない。

今後読者各位の御叱正により逐次補正していきたいと考える。

最後に、本書を発行するにあたって、終始熱心に尽力して頂いた日刊工業新聞社の藤井浩氏をはじめ、関係者の皆様には心から謝意を表したい。

2016年　1月

　　　　　　　　　　　　　　　執筆者を代表して　　山谷正明

目　次

はじめに ……………………………………………………………… 1

第1章　シリコーン化学

1.1　シリコーン工業 ……………………………………………… 6
1.2　シリコーンの性質 …………………………………………… 8
1.3　シリコーンの製造方法 ……………………………………… 12

第2章　シラン

2.1　オルガノシラン ……………………………………………… 22
2.2　カーボンファンクショナルシラン（CFシラン） ………… 25
2.3　シリル化剤 …………………………………………………… 48

第3章　シリコーンオイル

3.1　シリコーンオイルの種類、性質 …………………………… 54
3.2　シリコーンオイルの応用 …………………………………… 86
3.3　変性シリコーンオイル ……………………………………… 91

第4章　シリコーンレジン

4.1　シリコーンレジンの性質 …………………………………… 108
4.2　シリコーンレジンの種類 …………………………………… 117
4.3　シリコーンレジンの応用 …………………………………… 121

第5章　シリコーンゴム

5.1　シリコーンゴムの性質 ……………………………………… 130
5.2　過酸化物硬化型シリコーンゴム …………………………… 139
5.3　LIMS（Liquid Injection Molding System：液状射出成形システム）
　　　……………………………………………………………… 149

5.4　付加硬化型シリコーンゴム ……………………………………………… 155
5.5　縮合硬化型シリコーンゴム ……………………………………………… 171
5.6　紫外線硬化型シリコーンゴム …………………………………………… 180

第6章　シリコーンの応用

6.1　シリコーンハードコート ………………………………………………… 190
6.2　化粧品用シリコーン ……………………………………………………… 201
6.3　コンタクトレンズ用シリコーン ………………………………………… 210
6.4　繊維処理剤 ………………………………………………………………… 221
6.5　消泡剤 ……………………………………………………………………… 232
6.6　離型剤 ……………………………………………………………………… 244
6.7　シリコーン粘着剤 ………………………………………………………… 264
6.8　シリコーンパウダー ……………………………………………………… 276
6.9　放熱材料 …………………………………………………………………… 287
6.10　LED用シリコーン材料 …………………………………………………… 301
6.11　太陽電池用シリコーン …………………………………………………… 314
6.12　シリコーンシーラント …………………………………………………… 323

第7章　シリコーンの分析法

7.1　シリコーン分析の特徴 …………………………………………………… 338
7.2　シリコーンの構造解析 …………………………………………………… 339
7.3　シリコーン製品の分析事例 ……………………………………………… 348

索引 ……………………………………………………………………………… 361

第1章

シリコーン化学

　地球上の生命体は炭素原子を中心とした有機化合物からなり、地殻はケイ素原子を中心とした無機化合物からなる。しかし、有機と無機それぞれの主役である炭素原子とケイ素原子が結合してできた有機ケイ素化合物は自然界には存在しない。本章ではこの有機ケイ素化合物の誕生からシリコーンの工業化へのあゆみを概観する。またケイ素原子と炭素原子の性質の相違点を通して、シリコーンの基本的性質について紹介する。さらに、1944年にアメリカでシリコーンの工業生産が開始されて以来、今日ありとあらゆる分野で使用されるようになったシリコーンの製造方法とシリコーン製品に使用されている代表的な硬化反応について解説する。

1.1 シリコーン工業

ケイ素 (Si) は、地球の地殻構成成分 (**表 1-1**) の中では酸素に次いで2番目に多い (26％) 元素であり、酸素と結合した無機高分子のケイ酸塩、二酸化ケイ素として存在し、ケイ素単体としては自然界には存在していない。ケイ素と言えば半導体、太陽電池、光ファイバーなどの最先端技術を思い浮かべるが、私たちはこれまでにこのケイ酸塩を古くから陶磁器やガラスとして利用してきた。意外にもケイ素は古くから生活に身近な元素だったと言える。最近では、無機高分子のケイ酸はイネ類の成長に非常に重要な役割を果たしていることもわかってきている。

一方、ケイ素原子に直接結合した炭素原子を有する有機ケイ素化合物もまた天然には存在しない。世界最初の有機ケイ素化合物は 1863 年、C. Friedel と J. M. Crafts により合成されたテトラエチルシランである。

シリコーン (Silicone) は 1908 年、F. S. Kipping によるクロロシランの加水分解により初めて合成され、ケトン ($R_2C=O$) と類似化合物 ($R_2Si=O$) の Silico + Ketone = Silicone と信じて名付けられたが、実際に得られたものはポリマーであった。現在、シリコーンとは無機化合物に属するシロキサン結合 (–Si–O–Si–) を主骨格とし、側鎖に有機基を有するオルガノポリシロ

表 1-1 クラーク数

順位	元素	％
1	O	49.5
2	Si	25.8
3	Al	7.6
4	Fe	4.7
5	Ca	3.4

キサン類の総称であり、広義には酸素を持たないシラン類を含め、有機ケイ素化合物のすべてをシリコーンと言う場合もある。半導体や太陽電池などとして用いられている金属ケイ素はシリコン（Silicon）であり、シリコーンとシリコンが混同されて使用されることが多い。

シリコーンの工業的生産が可能になったのは、ゼネラル・エレクトリック（GE）社のE. G. Rochowが1940年にアルキルクロロシラン合成の「直接法」を発見したことによる。「直接法」は、ケイ酸塩（**図1-1**）を還元して得られる金属ケイ素（**図1-2**）とハロゲン化炭化水素とを、銅を触媒として高温で反応させ、クロロシラン類を合成するものである。

現代の有機化学工業が石油などの有機資源に支えられていることとは異なり、シリコーンは無限とも言える無機資源のケイ酸塩を活用したユニークな素材と言える。

図1-1 ケイ酸塩

図1-2 金属ケイ素

1.2 シリコーンの性質

▶ 1.2.1 ケイ素原子と炭素原子

ケイ素原子と炭素原子は周期律表で同じ第IV族に属し、いずれも sp3 混成軌道による正4面体構造をとっているが、その特性にはいくつかの相違点がみられる。

（1）ケイ素の共有結合半径（1.17 Å）は炭素（0.77 Å）の約 1.5 倍である。

（2）ケイ素は炭素に比べ電気的に陽性であり、電気陰性度はケイ素 1.8 に対して炭素 2.5 である。

（3）ケイ素は炭素にみられるような二重、三重結合をつくることは極めてまれである。その理由はケイ素化合物では結合距離が長く、p 軌道の重なりにより生成する π 結合エネルギーが小さいためである。しかし、緻密に考え抜かれた立体保護基を用いて、1981 年にケイ素—ケイ素二重結合化合物（ジシレン）の合成が成功し、2004 年にはケイ素—ケイ素三重結合化合物（ジシリン）の合成に成功している。

ジシレン　　　　　　　　ジシリン

このようなケイ素と炭素の性質の違いにより、ケイ素化合物には炭素化合物にはみられない反応が起きる。特に Si-O、Si-Cl などのケイ素と電気陰性度の高いヘテロ原子との結合エネルギーは、対応する炭素—ヘテロ原子結合に比べはるかに大きい。しかし、ケイ素の電気陰性度は、炭素や他のヘテロ

原子に比べ低いため、Si^+-X^-の分極を生み出し、ケイ素原子上への求核攻撃を受けやすくなり、結果としてケイ素上のヘテロ原子は脱離しやすい。

例えば、ケイ素上のクロロ基（Cl）やアルコキシ基（RO）は置換されやすく、ヒドロシリル基（Si-H）は塩基性条件下で脱水素反応によりシラノール基（Si-OH）を生成するなど炭素化合物とは大きな違いがある（式1-1）。

（式1-1）

▶ 1.2.2 ケイ素基の電子的効果

有機ケイ素基の電子的効果には2つの大きな特徴がある。

（1）ケイ素に結合したα炭素上のアニオンはケイ素基によって安定化される。

ケイ素―炭素結合の反結合性σ^*軌道への電子の流れ込みは、$(\sigma^*-p)\pi$共役によるものと考えられている。Me_3Si-CH_3から BuLi の作用で容易に$Me_3SiCH_2^-Li^+$が生成するのはその例である。

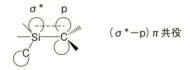

（2）ケイ素に結合したβ炭素上のカチオンは、ケイ素-（α）炭素結合σ結合の電子供与性により安定化される。

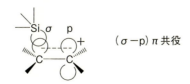

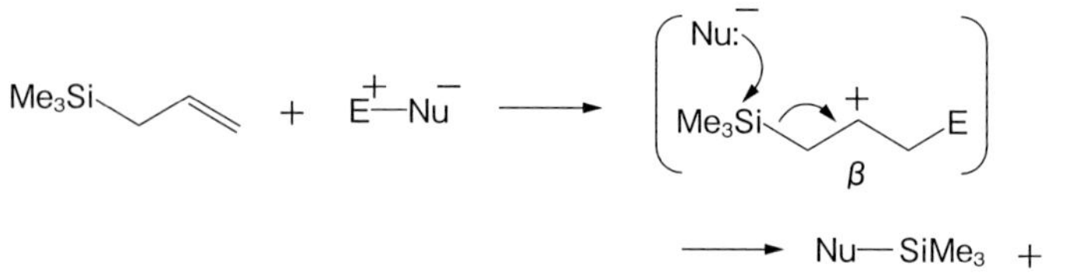

例えば、アリルシランと求電子剤（E-Nu）との反応はβ—カルボニウムイオン中間体を経由してシリル基が脱離する。

これらの電子的効果が合成反応に活かされている。

▶ 1.2.3 シリコーンの基本的性質

シリコーンは主鎖が無機のシロキサン結合（-Si-O-Si-）であり、側鎖に有機基を有する無機質と有機質のハイブリッドな高分子材料と言える。主鎖がC-C結合からなる有機高分子材料にはみられない、耐熱性、耐寒性、耐候性、電気特性、撥水性、離型性などの多彩な特性を有している。

これらの特徴について、代表的なシリコーンであるジメチルシリコーン分子（**図1-3**）とパラフィン分子（**図1-4**）の立体構造を比較しながら説明する。

（1）結合エネルギー

ジメチルシリコーンの主鎖であるSi-O結合エネルギーは444 kJ/molであり、有機ポリマーの主鎖であるC-C結合エネルギー（356 kJ/mol）やC-O結合エネルギー（339 kJ/mol）に比べ非常に大きく安定している。

また、ケイ素原子の電気陰性度（1.8）は酸素（3.5）と比べて小さいため、$Si^+ - O^-$結合は、ケイ素がプラスに、酸素がマイナスに分極した構造になっており、約50％がイオン結合性を有し、エネルギー的に安定化されている。

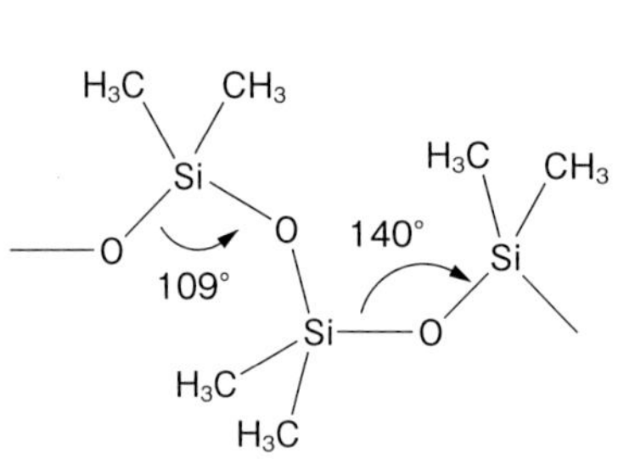

図1-3 ジメチルシリコーン分子 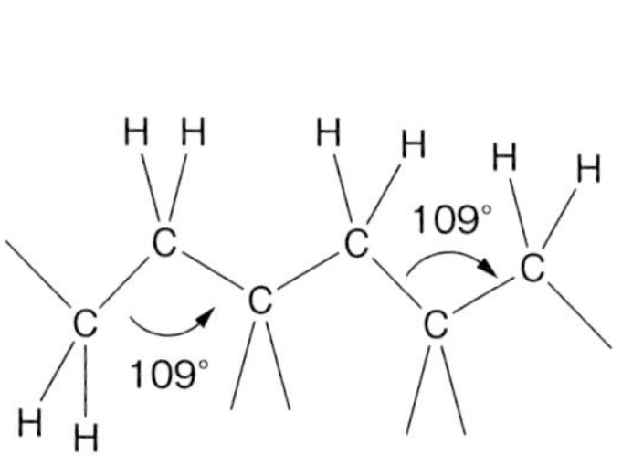　　**図1-4** 直鎖状パラフィン分子

こうしたシロキサン結合の特徴がシリコーンの耐熱性、耐候性の性質を生み出している。しかし、シロキサン結合のイオン結合性は、シロキサン結合が酸、塩基などのイオン的な攻撃に対して弱いことも意味している。

(2) 結合距離と結合角

シロキサン結合の距離は 1.64 Å と炭素―炭素結合の距離 1.54 Å より長く、かつシロキサン結合角は 140° とポリエチレンの 109° と比べ大きい。また回転エネルギーも、炭素―炭素結合の 15.1 kJ/mol、炭素―酸素結合の 11.31 kJ/mol に比較して、ケイ素―酸素結合は 0.8 kJ/mol 以下と非常に小さく、シロキサン結合は動きやすい（**図 1-5**）。このためにシリコーンポリマー間の間隔は大きく、シリコーンポリマーの占有空間は非常に大きなものとなっている。

(3) らせん構造

シリコーン骨格はイオン性が高く親水性を示す Si-O 結合を内部に向き、非イオン性で疎水性を示す有機基を外側に向けたらせん構造をとっている。このらせん構造はイオン性の引き合う力により安定化し、Si-O 結合が 6 個で一回転していると言われている（**図 1-6**）。またシリコーン骨格は疎水性を示す有機基で覆われているため、その表面エネルギーは低く、またシリコーン分子同士の引き合う力は疎水性基の影響により弱い。

シリコーンポリマーは、これらの性質より分子間力が小さい性質を持っている。シリコーンポリマーの消泡性、離型性、撥水性、圧縮率が大きい、気体透過性が大きい、耐寒性がよい、各種特性の温度依存性が小さいなどの特徴ある性質は、この基本構造に由来している。

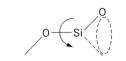

図 1-5 シロキサン結合は動きやすい

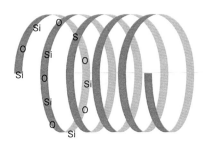

図 1-6 シリコーンのらせん構造

1.3 シリコーンの製造方法

シリコーンの製品数は数千種にも及び、使用される産業分野もエレクトロニクスから輸送機、化学、繊維、食品、化粧品、建築など、その幅の広さには驚くものがある。これらの特徴は、シリコーンポリマーの特異的な性質にもよるが、シリコーンポリマー自身の構造の多様性によるところが大きい。すなわち、シリコーンポリマーにはオイル状、ゴム状、レジン状と様々な形態のものがあり、さらに、ケイ素に結合する有機基を変化させることにより、シリコーンポリマーの性質も変わる。例えば、フェニル基の導入は、耐熱性、耐寒性がより向上し、またトリフロロプロピル基を導入すると耐溶剤性が付与できる。本章では、シリコーンの代表であるメチル置換基のシラン、直鎖状ポリマーの製造について述べる。

▶ 1.3.1 シランの合成

工業的に重要なシランの製造方法は、前章で述べたとおり GE 社の E. G. Rochow により開発された「直接法」である。「直接法」は、銅粉末を触媒とした金属ケイ素とハロゲン化アルキルの流動層による 250～500 ℃の気固反応でシランを合成するものである。金属ケイ素は電力の安い海外で生産され、全量輸入されている。この直接法のシラン合成からシラン加水分解によるジメチルシリコーンまでの生成工程を以下にまとめる（式 1-2）。

$$
\begin{aligned}
SiO_2 + C &\longrightarrow Si + 2CO \\
MeOH + HCl &\longrightarrow MeCl + H_2O \\
2MeCl + Si &\longrightarrow Me_2SiCl_2 \\
\underline{Me_2SiCl_2 + H_2O} &\longrightarrow \underline{Me_2SiO + 2HCl} \\
SiO_2 + 2C + 2MeOH &\longrightarrow Me_2SiO + H_2O + 2CO
\end{aligned}
$$

（式 1-2）

　ここに示されたように、ジメチルジクロロシランの加水分解によって生じた塩化水素は、メタノールとの反応で循環され消費される。このことで、全反応での副生成物は水と一酸化炭素のみとなり、「直接法」は工業的に合理的なプロセスと言え、今もって、これに勝る方法は出てきていない。

　なお、直接法により生成されるシランは、ジメチルジクロロシランのみではなく、種々のメチルクロロシランの混合物である。直接法で得られる粗シラン組成の一例を**表1-2**に示した。

　得られるクロロシラン類の中で、シリコーン工業にとって最も必要とされる重要なシランはジメチルジクロロシランである。このジメチルジクロロシランは、種々のクロロシランと沸点が非常に接近しているため精密蒸留により分別される。現在もジメチルジクロロシランの収率向上への研究が精力的に行われている。また、需要の少ないクロロシラン類は再分配反応などで需要の高いジメチルジクロロシランへ転換されている（式 1-3）。

$$Me_3SiCl + MeSiCl_3 \xrightarrow{AlCl_3} 2Me_2SiCl_2$$

（式 1-3）

表1-2 直接法による粗シランの組成（一例）

シラン成分		沸点（℃）	成分比
ジメチルジクロロシラン	Me_2SiCl_2	70.2	75
メチルトリクロロシラン	$MeSiCl_3$	66.1	10
トリメチルクロロシラン	Me_3SiCl	57.3	4
メチルジクロロシラン	$MeHSiCl_2$	40.4	6
テトラクロロシラン	$SiCl_4$	57.6	—
テトラメチルシラン	Me_4Si	26.2	0.1
トリクロロシラン	$HSiCl_3$	31.8	0.01
ジメチルクロロシラン	Me_2HSiCl	35.4	0.05
残留（ジシラン）		100〜200	<5

現在、工業的には、メチルクロロシラン、エチルクロロシラン、フェニルクロロシランが製造されている。

なお、特殊な有機ケイ素化合物の合成には、有用な方法としてグリニャール（Grignard）法がある。グリニャール法は、工程の複雑さや溶剤を使用することの危険性もあるが、置換基の種類や数の異なった色々な有機ケイ素化合物を任意に合成できる利点から幅広く利用されている。

グリニャール法の反応形態としては、下記の例があげられる（式1-4）。

①クロロシランとの反応

$$RMgX + \equiv Si-Cl \longrightarrow \equiv Si-R + MgXCl$$

②アルコキシシランとの反応

$$RMgX + \equiv Si-OR' \longrightarrow \equiv Si-R + MgX(OR')$$

③ポリシロキサンとの反応

$$RMgX + [R'_2SiO]x \longrightarrow RR'_2SiOMgX \longrightarrow RR'_2Si-OH$$

（式1-4）

シリコーン工業で用いられるシランモノマーとその用途について**表1-3**にまとめた。

表1-3 各種シランモノマーと用途

シランモノマー	用途
$HSiCl_3$	半導体用高純度シリコン、CFシラン
$SiCl_4$	シリケート、レジンほか
$MeSiHCl_2$	繊維撥水剤
Me_3SiCl	オイル、シリル化剤
$MeSiCl_3$	レジン
Me_2SiCl_2	オイル、ゴム、レジン
Me_2HSiCl	室温硬化型ゴム
$PhSiCl_3$	レジン
Ph_2SiCl_2	レジン、オイル、ゴム
$MePhSiCl_2$	ゴム、オイル
$Ph_2MeSiCl$	高真空用拡散ポンプオイル
$CH_2=CHSiCl_3$	CFシラン
$Me(CH_2=CH)SiCl_2$	ゴム、オイル
$Me_2(CH_2=CH)SiCl$	室温硬化型ゴム
$(CF_3CH_2CH_2)MeSiCl_2$	フッ素シリコーン

▶ 1.3.2　シロキサンの合成

　シリコーンポリマーの骨格構造は4つの単位から構成され、それぞれ有機基が3個ついた1官能性基をM単位、2個ついた2官能性基をD単位、1個ついた3官能性基をT単位、有機基置換のまったくない4官能性基をQ単位と呼んでいる。M単位とD単位からなるポリマーはオイル状、ガム状であり、T単位とQ単位を含むものはレジン状である。シリコーンポリマーは、これらの組み合わせにより色々な構造の分子設計が可能である。

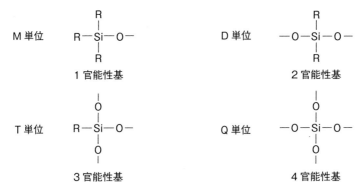

シリコーンの基本単位と製品分類

分岐状…レジン

```
            Ph        Me         Ph         Me
            |         |          |          |
    HO─Si─O─Si─O─Si─O─Si─OH
            |         |          |          |
            OH       Me          O         Me
                                 |
                            Me─Si─Me
                                 |
                                 O
            Ph                  Me         Ph
            |                    |          |
    HO─Si─O─Si─O─Si─OH
            |                    |          |
            Ph                  Me         OH
```

$T^{Ph}_4 D_4$

カーボンファンクショナルシラン

Y……Si(OMe)$_3$ Y：有機官能基

シリコーンポリマーの製造方法を、直鎖状ポリマーの代表である分子末端がトリメチルシリル基で封鎖されたジメチルシリコーン[Me$_3$SiO(Me$_2$SiO)mSiMe$_3$]を例に説明する。

（1）クロロシランの加水分解

一般的に、シリコーンポリマーはジメチルジクロロシランの加水分解により環状シロキサンオリゴマーをつくり、これを開環重合して得ることが多い。

まず、ジメチルジクロロシランは容易に加水分解し、極めて不安定なジメチルシランジオール[Me$_2$Si(OH)$_2$]を生成する。さらにシラノール同士の縮合により、環状ジメチルシロキサンと直鎖状ジメチルシロキサンの混合物を与える。この割合は副生する塩化水素の濃度を調整することで変わる。環状ジメチルシロキサンオリゴマー（4～6量体）は特に高分子量のポリマーを製造するうえで極めて重要な原料であり、加水分解混合物から蒸留などで分離される（式 1-5）。

Me$_2$SiCl$_2$ + H$_2$O ────────→ Me$_2$Si(OH)$_2$ + HCl

Me$_2$Si(OH)$_2$ ────────→ (Me$_2$SiO)n + HO(Me$_2$SiO)mH

（式 1-5）

（2）環状ジメチルシロキサンオリゴマーの開環重合

シロキサン結合はそのイオン結合性のために、酸や塩基などのイオン的な攻撃に対して活性である。そのため、精製された低分子量の環状ジメチルポ

リシロキサンオリゴマーを酸または塩基触媒の存在下、適当な条件下で処理すると開環重合し高分子ポリマーが得られる。よく使用されるアルカリ触媒としては、水酸化カリウム（KOH）、テトラメチルアンモニウムハイドロキサイド（Me$_4$NOH）、テトラブチルホスホニウムハイドロキサイド（Bu$_4$POH）などがあり、酸触媒としては、硫酸、トリフルオロメタンスルホン酸、活性白土、塩化ホスホニトリル（PNC）などがあげられる。

アルカリ触媒による重合は加熱により反応が促進される。特にKOHによる重合は150℃の高温で行われる。しかし、Me$_4$NOHやBu$_4$POHなどの触媒は、110℃以下の温度で優れた触媒作用を示し、130～150℃で分解して活性を失うためKOH触媒のように中和の必要がなく、中和塩のろ過を必要としない点で優れている（式1-6）。

$$\text{Me}_4\text{NOH} \xrightarrow{130\,℃} \text{Me}_3\text{N} + \text{MeOH}$$
$$n\text{-Bu}_4\text{POH} \xrightarrow{150\,℃} n\text{-Bu}_3\text{PO} + n\text{-C}_4\text{H}_{10}$$

（式1-6）

ハイドロジェンシリコーンなどの合成には、Si-H結合がアルカリにより分解するため酸触媒が使用され、重合は常温または低温で進行する。

KOHを使用した環状シロキサンオリゴマーの開環重合による鎖状ジメチルシリコーンの合成例を式1-7に示す。

まず反応は、KOHによる環状シロキサンオリゴマーの開環反応により、重合の活性点であるシラノレート基（≡SiO$^-$K$^+$）を生成することから始まる。生成したシラノレート基は環状シロキサンオリゴマーの開環を繰り返しながら高分子量体へと進む。これらの反応は可逆反応であり、このシラノレート基によるSi-O結合の切断と再結合は分子内や分子間でも同時に起こり、鎖状シロキサンポリマーと環状シロキサンポリマーの熱力学的な平衡状態に達する。このような重合は、平衡化反応とも呼ばれている。

この反応は酸性成分の添加によりKOHが中和され停止する。

ポリマーの分子量は、分子の末端基としてトリメチルシロキシ（Me$_3$SiO$_{0.5}$）単位を導入することで調節され、D単位とM単位の割合で決まる。具体的には、ヘキサメチルジシロキサン（Me$_3$SiOSiMe$_3$）などのシロキサンが分子量の調整に使用される。

開始反応

$$(Me_2SiO)_4 + KOH \rightleftharpoons HO(Me_2SiO)_3Me_2SiO^-K^+$$

生長反応

$$\cdots Si\text{-}O^-K^+ + (Me_2SiO)_4 \rightleftharpoons HO(Me_2SiO)nMe_2SiO^-K^+$$

移動反応

$$\cdots \text{Ⓢⅰ}\text{-}O^-K^+ + \cdots Si\text{-}O\text{-}Si\cdots \underset{分子間}{\rightleftharpoons} \cdots \text{Ⓢⅰ}\text{-}O\text{-}Si\cdots + {}^+K^-OSi$$

$$\cdots \text{Ⓢⅰ}\text{-}O\text{-}Si\text{-}O\text{-}Si\text{-}O\text{-}Si\text{-}O\text{-}Si\text{-}O^-K^+ \underset{分子内}{\rightleftharpoons} \cdots \text{Ⓢⅰ}\text{-}O^-K^+ + (Me_2SiO)_4$$

中和反応

$$\cdots Si\text{-}O^-K^+ + HX \longrightarrow \cdots Si\text{-}OH + KX$$

(式 1-7)

▶ 1.3.3 シリコーンの反応（硬化反応）

シリコーン製品は、使用条件に適した硬化反応を色々選択できる。このことは、シリコーン製品が幅広い用途へ適応できる理由の１つでもある。本章では、シリコーン製品に使用されている代表的な硬化反応について紹介する。

（1）シラノール基（Si-OH）間の脱水縮合反応

$$\equiv Si\text{-}OH + HO\text{-}Si \equiv \longrightarrow \equiv Si\text{-}O\text{-}Si \equiv + H_2O$$

Si-OH 同士の脱水縮合反応はシリコーンレジン、繊維撥水剤や離型剤などの硬化反応に利用されている。触媒としては、一般的にオクチル酸亜鉛、オクチル酸鉄、またはコバルト、スズなどの有機酸塩が使用され、加熱によって反応が進む。アミン系の触媒も有用である。

（2）シラノール基（Si-OH）と加水分解性基（Si-OR）間の縮合反応

$$\equiv Si\text{-}OH + RO\text{-}Si \equiv \longrightarrow \equiv Si\text{-}O\text{-}Si \equiv + ROH$$

この反応は、シリコーンレジンや縮合型液状シリコーンゴムの硬化反応に利用されている。

Si-OH は加水分解性基を有するシランまたはシロキサン（RO-Si）と、酸、アルカリ、有機スズ化合物や有機チタン化合物などの触媒により常温で縮合反応する。

加水分解性基には、アルコキシ基、アセトキシ基、オキシム基、アミノキ

シ基、プロペノキシ基などがあり、用途に応じて使い分けられる。

（3）メチルシリル基（Si–CH$_3$）、ビニルシリル基（Si–CH=CH$_2$）の有機過酸化物による反応

　有機過酸化物の熱分解によるラジカル反応は、シリコーンゴムや無溶剤シリコーンレジンの硬化反応に利用されている。反応温度は有機過酸化物の分解温度に応じて異なるが、一般的に150℃以上である。

　また、過酸化物の分解残渣などを除去するために2次加硫を必要とする。

　その機構は、メチル基間の反応とメチル基とビニル基との反応が同時に進行し、架橋が形成される。一般的にアシル系過酸化物では主に式1-8に示すAの反応が優先し、アルキル系過酸化物では主にBの反応が優先する。

$$\equiv Si-CH_3 + CH_3-Si \equiv \xrightarrow{ROOR} \equiv Si-CH_2-CH_2-Si \equiv$$
$$\text{OR}$$
$$\equiv Si-CH=CH_2 + CH_3-Si \equiv \xrightarrow{ROOR} \equiv Si-CH-CH_2CH_2-Si \equiv$$

$$RO-OR \longrightarrow RO\cdot$$
$$\equiv Si-CH_3 + RO\cdot \longrightarrow \equiv Si-CH_2\cdot + ROH$$
$$\text{OR}$$
$$\equiv Si-CH=CH_2 + RO\cdot \longrightarrow \equiv Si-CH-CH_2\cdot$$

(A)　$\equiv Si-CH_2\cdot + \cdot CH_2-Si \equiv \longrightarrow \equiv Si-CH_2-CH_2-Si \equiv$
　　　　　　　　　　　　　　　　　　　　　　　　　OR
(B)　$\equiv Si-CH-CH_2\cdot + \cdot CH_2-Si \equiv \longrightarrow \equiv Si-CH-CH_2-CH_2-Si \equiv$

（式1-8）

（4）ビニルシリル基（Si–CH=CH$_2$）とヒドロシリル基（Si–H）との付加反応

　Si–H基とSi–CH=CH$_2$基との付加反応は、触媒に白金化合物が用いられる。付加反応は、シランカップリング剤などの合成やシリコーンゴム、シリコーンレジン、剥離紙などの硬化反応として幅広く利用されている。付加反応は常温硬化、加熱硬化いずれも可能であり、さらに開放系、密閉系のどちらでも硬化できる特徴を持っている。また、反応過程で副生成物が生じないため硬化物は密閉耐熱性に優れる。しかし、窒素化合物、リン化合物、硫黄化合

物などの微量混入で硬化が阻害される欠点を持っている。

$$\equiv Si-CH=CH_2 + H-Si\equiv \xrightarrow{Pt} \equiv Si-CH_2CH_2-Si\equiv$$

（5）紫外線による反応

　紫外線による光硬化反応は縮合反応や加熱硬化反応に比較し、硬化時間が大幅に短縮でき、また基材に対する熱の影響がないなどの特徴を持ち、剥離紙用途や液状シリコーンゴムなどに応用される。光硬化反応に使用される主な有機官能基にはアクリル基とエポキシ基がある。

$$\equiv Si-R-O-C(=O)-CH=CH_2 \xrightarrow{光開始剤}$$

$$\equiv Si-R-\overset{O}{\overgroup{CH-CH_2}} \xrightarrow{光開始剤}$$

　アクリル基の光反応は、光開始剤の紫外線による分解で発生したラジカルによる付加重合反応である。ラジカル重合反応は、空気中の酸素による硬化阻害を受けやすいので注意が必要である。エポキシ基の光反応は、スルホニウム塩などの光分解から生じる酸（カチオン）を利用した開環重合反応である。エポキシ基の光カチオン硬化反応は、空気中の酸素による硬化阻害はないものの、塩基性物質による硬化阻害や酸による腐食に注意が必要である。

〈参考文献〉
1) 熊田誠編：有機ケイ素化合物の化学、化学同人（1972）
2) E. G. Rochow：Silicon and Silicones, Springer, Berlin（1987）
3) E. W. Colvin：Silicon in Organic Synthesis, p4～20, Butterworths, London（1981）
4) 玉尾皓平：化学と生物、Vol.33, No.9, p591～596、学会出版センター（1995）
5) W. Noll：Chemistry and Technology of Silicones, p24～123, Academic Press, New York（1968）
6) S. Pawlenko：Organosilicon Chemistry, p13～16, Walter de Gruyter, New York（1986）
7) K. J. Ivin and T. Saegusa, Ed：Ring-Opening Polymerization, Vol.2, p1055～1133, Elsevier Applied Science Publishers（1984）
8) 伊藤邦雄編：シリコーンハンドブック、p88～109、日刊工業新聞社（1990）

第2章

シラン

　珪石を出発物質とし合成されるオルガノシランは、近代の産業を幅広く支える有機ケイ素系高分子化合物の原料モノマーであると同時に、無機材料と有機材料との接着成分、有機・無機複合材料の分散向上剤、樹脂改質剤、さらには医薬に代表される有機化合物の合成における保護・改質を目的とするシリル化剤としても重要な役割を担っている。

　本章では、一般的なシランの合成法・性質、カーボンファンクショナルナルシランの合成法・種類・特性・用途・作用機構・使用方法、及びシリル化剤の種類・特徴を中心に、最近の傾向も含め解説する。

2.1 オルガノシラン

　シラン（Silane）は正確にはガス状の無機化合物、水素化ケイ素（SiH_4；Mw32.12）を指すが、オルガノシラン化合物の略語としても使用されるケースがある。
　オルガノシランはこのシラン（SiH_4）の水素原子を一部有機基に置き換えた化合物であり例として全てのHをメチル基に置き換えたテトラメチルシランはNMRの標準物質としてよく知られている。

　下記にオルガノシランの製造方法を列記する[1]。
1）有機金属化合物を用いる方法
　　＊有機亜鉛、有機水銀を使用する方法
　　＊Wurts-Fittig法
　　＊グリニャール法
　　＊リチウム化合物による反応
　　＊有機アルミニウム化合物による方法
2）直接法（金属ケイ素と有機ハロゲン化合物の反応）
3）炭化水素及びハロゲン化水素とSi-Hを含むシランとの縮合反応
4）Si-Hを含むシランと不飽和炭化水素への付加反応
5）再分配反応

　オルガノポリシロキサンを合成する上で原料となるのが、オルガノクロロシランである。さらに建材・自動車・ヘルスケアなどあらゆる分野で広く使用されているシリコーン製品のほとんどはメチル系シリコーンであり、その原料となるメチルクロロシランは、直接法により金属ケイ素、塩化メチル及び銅触媒を用いて製造され、現在は、主に得られる$(CH_3)_3SiCl$, $(CH_3)_2SiCl_2$, CH_3SiCl_3 の収率向上と使用量が多いジメチルジクロロシラン比率の向上を

目的に助触媒の使用や他の方法も検討されている[2]。

オルガノクロロシランは水により容易に加水分解しシラノールと塩酸を生じ、さらに脱水縮合し環状シロキサンや高分子状シロキサンとなる（下式）。

$$R_2SiCl_2 + 2H_2O \Rightarrow R_2Si(OH)_2 + 2HCl$$
$$nR_2Si(OH)_2 \Rightarrow (R_2SiO)n + nH_2O$$

表2-1にオルガノハロシラン、表2-2にオルガノアルコキシシラン、表2-3にオルガノシラノールの物性を示した[1]。

表2-1 オルガノハロシランの物性

化合物	m.p.℃	b.p.℃（kPa）	比重 d^{20}	屈折率 n_D^{20}
$HSiCl_3$		31.8	1.340	
$SiCl_4$		57.6	1.480	
$(CH_3)_4Si$		26-27	0.6480	1.3591
$(CH_3)_2SiHCl$		35.4		
CH_3SiHCl_2	−93	41	1.105	
$(CH_3)_3SiCl$	−57.7	58	0.8536	1.3884
CH_3SiCl_3	−78	66	1.2715	
$(CH_3)_2SiCl_2$	−76.1	70	1.0663	1.4022
$C_2H_5SiCl_3$		100（99.5）	1.2342	1.4257[19.8*]
$(C_2H_5)_2SiCl_2$		129（99.2）	1.0472[25*]	1.4291[25*]
$C_2H_5SiHCl_2$	−107	74.9	1.0926	1.4148
$C_6H_5SiCl_3$		201.5	1.3256	
$(C_6H_5)_2SiCl_2$		298-302	1.1860	
$(C_6H_5)_3SiCl$	111〜113	210（1.3）		
$(CH_3)(C_6H_5)SiCl_2$		198-200	1.1604	1.5180
$CF_3CH_2CH_2SiCl_3$		113	1.381[35*]	1.3780[35*]
$(CF_3CH_2CH_2)(CH_3)SiCl_2$		121-122（98.3）		
$C_{18}H_{37}SiCl_3$		159-162（1.7）	0.95[22]	

*：℃

表 2-2 オルガノアルコキシシランの物性

化合物	m.p.℃	b.p.℃ (kPa)	比重 d^{20}	屈折率 n_D^{20}
$(CH_3)_3SiOCH_3$		56.5-56.7(99.6)		1.3678
$(CH_3)_2Si(OCH_3)_2$		80-90.5		
$CH_3Si(OCH_3)_3$		103-103.5		1.3687^{25*}
$Si(OCH_3)_4$	2	121.4	1.0339	1.3681
$(CH_3)(C_2H_5)Si(OCH_3)_2$		105.5(100)	0.8731	1.3854
$C_2H_5Si(OCH_3)_3$		123	0.9747^{0*}	
$n\text{-}C_{10}H_{21}Si(OCH_3)_3$		132 (1.3)	0.898^{25*}	1.4209^{25*}
$(C_6H_5)Si(OCH_3)_3$		130 (6.0)	1.0641	1.4733
$(C_6H_5)_2Si(OCH_3)_2$		286		1.5385
$(CH_3)SiOC_2H_5$		75.5-76	0.755^{25*}	1.3737^{25*}
$(CH_3)_2Si(OC_2H_5)_2$		112-113.5	0.827^{25*}	1.3840^{25*}
$Si(OC_2H_5)_4$	−77	168.5	0.9346	1.3831
$C_2H_5Si(OC_2H_5)_3$		158-160	0.928^{22*}	1.3853^{22*}
$C_5H_5Si(OC_2H_5)_3$		133 (3.3)	0.988^{25*}	1.4580^{25*}
$(C_6H_5)_2Si(OC_2H_5)_2$		109-110 (0.09)		1.5250^{25*}

＊：℃

表 2-3 オルガノシラノールの物性

化合物	m.p.℃	b.p.℃ (kPa)	比重 d_4^{20}	屈折率 n_D^{20}
$(CH_3)_3SiOH$	−4.5	98.9	0.8141	1.3889
$(CH_3)_2Si(OH)_2$	96-98		1.097	
$(CH_3)(C_6H_5)Si(OH)_2$	74-75			
$(C_2H_5)_3SiOH$		63 (1.6)	0.8638	1.4329
$(C_6H_5)_2Si(OH)_2$	137-141 (decomp)			
$(C_6H_5)_3SiOH$	155			

2.2 カーボンファンクショナルシラン（CFシラン）

▶ 2.2.1 合成法

　カーボンファンクショナルシランの合成方法としては、マグネシウム、リチウムなどの有機金属化合物を使用する方法、所謂グリニャール法や有機リチウム試薬を使用する方法と、水素化シランと不飽和化合物とのヒドロシリル化反応がある。前法は特殊なシラン化合物を合成する方法としては適しているが工業的な大量生産にはむかない。これに対し、ヒドロシリル化反応は、触媒として白金、パラジウム、ロジウム、インジウムなどの遷移金属を用い、多くの大量生産に利用されている。

　図2-1に代表的なカーボンファンクショナルシランの合成経路を示した。何れも、トリクロロシランを素原料として使用し、ヒドロシリル化により合成され、最終的には有機官能基とアルコキシ基の両方を有する構造に至る。

　アルコキシシランも素原料のクロロシランと同様加水分解によって縮合するが、クロロシランは腐食性の高い塩化水素を生成するため、一部の用途を除いて一般的には比較的安定なアルコキシシランの状態まで到達させる。アルコキシシランは酸、塩基、有機金属化合物、ルイス酸を触媒に、アルコールやカルボン酸との交換反応を、有機エステル類のエステル交換反応同様に生じ、平衡化状態に達する（下式）。

$$\equiv \mathrm{SiOR} + \mathrm{R'COOH} \rightleftharpoons \equiv \mathrm{SiOCOR'} + \mathrm{ROH}$$

　さらに、アルコキシシラン中に原料由来のクロロシラン成分或いは塩化水素が残存していると、酸性状態となり容易に加水分解し、また、腐食の原因ともなる。

　なお、2.3 シリル化剤で後述するがクロロシランは反応性の高いシリル化剤である。塩化水素の発生、それをトラップするためのアミンの使用とその塩の除去が必要であり、捕捉剤としては三級アミン、尿素、金属アルコキシ

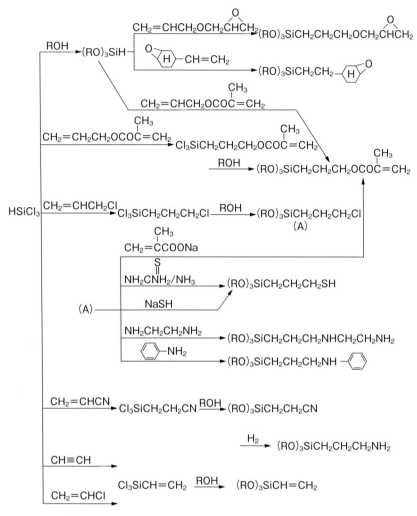

図 2-1 代表的なカーボンファンクショナルシランの合成経路

ド、オルトギ酸エステル、エポキシ化合物等が用いられる（次式）。

$$\equiv SiCl + ROH \longrightarrow \equiv SiOR + HCl$$

$$\equiv SiCl + ROH + R'_3N \longrightarrow \equiv SiOR + R'_3N:HCl$$

$$\equiv SiCl + ROH + NH_2CONH_2 \longrightarrow \equiv SiOR + NH_2CONH_2:HCl$$

$$\equiv SiCl + RONa \longrightarrow \equiv SiOR + NaCl$$

$$\equiv SiCl + HC(OR)_3 \longrightarrow \equiv SiOR + HCOOR + RCl$$

$$\equiv SiCl + ROH + CH_2CHR'\text{(O)} \longrightarrow \equiv SiOR + ClCH_2CH\text{-}R'\text{(OH)}$$

　塩除去の煩雑さを解消する手段としてクロロシランのクロロ部分をアセトキシ化、アルキルアミノ化、ケトキシム化またはイソプロペノキシ化し活性の高いシリル化体に変性することもできる。

　以下、有機物との相溶性・反応性を有する有機官能基とアルコキシ基とを有するシランの製造法を記載する。

（1）ハロゲン化アルキルシラン

　Si に結合するクロロアルキル基部分が、クロロメチル、クロロエチルの場合は強塩基に対し不安定であるため、一般にはγ-クロロプロピル基置換体が多く用いられている。合成法としては、トリクロロシランとアリルクロライドとの白金触媒によるヒドロシリル化があげられる。その際、熱的に不安定なβ付加体が副生するため、同時にテトラクロロシランやプロピレンも副生する（下式）。

$$Cl_3SiH + CH_2=CHCH_2Cl \xrightarrow{Pt} Cl_3SiCH_2CH_2CH_2Cl + Cl_3SiCH(CH_3)(CH_2Cl)$$
$$\gamma\text{-置換体} \qquad \beta\text{-置換体}$$

$$Cl_3SiCH(CH_3)(CH_2Cl) \xrightarrow{\triangle} SiCl_4 + CH_2=CH-CH_3$$

（2）不飽和基含有シラン

　不飽和基含有シランの代表的な不飽和基としては、ビニル、（メタ）アクリル、スチリル、長鎖アルケニル基があげられる。

　ビニルトリクロロシランはトリクロロシランとアセチレンとのヒドロシリル化反応、または、トリクロロシランと塩化ビニルとの高温脱塩酸反応によ

り合成される。

　（メタ）アクリルシランはトリクロロシランまたはトリメトキシシランと、アリル（メタ）アクリレートとのヒドロシリル化反応により合成する方法と、γ-クロロプロピルトリアルコキシシランと（メタ）アクリル酸のアルカリ金属塩との脱塩反応があげられる。

　長鎖アルケニルシランは、α, ω-ジエンとのヒドロシリル化により得られるが同時にビスアルコキシ体も副生する。

　その他、グリニャール法や脱塩反応によるスチレン官能基含有シランも工業化されている（下式）。

$$SiCl_4 + CH_2=CH-\bigcirc-MgCl \longrightarrow Cl_3Si-\bigcirc-CH=CH_2$$

$$(CH_3O)_3Si(CH_2)_3NHCH_2CH_2NH_2 + ClCH_2-\bigcirc-CH=CH_2$$

$$\longrightarrow (CH_3O)_3Si(CH_2)_3NHCH_2CH_2NHCH_2-\bigcirc-CH=CH_2 \cdot HCl$$

（3）アミノシラン

　アリルアミンを用いたヒドロシリル化は、アリルアミンが刺激性の原料であることや、触媒毒となり反応速度が遅くβ付加体が副生するなど複数の要因から一般的ではない。

　工業的には、トリクロロシランとアクリロニトリルから得られたβ-シアノエチルトリクロロシランをアルコキシ体とした後、水素添加し製造されている（下式）。

$$Cl_3SiH + CH_2=CHCN \xrightarrow{R_3N} Cl_3SiCH_2CH_2CN$$

$$Cl_3SiCH_2CH_2CN + R'OH \longrightarrow (R'O)_3SiCH_2CH_2CN + 3HCl$$

$$(R'O)_3SiCH_2CH_2CN + 2H_2 \xrightarrow{Ni} (R'O)_3SiCH_2CH_2CH_2NH_2$$

（4）メルカプトシラン

　工業的には、クロロプロピルトリアルコキシシランとチオ尿素との反応物であるイソチウロニウム塩をアミンで中和する方法や、クロロプロピルトリアルコキシシランと水硫化ナトリウムとの脱塩反応により合成される（次式）。

$(CH_3O)_3Si(CH_2)_3Cl + NH_2CSNH_2 \longrightarrow (CH_3O)_3Si(CH_2)_3SC(NH)NH_2 \cdot HCl$

$\xrightarrow{NH_3} (CH_3O)_3Si(CH_2)_3SH + (NH_2)_2C=NH \cdot HCl$

$(CH_3O)_3Si(CH_2)_3Cl + NaSH \longrightarrow (CH_3O)_3Si(CH_2)_3SH + NaCl$

(5) エポキシシラン・その他

エポキシシランは、トリアルコキシシランと、1-アリルオキシ-2,3-エポキシプロパン、または、1,2-エポキシ-4-ビニルシクロヘキサンをヒドロシリル化反応することにより得られる（下式）。

$(CH_3O)_3SiH + CH_2=CHCH_2OCH_2CHCH_2\overset{O}{\triangle} \xrightarrow{Pt}$

$(CH_3O)_3SiCH_2CH_2CH_2OCH_2CHCH_2\overset{O}{\triangle}$

$(CH_3O)_3SiH + CH_2=CH-\underset{O}{\bigcirc} \xrightarrow{Pt} (CH_3O)_3SiCH_2CH_2-\underset{O}{\bigcirc}$

その他、カルビノール、フェノール、カルボン酸を有する置換基をシランに導入する場合は活性水素を予めトリメチルシリル基で保護した後、ヒドロシリル化反応させる必要がある。

▶ 2.2.2 シランカップリング剤の種類と特性

(1) 種類

カーボンファンクショナルシランの中でも特に、有機材料と無機材料との結合、親和性向上を目的に使用されるのがシランカップリング剤であり、有機材料と反応するアミノ、エポキシ、ビニル、（メタ）アクリル、メルカプト基を代表とする反応性有機基と、無機材料の水酸基と反応するアルコキシ基とを1分子中に有する。

シランカップリング剤は無機材料含有有機マトリクスポリマー複合材料における物理強度、電気特性、耐沸水性、耐熱性、耐候性の向上に寄与する。

表2-4に一般的なシランカップリング剤を示したが、最近ではその他、耐アルカリ性や有機樹脂相溶性の向上を狙った長鎖スペーサー型シラン、1液タイプの接着剤に混合可能な官能基保護型シラン、ポリエチレンの接着性向上を狙ったアジド型シラン、タイヤ用ポリスルフィドシラン、さらには樹

表2-4 一般的なシランカップリング剤

化学名	構造式	分子量	比重 25℃	屈折率 25℃	引火点 ℃	沸点℃	最小被覆面積 m²/g	既存化学物質 No.	CAS No.
ビニルトリクロロシラン	Cl₃SiCH=CH₂	161.5	1.26	1.432	9	90	480	2-2037	75-94-5
ビニルトリメトキシシラン	(CH₃O)₃SiCH=CH₂	148.2	0.97	1.391	23	123	515	2-2066	2768-02-7
ビニルトリエトキシシラン	(C₂H₅O)₃SiCH=CH₂	190.3	0.90	1.397	54	161	410	2-2066	78-08-0
2-(3,4-エポキシシクロヘキシル)エチルトリメトキシシラン	(CH₃O)₃SiC₂H₄-	246.4	1.06	1.448	163	310	317	3-2647	3388-04-3
3-グリシドキシプロピルトリメトキシシラン	(CH₃O)₃SiC₃H₆OCH₂CH-CH₂	236.3	1.07	1.427	149	290	330	2-2071	2530-83-8
3-グリシドキシプロピルメチルジエトキシシラン	(C₂H₅O)₂SiC₃H₆OCH₂CH-CH₂ (CH₃)	248.4	0.98	1.431	128	259	314	2-2072	2897-60-1
3-グリシドキシプロピルトリエトキシシラン	(C₂H₅O)₃SiC₃H₆OCH₂CH-CH₂	278.4	1.00	1.425	144	124℃/0.40kPa	280	2-2071	2602-34-8
3-メタクリロキシプロピルメチルジメトキシシラン	(CH₃O)₂SiC₃H₆OCC=CH₂ (CH₃)(CH₃)(=O)	232.4	1.00	1.433	115	83℃/0.40kPa	335	2-2075	14513-34-9
3-メタクリロキシプロピルトリメトキシシラン	(CH₃O)₃SiC₃H₆OCC=CH₂ (CH₃)(=O)	248.4	1.04	1.429	125	255	314	2-2076	2530-85-0
3-メタクリロキシプロピルメチルジエトキシシラン	(C₂H₅O)₂SiC₃H₆OCC=CH₂ (CH₃)(CH₃)(=O)	260.4	0.96	1.432	136	265	300	2-2075	65100-04-1
3-メタクリロキシプロピルトリエトキシシラン	(C₂H₅O)₃SiC₃H₆OCC=CH₂ (CH₃)(=O)	290.4	0.99	1.427	128	129℃/0.67kPa	270	2-2076	21142-29-0

N-2-(アミノエチル)-3-アミノプロピルメチルジメトキシシラン	CH_3 $(CH_3O)_2SiC_3H_6NHC_2H_4NH_2$	206.4	0.97	1.447	110	234	380	2-2084	3069-29-2
N-2-(アミノエチル)-3-アミノプロピルトリメトキシシラン	$(CH_3O)_3SiC_3H_6NHC_2H_4NH_2$	222.4	1.02	1.442	128	259	351	2-2083	1760-24-3
N-2-(アミノエチル)-3-アミノプロピルトリエトキシシラン	$(C_2H_5O)_3SiC_3H_6NHC_2H_4NH_2$	264.5	0.97	1.438	123	135 ℃/0.67 kPa	295	2-2059	5089-72-5
3-アミノプロピルトリメトキシシラン	$(CH_3O)_3SiC_3H_6NH_2$	179.3	1.01	1.422	88	215	436	2-2061	13822-56-5
3-アミノプロピルトリエトキシシラン	$(C_2H_5O)_3SiC_3H_6NH_2$	221.4	0.94	1.420	98	217	353	2-2061	919-30-2
N-フェニル-3-アミノプロピルトリメトキシシラン	$(CH_3O)_3SiC_3H_6NHC_6H_5$	255.4	1.07	1.504	165	312	307	3-2644	3068-76-6
3-クロロプロピルトリメトキシシラン	$(CH_3O)_3SiC_3H_6Cl$	198.7	1.08	1.418	83	196	393	2-2079	2530-87-2
3-メルカプトプロピルトリメトキシシラン	$(CH_3O)_3SiC_3H_6SH$	196.4	1.06	1.440	93	219	398	2-2045	442074-0

脂溶解性と接着性向上を狙ったイソシアヌレート型シランなどが開発されている。

さらに、無機フィラーとマトリクス樹脂との接着に寄与するカップリング剤ではなく、基材への新たな特性付与や基材表面特性を変える処理剤として、各種UV吸収性基含有シラン、撥水撥油性を狙ったパーフロロアルキル基含有シラン、光応答性を応用したんぱく質捕捉を狙ったニトロベンジル基含有シラン、生物付着防止を狙った双性イオン含有シラン、抗菌性を狙った4級アンモニウム塩変性シラン、親水・帯電防止性を狙ったポリエーテル変性シランなども開発されている。

〈シランカップリング剤の用途と応用〉

複合材料の強度、耐水性、耐熱性の改良（有機・無機界面の接着改良）
　1）ガラス繊維処理
　　FRP、FRTP　　　　（不飽和ポリエステル、フェノール）
　　積層板　　　　　　（エポキシ、ポリイミド、フェノール）
　　断熱マット
　2）無機、金属の表面処理
　　処理フィラー
　　プライマー
　3）フィラー配合系
　　MC　　　　　（エポキシ / シリカ）
　　エラストマー　　　（SBR、NR/ シリカ、クレー）
　　レジンコンクリート　　（不飽和ポリエステル / 砂利）
　　バスタブ / 化粧板　　　（不飽和ポリエステル / フリット）
　　コーテットサンド　　（フラン、フェノール / ケイ砂）
　　砥石、ブレーキシュー（フェノール / 研磨剤）
　4）接着性改良
　　塗料、接着剤、シーリング剤
樹脂改質
　水（湿気）架橋性基の導入 / 強度、接着性、耐候性の改良

水架僑ポリエチレン
　　　架橋アクリル
　　　ポリエーテル末端 Si 変性シーラント
　表面改質
　　各種機能性付与
　　　抗菌性
　　　分散性
　　　帯電防止性
　　　液晶配向性
　　　酵素固定化

（2）　作用機構

　シランカップリング剤は加水分解により生成したシラノール体が金属表面の Metal-OH と脱水縮合反応し M-O-Si 結合を形成すると考えられている（図 2-2）。しかし、無水系においても無機材料表面に対し結合効果を示すことから、アルコキシ基の金属表面への吸着や水素結合による効果もあると推測される。

　さらに、一般的なシランカップリング剤の３つのアルコキシ基が全て無機物表面と結合する理論的な面積から算出される最小被覆面積に比べ実際には多量のシランカップリング剤を使用した場合の方が、より良いカップリング効果を示すことから、Arkles モデルのようにカップリング剤同士の縮合によるオリゴマー化を経た後、無機材料表面の水酸基との水素結合、さらには

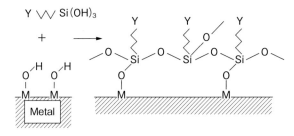

図 2-2　化学結合論モデル

脱水共有結合化に至る段階的なメカニズムが提唱されている[3]。

図 2-3 はエポキシシラン処理シリカ含有エポキシ樹脂と未処理シリカ含有エポキシ樹脂の切断面写真である。シラン処理シリカを使用した場合はエポキシ樹脂とシリカが一体化していることがわかる。

表 2-5 にガラス繊維補強不飽和ポリエステル積層板における 3-メタクリロキシプロピルトリメトキシシランの処理条件と処理ガラスクロスの曲げ強度を示す。シラン処理することにより曲げ強度は向上し、さらに熱処理することでその効果は顕著になっている。この結果からも加熱処理によるシランとガラス間で化学結合が形成されたと考えられる[4]。

なお、シラン処理する場合、水分量によっては無機物との結合が弱くなり、マトリックス樹脂との混合・混練プロセスでカップリング剤が脱離し効果を損ねることがある。実際、シラン処理後物理吸着しているシラン分子を除去したガラスファイバーと樹脂とを複合化させると強度が増大するとの報告もある[5]。

表 2-6 に示すように、シランカップリング剤はガラス、シリカのようなケイ素系無機材料に対しては強い親和性・反応性を示すが、表面に活性な水酸基を持たない材料または極性が小さい材料に対しては効果が乏しい。炭酸カルシウムの処理されにくさは表面の吸着水層で解離した CO_3^{2-} とカップリング剤のシラノール基との反発によると考えられている[6]。

また、表 2-7 のように化学吸着量がアルカリ性粉体表面では少ない傾向があり、これは、アルカリ条件では縮合しやすいが縮合形態が異なり粉体と

シラン処理シリカ使用　　　　未処理シリカ使用

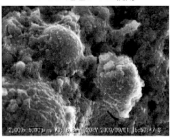 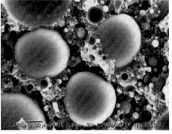

シランカップリング剤を処理することにより、シリカとエポキシ樹脂を一体化することができる。

図 2-3　エポキシ樹脂／シリカコンポジットの破壊断面図

表 2-5　不飽和ポリエステル積層板：処理条件による性能の変化

ガラスクロス処理条件	曲げ強さ (kg/mm²)	
	初期	24 時間煮沸後
シラン処理なし	35.2	19.0
シラン処理後　風乾	48.8	46.8
シラン処理後　80 ℃/5 分　熱処理	60.5	56.4
シラン処理後　110 ℃/5 分　熱処理	63.7	55.9
シラン処理後　140 ℃/5 分　熱処理	60.8	52.1
シラン処理後　175 ℃/5 分　熱処理	47.6	44.6

表 2-6　シランカップリング剤の各種素材に対する有効性

効果	材質
大きい	ガラス、シリカ、アルミナ
	タルク、クレー、マイカ、アルミニウム、鉄
	酸化チタン、亜鉛華、酸化鉄
小さい	グラファイト、カーボンブラック、炭酸カルシウム

表 2-7　各種無機粉体におけるシランの化学吸着量

酸性粉体		中性粉体		アルカリ性粉体	
酸化鉄	100 %	酸化チタン	84 %	水酸化カルシウム	57 %
酸化ジルコニウム	78 %	ケイ酸アルミニウム	87 %	酸化マグネシウム	98 %
クレー	66 %	非晶質シリカ	83 %	ガラスビーズ	32 %
酸化スズ	77 %	カオリン	96 %	ウォラストナイト	21 %
酸化タングステン	45 %	酸化亜鉛	100 %	E-Glass	50 %
				炭酸カルシウム	19 %
				マイカ	55 %

シラン剤：3-メタクリロキシプロピルトリメトキシシラン

化学結合していない縮合物が多いことを示唆している。

　表 2-8 にアルコキシ型シランカップリング剤の各種素材に対する適応性を示す。シランカップリング剤の有機官能基は、所謂マトリックス樹脂と反応性、親和性を持つ有機官能基が選択されるケースが多いが、場合によって

表2-8 シランカップリング剤と適応樹脂

化合物名	熱可塑性樹脂									熱硬化性樹脂								エラストマー・ゴム										
	ポリエチレン	ポリプロピレン	ポリスチレン	アクリル	ポリ塩化ビニル	ポリカーボネート	ナイロン	PBT・PET	ABS	メラミン	フェノール	エポキシ	ウレタン	ポリイミド	ジアリルフタレート	不飽和ポリエステル	ユリア	ポリサルファイドシーラー	ポリウレタンシーラー	EPDM SP架橋	EPDM PO架橋	SBR	ニトリルゴム	ハイパロンシーラー	ブチルシーラー	ポリサルファイド	ウレタンシーラー
ビニルトリメトキシシラン	◎															○	○			○		○					
ビニルトリエトキシシラン	○															○				○		○					
2-(3,4-エポキシシクロヘキシル)エチルトリメトキシシラン		○	○	○								◎			○	◎											
3-グリシドキシプロピルメチルジメトキシシラン		○	○	○								◎			○	◎											
3-グリシドキシプロピルトリエトキシシラン		○	○	○					○			◎			○	◎											
3-メタクリロキシプロピルメチルジメトキシシラン		◎	◎	◎					◎						○	◎	○			○	◎						
3-メタクリロキシプロピルトリメトキシシラン		◎	◎	◎					◎						○	◎	○			○	◎						
3-メタクリロキシプロピルトリエトキシシラン		○	○	○					○						○	◎	○			○	◎						
N-2-(アミノエチル)-3-アミノプロピルメチルジメトキシシラン		○	○	○					○	○	◎	◎	○	○			◎					○	○	○	○	○	
N-2-(アミノエチル)-3-アミノプロピルトリエトキシシラン		○	○	○					○	○	◎	◎	○	○			◎					○	○	○	○	○	
3-アミノプロピルトリメトキシシラン		○	○	○					○	○	◎	◎	○	○			◎					○	○	○	○	○	
3-アミノプロピルトリエトキシシラン		○	○	○					○	○	◎	◎	○	○			◎					○	○	○	○	○	
N-フェニル-3-アミノプロピルトリメトキシシラン					○				○					◎													
3-クロロプロピルトリメトキシシラン		○	○	○																							
3-メルカプトプロピルトリメトキシシラン		○	○	○	○				○									◎	◎			◎	○	○	○	◎	◎

は意図しない官能基が効果を示すケースも見受けられる。

一方、アルコキシ基側から考えた場合、ガラス繊維のようにシランに対し高活性な素材に対しては加水分解性基の種類による差はほとんど見られず、工業的に安価で扱い安いアルコキシシリルタイプが選択されるが、活性が劣る無機粉体に対しては、アルコキシシリルタイプよりもシラザンタイプが効果的なケースもある[7]。

図 2-4 に示すように、ジアルコキシ体はトリアルコキシ体に比べ直鎖状に処理されやすく、その傾向は処理溶液を低濃度にし、低沸点溶媒を使う程顕著になる[8]。

また、ジアルコキシ体とトリアルコキシ体を併用した場合、ジアルコキシ体よりもトリアルコキシ体の影響を大きく受けネットワーク状になりやすいとの報告もある[9]。

シランカップリング剤の加水分解速度は pH=7 の時に最小となり、縮合反応は pH=4 の時に最小となる。また、無機フィラーの表面 pH によりシランカップリング剤の縮合構造が異なり、酸性では単層、中性では多層、アルカリ性では網目構造を取りやすい。また、一旦形成した M-O-Si 結合の安定性は、M と Si との電気陰性度の差が大きい程悪くなる傾向がある[10]。

さらに、無機粉体への単分子層形成段階でのシランカップリング剤の構造として、アミノプロピルトリメトキシシランの場合は加水分解したシラノールだけでなくアミノ基も無機粉体の表面水酸基と水素結合し、また酸化鉛に対するメタクリロキシプロピルトリトリメトキシシラン処理の場合は Si からメタクリロキシ基にかけての分子鎖が処理表面に対して平行に吸着しているとの報告もある[11]。

熱硬化性樹脂と無機粉体とのカップリングをシランカップリング剤で行った場合、カップリング剤の有機官能基の溶解度パラメーターや濡れ性の指標となる臨界表面張力と得られた複合樹脂の特性向上には相関は見られず、樹脂との反応性有無において相関がみられる（**図 2-5**）[12]。

一方、熱可塑性樹脂の場合は溶解度パラメーターが樹脂と近い官能基を有するシランカップリング剤程強度向上効果を示す。

エラストマーの場合、補強成分としてよく使用されるカーボンブラックに対してシランカップリング剤は効果が乏しく、白色系充填剤（シリカ、クレ

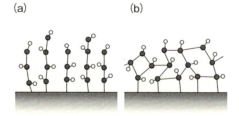

図 2-4 アルコキシ基数が 2 (a) と 3 (b) の場合の処理層

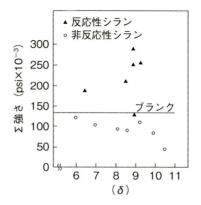

図 2-5 ポリエステル積層板；δ ←→ Σ強さ

ー、タルク等）のみに使用されている。また、硫黄加硫の場合、メルカプトシランは反応性が強すぎスコーチを起こしやすいため、一般的にはポリスルフィドシランが用いられており、加硫時におけるポリスルフィド結合の開裂とエラストマーとの再結合を生じ、最近ではシリカ配合エコタイヤ用原料として必須な原料となっている。

（3）加水分解・縮合

シランカップリング剤は加水分解によるシラノール化、続く無機フィラーの表面水酸基との結合による接着性付与、あるいはシラノール同士の縮合により高分子量化に至る。

したがって、ある意味加水分解を充分に完了させるとともに、縮合しオリゴマー化しない段階、あるいは分離しない程度のオリゴマー化段階で目的と

するフィラーや基材に適応させる必要がある。

シランカップリング剤の加水分解速度は、実使用上水溶液のpH、官能基数、構造により異なるが、pH7から酸性またはアルカリ性サイドに1ずれると10倍速くなると言われている。

図2-6～8にメタクリルシランの酸性、中性及びアルカリ性条件下での経時加水分解性を示した。何れの場合もエトキシ体に比べメトキシ体の加水分解速度が速く、酸性及び中性ではジアルコキシ体がトリアルコキシ体より速

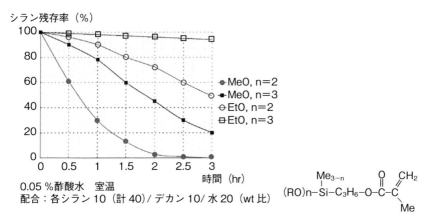

図2-6 メタクリルシランの加水分解性（酸性）

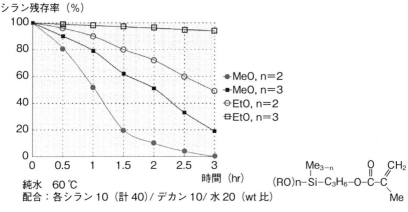

図2-7 メタクリルシランの加水分解性（中性）

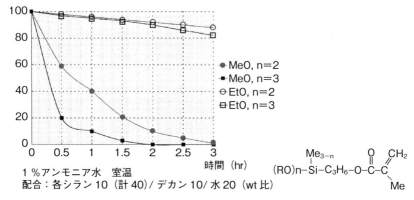

図2-8 メタクリルシランの加水分解性(アルカリ性)

$$\equiv \text{Si-O-R} \xrightleftharpoons{\text{H}^+} \equiv \text{Si-O}^+\!\!\begin{array}{c}\text{H}\\ \text{R}\end{array} \xrightarrow{\text{H}_2\text{O}} \left[\equiv \text{Si}\begin{array}{c}\text{H}\\ \text{O-R}\\ \text{O-H}\\ \text{H}\end{array}\right]^+ \xrightarrow{\text{ROH, H}^+} \equiv \text{Si-O-H}$$

$$\equiv \text{Si-O-R} \xrightarrow{\text{OH}^-} \left[\equiv \text{Si}\begin{array}{c}\text{O-R}\\ \text{O-H}\end{array}\right]^- \xrightarrow{\text{H}_2\text{O}} \xrightarrow{\text{ROH, OH}^-} \equiv \text{Si-O-H}$$

いのに対し、アルカリ性条件下ではトリアルコキシ体の方が速い。

上式に示すように、酸性条件下ではプロトン化に続く水分子によるケイ素原子への求核攻撃が、アルカリ条件下ではヒドロキシアニオンによるケイ素原子への求核攻撃が提唱されており[13]、また、酸性条件下とアルカリ条件下でのトリアルコキシ体とジアルコキシ体とで加水分解速度順が異なることは、HOMOとLUMOの分子軌道エネルギーから計算上矛盾がない[14]。

さらに、一般にアルコキシシラン $(\text{RO})_n\text{SiR}'_{4-n}$ の親水性が高いほど、また、置換基 R' が小さい程、加水分解速度は速くなる。

図2-9にビニルトリメトキシシランの酢酸水中での濁度変化を示した。酢酸0.1%添加した場合に透明性を長時間維持しており、この条件が最も加水分解したシラノールが安定で縮合が進行していないことを意味する。

図2-10にはエポキシ基含有トリメトキシシランの各pHにおける30℃4

時間後のモノマー、ダイマー、ポリマー比率を示した。酸性あるいはアルカリ性条件でポリマー化が進行し易いことがわかる。

図 2-11 には同シランのシラン濃度とモノマー、ダイマー、ポリマー比率を示した。低濃度や逆の高濃度においては縮合が進行し難いことがわかる。

図 2-12〜15 に各種シラン〔エポキシシラン、（メタ）アクリルシラン、アミノシラン〕の経時変化を示した。エポキシシランや（メタ）アクリルシランは数日で徐々に組成比が変化するがアミノシランは初期から比率が安定

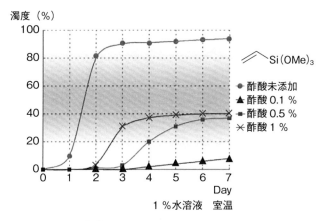

図 2-9　ビニルシランの濁度変化

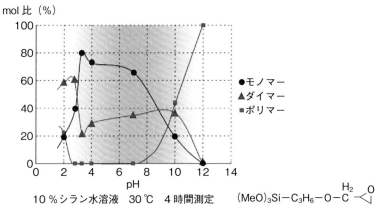

図 2-10　エポキシシランのpHと分子比率

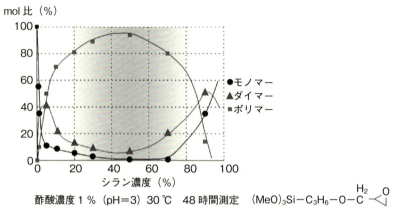

図 2-11 エポキシシランの濃度と分子比率

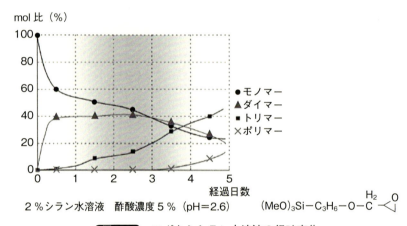

図 2-12 エポキシシラン水溶液の経時変化

している。このアミノシランの傾向はアミノ基によるシラノールの安定化とシロキサン結合の切断による再平衡化による。

（4）シランカップリング剤の使用方法

　無機充填剤に対しシラン改質する方法としては、シランの希釈溶液に充填剤を含浸処理させる湿式法、乾燥状態の充填剤にシランを直接処理する乾式法があり、有機マトリックス中に含まれる充填剤に処理する場合は其処にシランを添加するインテグラルブレンド法（直接添加法）がある。

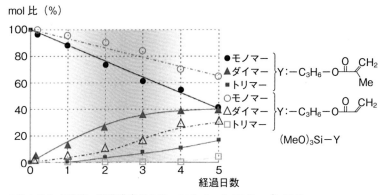

2％シラン水溶液　酢酸濃度 0.2 %　エタノール 50 %　水 48 %

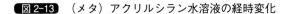

図 2-13　（メタ）アクリルシラン水溶液の経時変化

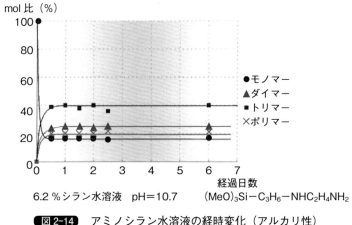

6.2％シラン水溶液　　pH＝10.7　　$(MeO)_3Si-C_3H_6-NHC_2H_4NH_2$

図 2-14　アミノシラン水溶液の経時変化（アルカリ性）

　湿式処理法（図 2-16）は、均一処理が可能である半面、生産性が低くシラン含有廃液の処理が必要となる。また、シランカップリング剤は有機置換基の種類により水溶性が異なり、白濁状態で用いると処理の均一性が損なわれる危険性がある。そのため、シランの希釈水溶液調整方法としては酸性水でpHを3〜4の弱酸性とし、加水分解を促進させシラノール状態を保つことで水溶性を維持させることが大切である。

　これに対し、乾式法（図 2-17）ではヘンシェルミキサーやV型ブレンダ

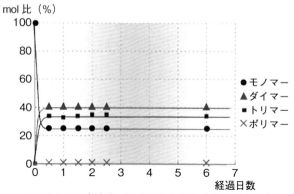

6.2％シラン水溶液　酢酸濃度 3.4 ％（pH=6.0）　(MeO)$_3$Si－C$_3$H$_6$－NHC$_2$H$_4$NH$_2$

図 2-15　アミノシラン水溶液の経時変化（酸性）

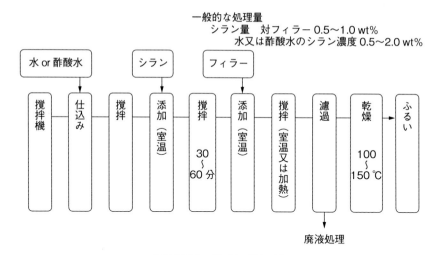

図 2-16　湿式処理法手順

ーを使用し、乾燥状態の充填剤にシラン、またはその溶液をスプレーなどの手段で処理する方法であり、生産性が高い一方凝集体が生成しやすい。

　充填剤含有マトリクス樹脂に直接カップリング剤を加え処理するインテグラルブレンド法は充填剤への直接処理に比べ処理効果は劣るものの、簡便で工業的に幅広く行われている。インテグラルブレンド法の場合、樹脂の硬化

第 2 章　シラン

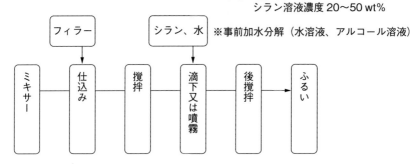

図 2-17　乾式処理法手順

前にエージングすることにより、シランが充填剤表面に移行しカップリング性能が向上する[15]。

〈調整例〉
1）酢酸濃度 0.1～2.0 wt%の水溶液を準備する。
2）酢酸水溶液をよく撹拌しながら、シランをゆっくり滴下する。
　＊滴下が早すぎるとシラン分散不良を招きゲル状物の生成が多くなる。
3）滴下終了後、さらに 30～60 分間撹拌を継続する。
　＊水溶液が透明となった時点でシランの加水分解はほとんど完了している。
　＊加水分解が不十分な場合、処理の均一性が損なわれる場合あり。
4）必要に応じてシラン水溶液を濾過してから使用する。

アミノシランの場合には、酢酸を添加しなくても均一水溶液となり、分子内双極性イオン構造による安定化によると報告されている[16]。
また、エポキシシランも比較的均一水溶液になりやすい。

（5）表面処理量

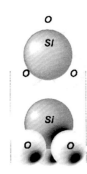

1分子が占める面積
　13 Å^2 = 1.3×10^{-19} m^2
1 mol が占める面積
　78,000 m^2/mol
〈例〉アミノプロピルトリエトキシシラン
　Mw221 ⇒ 78,000/221 = 353 m^2/g

$$\text{シラン処理量 (g)} = \frac{\text{フィラーの重量 (g)} \times \text{フィラーの表面積 (m}^2\text{/g)}}{\text{シランの最小被覆面積 (m}^2\text{/g)}}$$

上記式から理論単分子膜形成に必要なシラン処理量が計算でき、各種シランの最小被覆面積はほとんどが 300〜400 m^2/g 程度である。

図 2-18 に一酸化鉛に対するメタクリロキシプロピルトリメトキシシラン処理量とシロキサン結合形成量の関係を示した[17]。形成量の変動から単分子層に相当する 0.5 mg まではフィラーと結合し、その後 5 分子層被覆に相当する 2.0 mg までは第一層と独立にシランカップリング剤同士の縮合により形成していることを示している。

また、表面被覆シリカに対しマトリックス樹脂としてエポキシ樹脂を用い

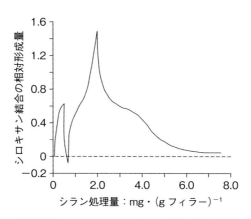

図 2-18　シランカップリング剤の濃度と形成されるシロキサン結合の相対量

た場合に単分子層形成時に最も強度が発現する場合、逆にシランカップリング剤の種類によっては表面化学吸着シラン層さらには物理吸着分子にも反応することで効果的な樹脂一体化を形成するアクリルマトリクス樹脂のケースも見られる[17]。

通常、処理フィラーに対して0.5～2.0 wt%で効果の極大値に達するケースが多く、用途、分散対象によりその最適処理量は異なり実使用での検証を推奨する。

(6) シランカップリング剤による樹脂改質

無機基材と有機材料との接着、有機・無機ハイブリッド材料における親和性・結合性付与以外に、アクリルモノマーとメタクリルシランをラジカル共重合しグラフト化させた加水分解性アルコキシ基により親水性や架橋性をも持たせた塗料、ポリエーテル末端にビニルシランやイソシアネートシランを結合させた変成シーラント、ポリエチレンにビニルシランを結合させた後縮合させ高強度化した水架橋ポリエチレン、ジアミノ型シランにより接着性を付与させたポリイミド[18]などがある。

これらは**表2-9**の有機基の反応性を元に応用された例である。

表2-9 シランカップリング剤と改質したい樹脂の官能基

	改質したい樹脂の官能基					
	エポキシ	アミン	(メタ)アクリル	アルコール	イソシアネート	カルボン酸
エポキシシラン	○(共重合)	○	×	○	×	○
アミノシラン	○	×	○	×	○	○
(メタ)アクリルシラン	×	○	○(共重合)	×	×	×
メルカプトシラン	○	×	○	×	○	×
イソシアネートシラン	×	○	×	○(湿気硬化)	×	○
ビニルシラン	×	×	△(共重合)	×	×	×

○：無触媒、もしくは触媒存在下で反応する可能性あり
×：反応する可能性が小さい

2.3 シリル化剤

　無機物の活性水素や有機化合物の水酸基、アミノ基、カルボキシル基、アミド基、メルカプト基等の活性水素をシリル基に置換する反応及び工程をシリル化（Silylation）と呼び、その導入試薬をシリル化剤という。代表的なシリル化剤を**表 2-10** に示す。このシリル化反応の利点及びシリル化体の特徴としては次の点があげられる。
（1）容易に行える反応である。
（2）シリル化により目的を達成した後、脱離が容易である。
（3）置換基の嵩高さを選択することで脱離しやすさ、反応部位の制御が可能である。
（4）シリル基は活性水素の保護基となる。
（5）シリル化体の非極性溶媒への溶解性が増す。
（6）シリル化体の耐熱性が増す。

表 2-10　シリル化剤の種類

構造式	CAS No.	特徴
Me_3SiCl	75-77-4	汎用シリル化剤、最も安価
$Me_3SiNHSiMe_3$	999-97-3	使用時、塩が副生しない
$Me_3SiNHCONHSiMe_3$	18297-63-7	副生物（尿素）は不溶性で除去が容易
$Me_3SiOC(CF_3)=NSiMe_3$	25561-30-2	高活性、副生物は揮発性で蒸留除去可能
$Me_3SiOCO_2CF_3$	27607-77-8	最も強力なシリル化剤
Et_3SiCl	994-30-9	KA-31 より約 100 倍の保護基安定性
$tert\text{-}BuMe_2SiCl$	18162-48-6	KA-31 より約 1000 倍の保護基安定性
$i\text{-}Pr_3SiCl$	13154-24-0	TBM より安定性が高く、常温液体
$Cl(i\text{-}Pr)_2SiOSi(i\text{-}Pr)_2Cl$	69304-37-6	二官能性シリル化剤

(7) シリル化体の揮発性が増す。（蒸留安定性改善）
(8) ガスクロマトグラフ及び質量分析の応用範囲が拡大する。

▶ 2.3.1 活性水素の反応性

被シリル化体の活性水素の反応性は一般に下記の順であるが、これを保護する際、シリル化剤の種類、反応溶媒、触媒（一般的には塩基）の種類や量によってその順序は異なる。

ROH＞ArOH＞－COOH＞－NH＞－CONH＞－SH

また、アルコールは1級＞2級＞3級の順に、アミンでは1級＞2級の順となる。

通常、加熱することで反応の進行を促進し、また、ピリジン、アセトニトリル、DMF などの極性溶媒を用いる。

シリル化剤は、その反応副生成物の種類によって、酸性物質が生成するクロロシラン類、塩基性物質が生成するシリルアミン（シラザン）類、中性物質が生成するシリルアミド類に分類される。

(1) クロロシラン類：クロロシラン類の反応で副生する塩酸を捕捉するためやや過剰の第三級アミン（Et_3N、$C_6H_5NMe_2$、C_5H_5N 等）やアルカリハライド、LiS の存在下で反応させる。この方法の欠点は腐食性のクロロシランを使用する点と副生する塩酸塩により撹拌が困難となるため多量の溶媒を必要とする点である。

シリル化後の安定性を考慮し、嵩高いシリル化剤を用いる場合、反応速度が遅く完全にシリル化できないケースがある。その場合、スルホン酸化合物や銅化合物を触媒量添加することで、反応促進される場合がある（**図 2-19**）[19]。

(2) シリルアミン類：シリルアミン類の反応では副生物は塩基性のアミンであり、クロロシラン類のような副生塩の問題はない。

(3) シリルアミド類：シリルアミド類の反応では副生物は中性のアミドであり、沈殿物となり除去が容易である。少量のトリメチルクロロシランの添加で反応を加速することができる。ただし、シリルアミド結合は極めて加水分解されやすいため、湿気に充分注意する必要がある。

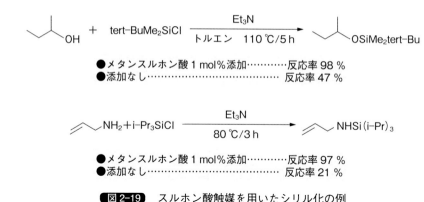

図 2-19 スルホン酸触媒を用いたシリル化の例

表 2-11 環境配慮型シリル化剤

シリル化剤の タイプ	製品名	構造式	分子量	比重 (25℃)	屈折率 (25℃)	沸点 (℃/kPa)	引火点 (℃)	既存科学 物質 No.	CAS No.
ヒドロシラン	TES	Et_3SiH	116.3	0.73	1.412	107	−1	少量新規	617-86-7
	HBS	$tert\text{-}BuMe_2SiH$	116.3	0.70	1.398	86	−14	2-3696	29681-57-0
	TIPS	$i\text{-}Pr_3SiH$	158.4	0.77	1.433	170	37	少量新規	6485-79-6
シラノール	TBSOH	$tert\text{-}BuMe_2SiOH$	132.3	0.84	1.423	144	44	少量新規	18173-64-3
	TIPSOH	$i\text{-}Pr_3SiOH$	174.4	0.88	1.454	78/1.3	69	少量新規	17877-23-5

（4）その他のシリル化剤：トリメチルシリルトリフレート（TMST）はカルボニル化合物の強力なシリル化剤でヌクレオシドやグリコシド合成に用いられる。メチルケテンメチルシリルアセタールは定量的にシリル化が進行し、副生成物のエステルは低沸点で分離が容易となる上、メルカプト化合物のシリル化に優れている。

さらに、シリル化時の溶媒量を低減できる環境配慮型シリル化剤としてのヒドロシラン類は副生物が水素ガスであり系外への除去が容易であり[20]、さらに副生物が水となるシラノールタイプもある（**表 2-11**、**図 2-20**、**図 2-21**）[21]。

また、アリルシランを用いプロペン脱離することで、シリル保護する例も知られている[22]。

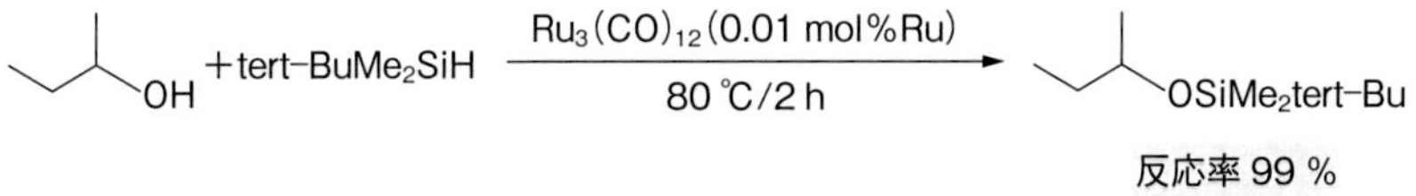

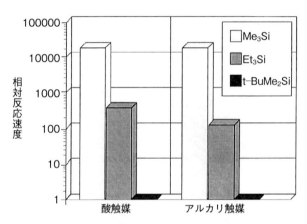

図 2-20　ヒドロシランタイプシリル化剤を用いたシリル化の例

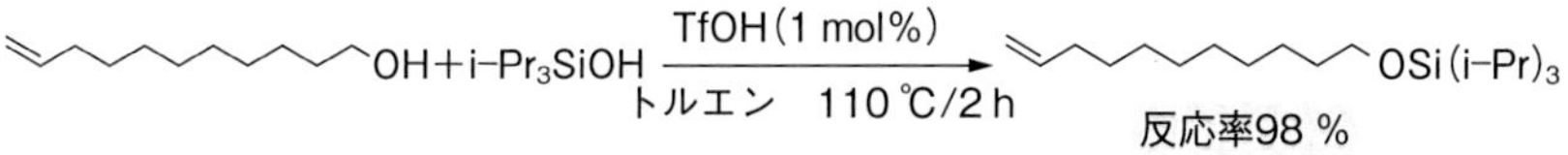

図 2-21　シラノールタイプシリル化剤を用いたシリル化の例

図 2-22　R_3SiOPh の加溶媒分解相対速度

▶ 2.3.2　シリル化体の安定性

　シリル化剤のケイ素上の置換基が嵩高くなる程、保護基としての安定性が増大し、トリメチルシリル基と比較してトリエチルシリル基で約百倍、t-ブチルジメチルシリル基で約一万倍安定となる。(**図 2-22**)

▶ 2.3.3　シリル化剤の応用

　シリル化剤は医薬中間体の工程で保護基として使用されるケース（例：ペニシリン製造）や、医薬品を改質し苦みを低減、溶解性を改良した永久改質剤（例：クロラムフェニコール）、過酸化物の熱安定性改良、さらには、無機物質の親水性を疎水親油性に改質し塗料への分散性向上等に使用される。

〈参考文献〉
1) 伊藤邦雄、"シリコーンハンドブック"日刊工業　16（1990）
2) 特許 5726294 公報
3) B. Arkles, chem.. Tech., December, 765（1977）
4) 吉岡、池野：表面、21（3）、157（1983）
5) 児玉総治、光石一太、川崎仁士、岡山県工業技術センター報告、14、7（1988）
6) 中村吉信、永田員也、"シランカップリング剤の効果と使用法"、S＆T出版、9-10（2012）
7) 吉岡：色材、59（3）、176〜184（1967）
8) 中村吉信、永田員也、"シランカップリング剤の効果と使用法"、S＆T出版、36（2012）
9) 中村吉信、西田祐詞、本田裕彰、藤井秀司、佐々木眞利子、日本接着学会誌、Vol.46、No.8、（2010）
10) 光石一太、"カップリング剤の最適選定及び使用技術、評価法"、技術情報協会、4-6、（1998）
11) S. R. Culler, H. Ishida, and J. L. Koenig, J. Colloid Interface Sci., 106, 334（1985), J. D. Miller, and H. Ishida, Surface Science, 148, 601（1984）
12) 吉岡、池の：表面、21（3）、157（1977）、E. P. Plueddemann：J. Paint Tech., 40（516), 1（1968）
13) K. J. Mcneil, et al., J. Am. Chem. Soc., 102, 1859-65（1980）, E. R. Pohl, et al, Polym. Sic. Technol., 27, 157-70（1986）, K. A. Smith, et al., J. Org. Chem., 51, 3827-30（1986）
14) K. A. Smith, et al., J. Org. Chem., 51, 3827-30（1986）
15) 吉岡、池野：表面、21（3）、157（1983）
16) C. H. Chiang, H. Ishida, J. L. Koenig：J. Colloid Interface Sci., 74, 396（1980）
17) S. R. Culler, H. Ishida, and J. L. Koenig, The 40th Annu. Conf. Reinf. Pkast. Compos. Inst., Session 17A, p.1（1985), 中村吉信、永田員也、"シランカップリング剤の効果と使用法"、S＆T出版、27-31（2012）
18) Atsushi Morikawa, Yhshitake Iyoku, Masa-aki Kakimoto and Yoshio Imai, "Preparation of New Polyimide-Silica Hybrid Materials via the Sol-Gel Process", J. Mater. Chem., 2, 679-689（1992）
19) 特開 2009-1498 号公報、特開 2009-137858 号公報
20) 特開 2001-114788 公報
21) 特開 2004-26796 号公報
22) Shimada, T,；Aoki, K.；Shinoda, Y.；Nakamura, T.；Tokunaga, N.；Inagaki, S.；Hayashi, T. J. Am. Chem. Soc., 125, 4688,（2003）

第3章

シリコーンオイル

　シリコーンオイルは2官能性シロキサンが主構成単位となった直鎖状のポリマーで、ケイ素に結合した有機基の構造により種々の特徴が発現する。この章では、工業的に最も一般的な有機基がメチル基であるジメチルシリコーンオイル、さらにメチル基の代わりにフェニル基や水素が一部導入されたメチルフェニルシリコーンオイル、メチルハイドロジェンシリコーンオイルの物性を詳細に解説し、その用途についても示す。また、ケイ素に結合する有機基がメチル基やフェニル基、水素以外の有機基である変性シリコーンオイルの特徴、合成方法、さらにその用途についても解説する。

3.1 シリコーンオイルの種類、性質

　シリコーンオイルは、2官能性シロキサン（D単位）を主骨格とするポリマーで、**図3-1**に示す分子構造を持っている。

　図3-1のRがメチル基であるものが、ジメチルシリコーンオイルと呼ばれており、工業的にはシリコーンオイルはこのジメチルシリコーンオイルを指すことが多い。通常、このジメチルシリコーンオイルは無色透明の液体で、その粘度は水のようにさらさらした物から、水あめ状の粘稠な物まで多数ある。

　また、Rがメチル基とフェニル基からなるものはメチルフェニルシリコーンオイル、Rがメチル基と水素からなるものはメチルハイドロジェンシリコーンオイルと呼ばれる。一方、Rとしてメチル基、フェニル基、水素以外の有機基を分子構造中にもつシリコーンを変性シリコーンオイルと総称する。さらに変性シリコーンオイルは、その有機基の反応性の有無により反応性と非反応性に大別される（**図3-2**）。

　表3-1にジメチルシリコーンオイルの代表的な特性を示す。

　また、**表3-2**にメチルフェニルシリコーンオイル、メチルハイドロジェンシリコーンオイルの代表的な特性を示す。以下に、ジメチルシリコーンオイルを中心として、ストレートシリコーンオイルの性質について詳しく説明するが、その性質は、前述した無機質のシロキサン結合の特徴、Rである有機基の性質、及びポリマーとしての立体構造上の特異性が組み合わされることによって発現する。

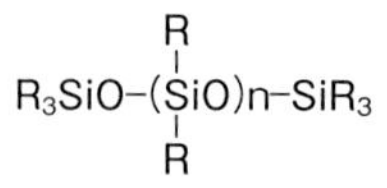

$$R_3SiO-(SiO)_n-SiR_3$$
（側鎖 R, R）

図3-1　ストレートシリコーンオイルの分子構造

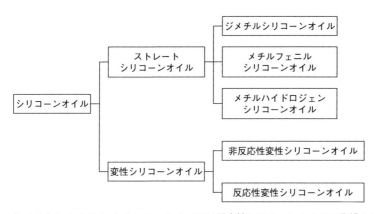

※メチルハイドロジェンシリコーンオイルは反応性シリコーンオイルに分類される。

図3-2 シリコーンオイルの分類

表3-1 ジメチルシリコーンオイルの代表的な特性

粘度（25℃）	mm²/s	0.65	10	100	1,000	10,000	100,000
比重（25℃）		0.760	0.935	0.965	0.970	0.975	0.977
屈折率（25℃）		1.375	1.399	1.403	1.403	1.403	1.403
粘度温度係数[1]		0.31	0.55	0.59	0.60	0.61	0.61
流動点	℃	−75以下	−100以下	−50以下	−50以下	−50以下	−50以下
引火点	℃	−1	160以上	315以上	315以上	315以上	315以上
膨張率（25〜150℃）	cc/cc/℃	0.00135	0.00106	0.00095	0.00094	0.00094	0.00094
熱伝導率	W/m·℃	0.10	0.14	0.16	0.16	0.16	0.16
表面張力	mN/m	15.9	20.1	20.9	21.2	21.3	21.3
誘電率（50 Hz）		2.17	2.65	2.74	2.76	2.76	2.76

1) 粘度温度係数（V.T.C）

$$V.T.C = 1 - \frac{210\,°F(98.9\,℃)の動粘度}{100\,°F(37.8\,℃)の動粘度}$$

▶ 3.1.1 粘度

　ジメチルシリコーンオイルの粘度は、図3-1の重合度を表すnの数や分子量によって決定されるが、一般的な有機ポリマーの同粘度のものと比較した場合、ジメチルシリコーンオイルの分子量はかなり大きくなる。また、分子量を上げても粘度は高くなるが固化することはない。この粘度は分子量から計算することができ、求める粘度の範囲によりいくつかの計算式が提案さ

表 3-2 メチルフェニル、メチルハイドロジェンシリコーンオイルの代表的な特性

有機基		メチルと水素	5 mol%フェニルと 95 mol%メチル	25 mol%フェニルと 75 mol%メチル
粘度（25 ℃）	mm^2/s	20	100	400
比重（25 ℃）		1.000	0.995	1.070
屈折率（25 ℃）		1.396	1.427	1.505
粘度温度係数		—	0.65	0.82
流動点	℃	−73 以下	−65 以下	−30 以下
引火点	℃	100 以上	315 以上	300 以上
膨張率（25〜150 ℃）	cc/cc/℃	0.00107	0.00096	0.00073
熱伝導率	W/m・℃	—	0.15	0.13
表面張力	mN/m	20.0	21.8	25.2
誘電率（50 Hz）		—	2.80	2.88

れている[1〜3]。

図 3-3 には分子量と重合度と粘度の関係を示している。

また、10 mm^2/s 以下の低粘度品を除き、ジメチルシリコーンオイルは、**図 3-4** に示すように、一般的な鉱物油や合成油などに比べ、温度による粘度変化が少ないという注目すべき特徴がある。この特徴はジメチルポリシロキサン分子の分子間力が小さいことに起因する。

一方、メチルフェニルシリコーンオイルでは、フェニル基の含有量の増加とともに温度変化に伴う粘度変化は大きくなる。**図 3-5** には各種シリコーンオイルの動粘度と温度の関係を示している。一般にオイルの粘度温度特性を表す指標として、粘度温度係数（Viscosity Temperature Coefficient 略して VTC）がよく用いられ、この値が大きいほど温度変化に伴う粘度変化が大きくなることを表わす。ジメチルシリコーンオイルの場合、100 mm^2/s 以下では、VTC 値は 0.59 となり、粘度が低くなるに従い、その値は小さくなる。ただ、粘度が 100 mm^2/s 以上になると粘度に関係なく VTC 値は 0.59〜0.61 の間となる。

$$\mathrm{VTC} = 1 - \frac{210\,°\mathrm{F}\,(98.9\,℃)\text{における粘度}}{100\,°\mathrm{F}\,(37.8\,℃)\text{における粘度}}$$

一方、メチルフェニルシリコーンオイルではフェニル基の含有量が増加す

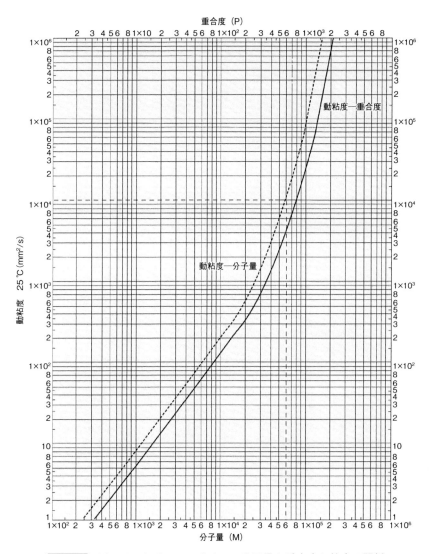

図 3-3 ジメチルシリコーンオイルの分子量と重合度と粘度の関係

るに従い、VTC 値が大きくなる（**表 3-3**）。

この粘度のコントロールはシリコーンオイル合成時の原料配合比を変えることで容易に行え、0.65 mm²/s から 100 万 mm²/s までのシリコーンオイル

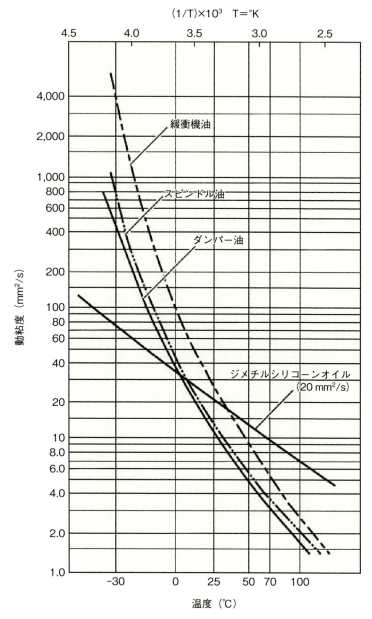

図 3-4　各種オイルの温度による粘度変化

第3章 シリコーンオイル

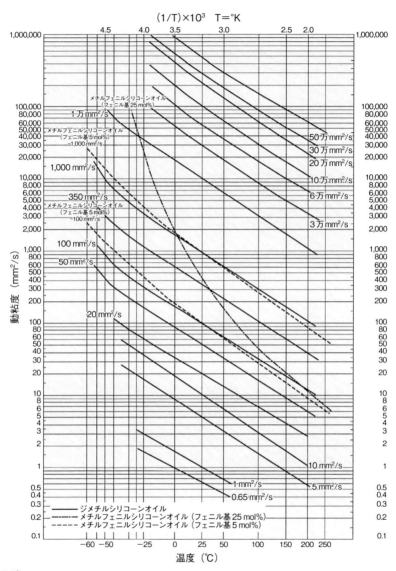

【計算式】

$$\log \eta^t = \frac{763.1}{273+1} - 2.559 + \log \eta^{26}$$

η^t：t℃における動粘度（mm²/s）
t：−25〜250 ℃

図 3-5 各種シリコーンの粘度と温度の関係

表3-3 シリコーンオイルのVTC値

ジメチルシリコーンオイル 100～100万 mm²/s	メチルフェニルシリコーンオイル	
	フェニル基5mol%	フェニル基25mol%
0.59～0.61	0.65	0.82

を得ることが可能である。また、場合によっては2種類以上の異なる粘度のシリコーンオイルを混合することにより、所望の粘度のものを得ることもできる。その配合比は**図3-6**のような作図法を利用することで容易に求めることができる。

この方法で、注意すべき点はできるだけ目標とする粘度に近いシリコーンオイルの組み合わせを選択することである。これは2種の粘度差が大きすぎると図3-6の作図法からのずれが大きくなることや、後述するせん断に対する抵抗性が低下するなど、特性の微妙な変化を招くためである。

▶ 3.1.2 比重

1000 mm²/s のジメチルシリコーンオイルの比重は0.97程度であり、これより粘度が低くなると比重も小さくなるが、1000 mm²/s 以上では比重はほとんど変化しない。**図3-7**にはシリコーンオイルの比重と温度の関係を示しているが、シリコーンオイルの膨張係数は水や鉱物油より大きい（**表3-4**）。これはシロキサン分子同士の分子間力が小さいことによる。したがって**表3-5**のように、シリコーンオイルのなかで最も分子間力の小さいジメチルシリコーンオイルの膨張係数がもっと大きく、メチルフェニルシリコーンオイルでは、フェニル基の含有量が増加するにつれて、体積膨張係数は小さくなる。

▶ 3.1.3 比熱、熱伝導率

ジメチルリコーンオイルの比熱（25℃）は粘度によって多少異なり、粘度が20 mm²/s 以下では1.6～2.0 J/g·℃であり、100 mm²/s 以上になると粘度に関係なく1.5 J/g·℃程度である。この値は水の約1/3であり、鉱物油に比較して極めて小さい値である。また、熱伝導率（25℃）は粘度が50 mm²/s 以下では0.10～0.15 W/m·℃であり、100 mm²/s 以上では粘度に

第 3 章　シリコーンオイル

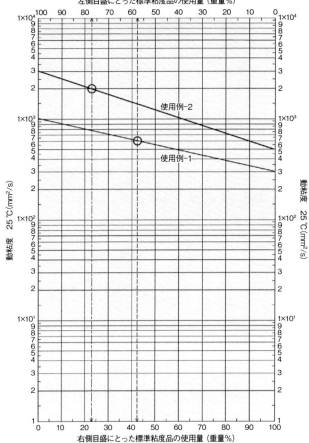

使用例-1
- 標準粘度品 1,000 mm²/s と 300 mm²/s を混合して 600 mm²/s のオイルを作る場合
1. 左側に 1,000 mm²/s (1×10³) の目盛をとり、右側に 300 mm²/s (3×10²) の目盛をとって両点を直線で結びます。
2. 600 mm²/s (6×10²) の目盛を通る水平線と先の直線との交点から垂線を下し、
   上・下の標準粘度の使用量（重量%）目盛を読みます。
3. すなわち 300 mm²/s を 42.5 重量%（下の目盛から）、
   1,000 mm²/s を 57.5 重量%（上の目盛）を混合すると 600 mm²/s の粘度品が得られます。

使用例-2
- 標準粘度品 30万 mm²/s と 5万 mm²/s を混合して 20万 mm²/s のオイルを作る場合
この図では、30万および 5万の目盛がないため、座標移動します。
1. まず左側の 10³ 台の目盛 3 のところを 30万 mm²/s の目盛とし、右側の 10² 台の目盛 5 のところを 5万 mm²/s とします。
   こうすることにより 30万 mm²/s は 3,000 mm²/s の 3×10³ の目盛となり、
   3×10⁵（30万）を 10²（3×10⁵÷3×10³=10²）だけ座標移動したことになります。
   5万 mm²/s も 10²（5×10⁴÷5×10²=10²）だけ座標を移動したことになります。
2. 両点を直線で結び 20万 mm²/s すなわち 2×10³（10² 座標を移動したため）の目盛を通る水平線と
   先の直線との交点から垂線を下し、上・下の標準粘度の使用量（重量%）目盛を読みます。
3. すなわち 30万 mm²/s は上の目盛を読んで 77 重量%、5万 mm²/s は下の目盛を読んで 23 重量%となります。

図 3-6 作図によるシリコーンオイルの粘度調整法

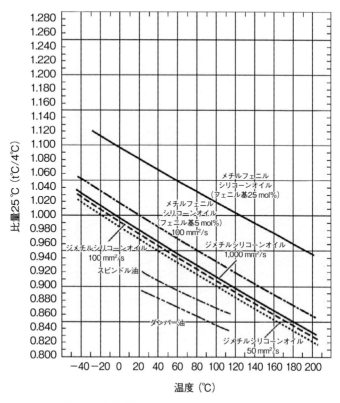

図 3-7 各種オイルの温度による比重変化

表 3-4 各種液体の体積膨張係数

液体の種類		測定温度℃	熱膨張係数
ジメチルシリコーンオイル	100 mm²/s	25–150	9.80×10^{-4}
	350 mm²/s	25–150	9.54×10^{-4}
	1000 mm²/s	25–150	9.20×10^{-4}
水		20	2.07×10^{-4}
ベンゼン		20	12.37×10^{-4}
四塩化炭素		20	10.78×10^{-4}
オリーブ油		20	7.21×10^{-4}
流動パラフィン		20	9.00×10^{-4}
水銀		20	11.82×10^{-4}

表3-5 シリコーンオイルの体積膨張係数

ジメチルシリコーンオイル (100 mm²/s)	メチルフェニルシリコーンオイル	
	フェニル基 5 mol%	フェニル基 25 mol%
9.5×10^{-4}	9.0×10^{-4}	7.3×10^{-4}

関係なく約 0.16 W/m·℃ となる。この値は水の約 1/4 であり、ベンゼンやトルエンとほぼ同じ値となる。

▶ 3.1.4 屈折率

ジメチルシリコーンオイルのナトリウム D 線に対する屈折率（25℃）は、粘度が 2.0 mm²/s 以下で 1.375〜1.391、10 mm²/s 以上では 1.399〜1403 とほぼ一定の値を示す。一方、屈折率はシリコーンオイルに結合した置換基に影響を強く受けるため、メチルフェニルシリコーンオイルでは、同粘度のジメチルシリコーンオイルよりは屈折率は高くなり、フェニル基含有量の増加とともに、屈折率も高くなる。また、フッ素系の置換基を導入することにより、ジメチルシリコーンオイルより屈折率を下げることも可能である。

▶ 3.1.5 蒸気圧

図 3-8 に低粘度のジメチルシリコーンの蒸気圧曲線を示しているが、ジメチルシリコーンオイルの蒸気圧は低粘度品を除いて極めて低く、220℃で粘度 20 mm²/s のものが 1.0 mmHg 以下である。

▶ 3.1.6 耐熱性

ジメチルシリコーンオイルは、一般に空気中で、150℃程度以下では長期間にわたって安定で、経時での粘度変化はほとんどない。これは前述したシロキサン結合のエネルギーが大きいためである。170℃以上の高温時の変化は、空気中と不活性ガス（N₂、Ar）中とでは状況は異なる。空気中では 170℃程度以上の高温下で、図 3-9 のように徐々に粘度が増加し、最後にはゲル化する。

この粘度増加は熱酸化劣化によるもので、次のように空気中の酸素によるメチル基の水素引き抜き反応に始まる複雑な三次元架橋化反応の結果であ

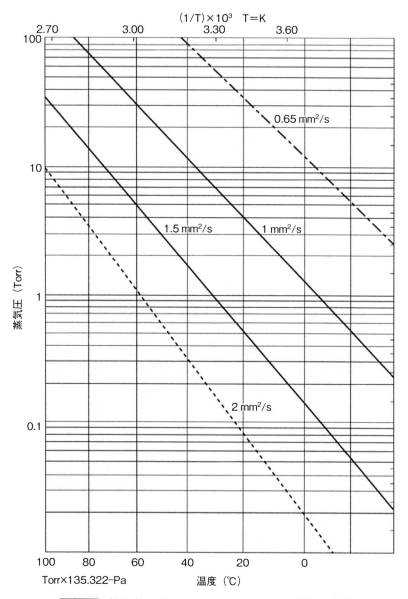

図 3-8 低粘度のジメチルシリコーンオイルの蒸気圧曲線

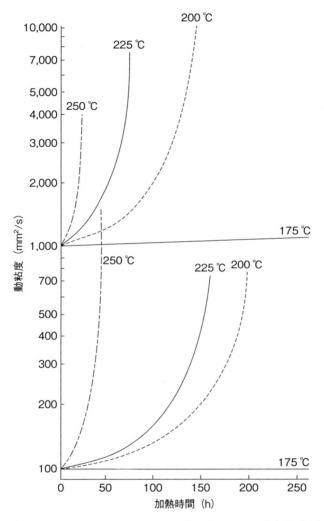

図 3-9 ジメチルシリコーンオイルの保存温度による粘度変化（空気中）

る[4]。

酸化の初期は

$$SiCH_3 + O_2 \rightarrow SiCH_2\cdot + HO_2\cdot \quad \cdots\cdots(1)$$

なる反応が起こり、続いて次のように進行すると考えられる。

$$SiCH_3 + HO_2\cdot \rightarrow SiCH_2\cdot + 2HO\cdot \cdots\cdots(2)$$
$$2SiCH_3 + 2HO\cdot \rightarrow 2(SiCH_2\cdot) + 2H_2O \cdots\cdots(3)$$
$$SiCH_2\cdot + O_2 \rightarrow SiCH_2O_2\cdot \rightarrow SiO\cdot + CH_2O \cdots\cdots(4)$$

これらの反応によりシロキシラジカル SiO・が生成する。また、

$$SiCH_2O_2\cdot + SiCH_3 \rightarrow SiCH_2O_2H + SiCH_2\cdot \cdots\cdots(5)$$
$$SiCH_2O_2H \rightarrow SiCH_2O\cdot + HO\cdot \cdots\cdots(6)$$
$$SiCH_2O\cdot \rightarrow Si\cdot + CH_2O \cdots\cdots(7)$$
$$2(SiCH_2\cdot) + O_2 \rightarrow 2(SiCH_2O\cdot) \rightarrow 2Si\cdot + 2CH_2O \cdots\cdots(8)$$

によって、シリルラジカル Si・が生じ、ホルムアルデヒドがさらに酸化されてギ酸や水素、二酸化炭素などが発生する。

$$2CH_2O + O_2 \rightarrow 2HCOOH \rightarrow 2H_2 + 2CO_2$$

（4）で生成したシロキシラジカル SiO・と（7）あるいは（8）で発生したシリルラジカル Si・とが結合し Si-O-Si、つまり新たなシロキサン結合を生成しジメチルシリコーンオイル間の架橋が起こる。これにより、粘度が増加し、最終的にはゲル化する。また、ジメチルシリコーンオイルを200℃程度の高温にするとホルマリン臭がするが、この熱酸化劣化により発生したホルムアルデヒドによるものである。さらに、450℃以上では燃焼が起こり、最終的にはシリカ（SiO_2）となる。

図 3-10 には空気中、加熱下、開放系でジメチルシリコーンオイルを保存した場合の加熱減量を示している。200℃以下では200時間加熱しても、減量は2％以下であるが、250℃では50時間程度で5％以上の減量があることがわかる。

一方、酸素のない状態や不活性ガス雰囲気下ではジメチルシリコーンでも200℃において数百時間は粘度変化がほとんどない。ただ、さらに温度が250℃以上になると不活性ガス雰囲気下でも**図 3-11** のようなシロキサン分子間の再配列反応により、クラッキングが発生し低分子シロキサン含有量が増加する[5]。これにより、**図 3-12** のように逆に粘度が低下する現象が見られる。

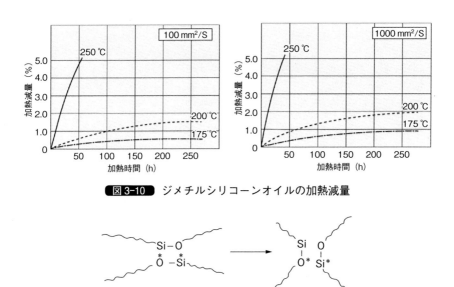

図3-10　ジメチルシリコーンオイルの加熱減量

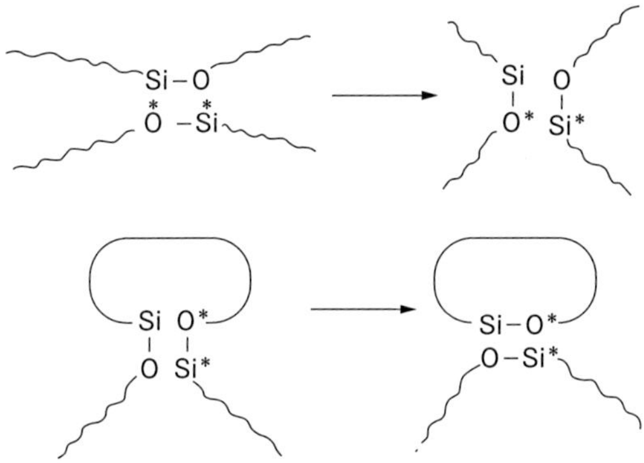

図3-11　シロキサン分子の再配列機構

　これは、特に密封式のダンパー油としてシリコーンオイルが使用された場合、出力トルク低下を起こす場合があるため、注意する必要がある。
　一方、メチルフェニルシリコーンオイルは一般にジメチルシリコーンオイルよりも耐熱性に優れる。これはフェニル基が酸化による水素引き抜き反応を受けないためだと考えられる。この耐熱性は、図3-13に示すように、メチルフェニルシリコーンオイルのフェニル基の含有量が多くなると向上する傾向があり、フェニル基含有量が25モル％以上のもので、225℃以下では長期間にわたって粘度はほとんど変化しない。特にフェニル基を50 mol％含有するメチルフェニルシリコーンオイルは安定剤の添加なしで300～350℃、数100時間の使用が可能である。
　化学安定性の項でも述べるが、シリコーンオイル中に強酸や強アルカリ物

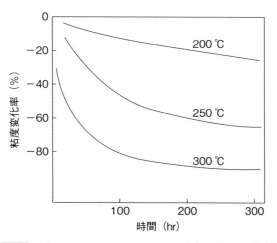

図3-12 ジメチルシリコーンオイルの密封加熱時の粘度変化

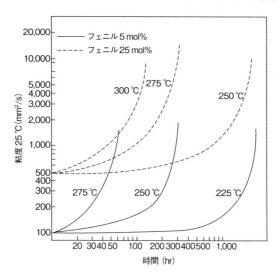

図3-13 メチルフェニルシリコーンオイルの保存温度による粘度変化(空気中)

質が少量でも存在すると、クラッキングが発生するため、これらの物質の混入が起こらないように十分に注意する必要がある。また、鉛、セレンやテルルなどの金属も、シリコーンオイルのゲル化を促進するため[6]、高温での長時間の接触は避けなければならない。ただし、鋼、銅、ニッケル、亜鉛、錫、

アンチモン、ジュラルミンなどはほとんど影響を与えない。

シリコーンオイルの熱酸化安定性をさらに向上させる方法として、芳香族アミン化合物や鉄、セリウム、ニッケル、チタン、ジルコニウム、ハフニウムなどの有機酸塩を添加することが行われている。例えば、ジメチルシリコーンオイルに鉄オクトエートを添加配合したものは、メチルフェニルシリコーンオイルと同程度の耐熱性が得られている。

▶ 3.1.7 燃焼性

シリコーンオイルは燃焼することによって、二酸化炭素、一酸化炭素、水などを発生し、シリカ（SiO_2）を灰分として残す。シリコーンオイルの引火点、燃焼点は**表 3-6** のように、ほかの鉱物油に比較して高く、引火しにくい。またシリコーンオイルの燃焼状態は**表 3-7** のように、鉱物油と異なり発生する燃焼ガス量が少なく、燃焼熱も小さいため炎も小さく、周辺への延焼の恐れが大幅に低下する。また、酸素指数が高いことから、周囲から空気（酸素）の供給が十分でない場合には、燃焼は継続しない。

一方、シリコーンオイルの自然発火温度は測定法により若干異なるが、ジメチルシリコーンオイルで460～490℃、メチルフェニルシリコーンオイルで500～530℃と報告されており[7]、一般の有機化合物と同程度である。

表 3-6 シリコーンオイルの燃焼性

オイル		引火点 (℃)	燃焼点 (℃)	燃焼速度* (mm/sec)	酸素指数
ジメチルシリコーンオイル	10 mm^2/s	168	202	5.2	—
	20 mm^2/s	255	300	2.7	30～32
	50 mm^2/s	315	365	1.2	36～38
	100 mm^2/s	326	378	連続燃焼せず	—
	10,000 mm^2/s	333	374	同　上	—
メチルフェニルシリコーンオイル（フェニル基 5 mol%、400 mm^2/s）		334	380	—	—
メチルフェニルシリコーンオイル（フェニル基 25 mol%、400 mm^2/s）		316	410	—	—
鉱油変圧器油（JIS 1 種 2 号）		134	145	5.7	17～18

* JIS C 2102 に準拠（ガラステープ法）

表 3-7　ジメチルシリコーンオイルの完全燃焼時の発生ガスと燃焼熱

オイル	ガス発生量（モル）		酸素消費量（モル）	燃焼熱（kcal）
	CO_2	H_2O		
ジメチルシリコーンオイル	2.70	4.05	5.39	640
鉱油	7.14	7.14	10.71	1,100

（注）燃焼式より算出

$$(H_3C)_2SiO + 4O_2 \longrightarrow SiO_2 + 2CO_2 + 3H_2O$$

▶ 3.1.8　耐寒性

　ジメチルシリコーンオイルは耐寒性に優れている。特に、粘度が $2\ mm^2/s$ のジメチルシリコーンオイルでは流動点が $-120\ ℃$ と非常に低い。また、粘度が $10\ mm^2/s$ のジメチルシリコーンオイルは $-60\ ℃$ 以下の流動点を持ち、粘度の増加に伴って流動点は高くなるが 10 万 mm^2/s の高粘度品でも流動点は $-50\ ℃$ 以下で、低温でも流動性を失わない。一方、5～10 mol% という比較的少量のフェニル基を含有するメチルフェニルシリコーンオイルの流動点は $-70\ ℃$ 以下となる。これは少量のフェニル基の分子構造への導入により、ジメチルポリシロキサンの結晶性が妨げられるためである[8]。ただし、図3-14 のようにフェニル基の含有量が多いメチルフェニルシリコーンオイルではジメチルシリコーンオイルより流動点は高くなる。

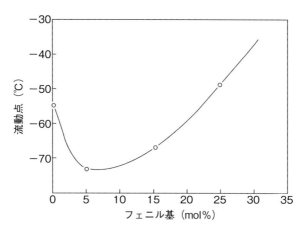

図 3-14　メチルフェニルシリコーンオイルの流動点

3.1.9 表面張力

シリコーンオイルの表面張力は、一般のオイルや溶剤類に比較して非常に低く、シリコーンオイルの重要な特徴である。特にジメチルシリコーンオイルの表面張力は低く、粘度が高くなるにつれて増加する傾向があるが、粘度が 500 mm²/s 以上のものでは 21 mN/m 程度でほぼ一定となる（図 3-15）。この値は、鉱物油が 29.7 mN/m、水が 72 mN/m であることからすると極めて小さい。また、この表面張力の低さはジメチルシリコーンオイルが極性のないポリマーで、分子間力が低いことに起因している。

また、この表面張力は図 3-16 のように高温下ではさらに低値となる[9]。

一方、メチルフェニルシリコーンオイルではフェニル基の含有量が増加すると表面張力が大きくなる傾向がある（表 3-8）。

シリコーンオイルの表面張力が小さいことは、金属表面やガラス表面上で極めて広がりやすいことから、撥水剤、離型剤や消泡剤として優れた特性となるが、反面潤滑油や作動油として使用する場合には、オイルの密封シールに注意が必要となる。

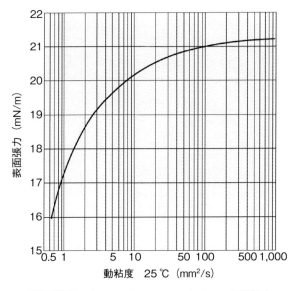

図 3-15　ジメチルシリコーンオイルの表面張力

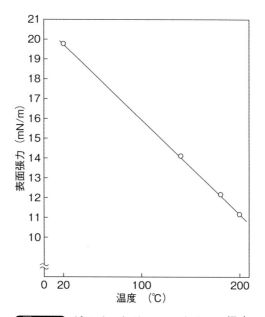

図 3-16 ジメチルシリコーンオイルの温度による表面張力の変化

表 3-8 シリコーンオイルの表面張力

シリコーンオイル			表面張力
種類	フェニル基（mol%）	粘度（mm^2/s）	(mN/m)
ジメチルシリコーンオイル	0	10	21.2
メチルフェニルシリコーンオイル	5	100	22.4
	20	200	24.8
	25	400	25.2

▶ 3.1.10 耐せん断に対する抵抗性

　シリコーンオイルのせん断抵抗力は高く、石油系オイルの20倍以上もあると言われおり、高せん断負荷を受けても粘度低下が少ない。一般に、多くの作動油、潤滑油は加圧下で極めて狭い間隙を通過すると、その時に受ける強いせん断力によって分子鎖の切断が起こり、粘度が低下する傾向がある。それに対して、シリコーンオイルは、前述のように特有の立体構造、分子間力の低さやシロキサン結合力が強いため分子鎖の切断が起こりにくい。

図 3-17 にはジメチルシリコーンオイルの見掛け粘度とせん断速度の関係を示している。オイルの粘度が 1000 mm^2/s まではせん断速度が増加しても、見掛け粘度の変化はない。一方、1000 mm^2/s 以上の高粘度のシリコーンオイルではせん断速度の増加にしたがって見掛け粘度が低下する現象が見られる。ただ、この見掛け粘度の低下は一時的なもので、せん断力を取り去ると元の粘度に戻るため、せん断力による分子鎖の切断は発生していなと考える。また、メチルフェニルシリコーンオイルでは、フェニル基の含有量が高いほど見掛け粘度の低下率は低くなる。

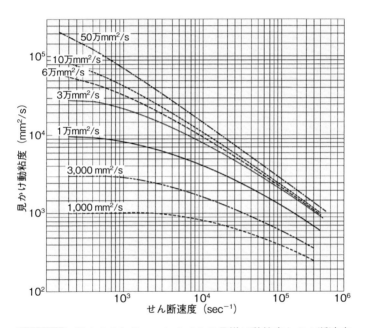

図 3-17 ジメチルシリコーンオイルの見掛け動粘度とせん断速度

▶ 3.1.11 圧力による影響

ジメチルシリコーンオイルは圧力負荷により急激に粘度が増加する (図 3-18)。

また、図 3-19 のように非常に高い圧縮率を示す[10]。ただ、ジメチルシリコーンオイルは分子間力が小さいため、ヘキサメチルジシロキサン

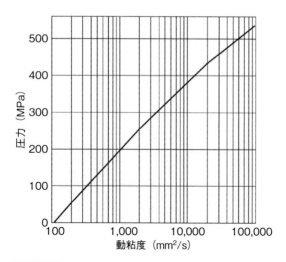

図 3-18 ジメチルシリコーンオイル（100 mm²/s）の圧力と動粘度

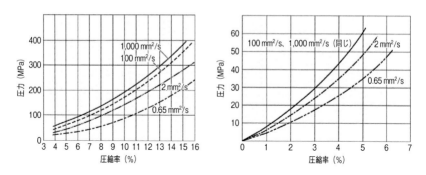

図 3-19 ジメチルシリコーンオイルと圧力と圧縮率

（0.65 mm²/s）以外は 4000 Mp 以上の高圧でも固化しない。これは、炭化水素類やフロロカーボン類が、比較的低圧で凝固するのに比較して顕著な特徴である。

また、この圧縮率は温度によっても変化し、温度が高くなるほど圧縮率は高くなる（**図 3-20**）。

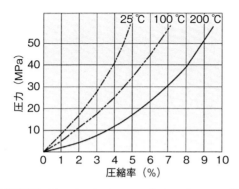

図 3-20 ジメチルシリコーンオイル（100 mm²/s）の温度による圧縮率の違い

▶ 3.1.12　電気特性

　ジメチルシリコーンオイルは温度や周波数の変化による影響が非常に小さい。特に、絶縁破壊の強さは 35～40 kV で、衝撃電圧に対しても高い抵抗を示し、鉱物油系の絶縁油よりも優れている。さらに、体積抵抗率は常温で 10^{15} Ω・cm 程度であり、200 ℃でも 10^{14} Ω・cm 程度を保持している（**図 3-21**）。

　また、誘電率及び誘電正接の温度による変化をそれぞれ**図 3-22** に示す。

　周波数による電気特性変化は、誘電率ではきわめて少ないが、誘電正接は**図 3-23** のように変化する。

　また、**表 3-9** にシリコーンオイルの電気特性を示したが、ジメチルシリコーンオイルでは、低粘度のものほど誘電率が小さく、またメチルフェニルシリコーンオイルでは、絶縁破壊の強さ、誘電正接などの特性がジメチルシリコーンオイルに比べ、やや低下する傾向がある。

　ただし、シリコーンオイルは吸湿性が高く、一般的には 100～200 ppm の水分を含んでいる。この含水量が高いと**図 3-24**、**図 3-25** のように電気特性が低下するため、電気絶縁油として使用する際には、あらかじめ脱水処理を行う必要がある。

▶ 3.1.13　音の伝達速度

　ジメチルシリコーンオイル中の音の伝達速度は、水やエタノール中の音の

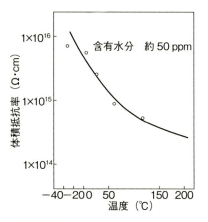

図3-21 ジメチルシリコーンオイルの温度と体積抵抗率

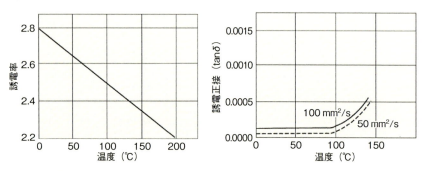

図3-22 ジメチルシリコーンオイルの温度による誘電率と誘電正接の変化

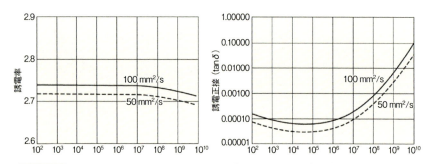

図3-23 ジメチルシリコーンオイルの周波数による誘電率変化と誘電正接変化

表3-9　シリコーンオイルの電気特性

シリコーンオイル		体積抵抗率 Ω·cm	絶縁破壊の強さ kV/2.5 mm	誘電率 (50 Hz)	誘電正接 (50 Hz)
種類	粘度 mm²/s				
ジメチルシリコーンオイル	10	1×10¹⁴ 以上	35.0	2.60	1×10⁻⁴ 以下
	20	↑	↑	2.68	↑
	50	↑	↑	2.72	↑
	100	↑	↑	2.75	↑
	1,000	↑	↑	2.75	↑
	100,000	↑	↑	2.75	↑
メチルフェニルシリコーンオイル（フェニル基5 mol%）	100	↑	32.5	2.80	3×10⁻⁴ 以下
メチルフェニルシリコーンオイル（フェニル基25 mol%）	400	↑	↑	2.88	5×10⁻⁴ 以下

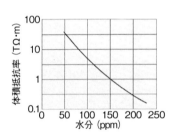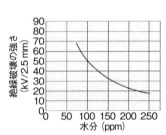

図3-24　ジメチルシリコーンオイル（50 mm²/s）の水分と体積抵抗率絶縁破壊強さ

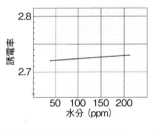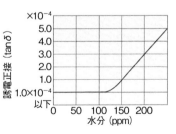

図3-25　ジメチルシリコーンオイル（50 mm²/s）の水分と誘電率と誘電正接

表3-10 ジメチルシリコーン中の音の伝達速度

動粘度 25℃ mm²/s	伝達速度 30.0℃ m/sec
0.65	873.2
1.0	901.3
1.5	919.0
2.0	931.3
5.0	953.8
10	966.5
20	975.2
50	981.6
100	985.2
200	985.7
350	986.2
500	986.4
1,000	987.3

伝達速度（水中 1500 m/sec、エタノール中 1207 m/sec）に比べて小さく、室温で約 1000 m/sec である。**表 3-10** のようにシリコーンオイルの粘度が増加するにつれて、伝達速度は速くなる。

▶ 3.1.14 化学的安定性

シリコーンオイルは高濃度のアルカリ、酸と接触すると分解反応が起こる。これは前述したようにシリコーンオイルの主鎖のシロキサン結合がイオン性のためである。また、低濃度のアルカリ、酸成分の混入であっても、高温下においては、これらの混入成分による再平衡化反応が進行し、粘度増加や粘度低下が起こるため、使用に際しては、できるだけこれらの成分の混入を避けることが必要である。

また、メチルハイドジェンシリコーンオイルは、特にアルカリ性物質に対して非常に不安定であり、これらと接触して分解し、水素ガスを発生しながら架橋反応を起こすため、特に注意が必要である。

▶ 3.1.15 耐放射線性

シリコーンオイルにγ線や電子線のような放射線を照射すると、分子間に架橋反応が起こり、粘度が上昇し、最後にはゲル化する。放射線に対する安定性は、メチルフェニルシリコーンオイルの方が、ジメチルシリコーンオイルよりも優れており、フェニル基含有量の増加とともに**図 3-26** のように耐久性が向上する。

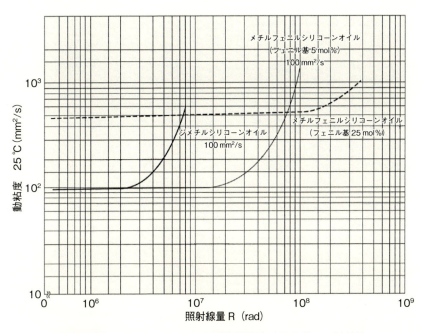

図 3-26 シリコーンオイルの耐放射線性（線源 ^{60}Co（γ線））

▶ 3.1.16 腐食性

シリコーンオイルは金属をはじめとする多くの材料に対して腐食性はない。ただ、ゴム、プラスチックの一部は、高温時に可塑剤がシリコーンオイルに抽出され、容積や重量が減少することがある。特に、ジメチルシリコーンオイルの低粘度品でこの傾向が大きくなる。

▶ 3.1.17 溶解性

（1）シリコーンオイル相互の相溶性

ジメチルシリコーンオイル同士では、粘度やその混合割合が大きく異なっても完全に相溶する。一方、メチルフェニルシリコーンオイルでは、フェニル基の含有量が同じで、粘度が異なる場合は相溶するが、フェニル基の含有量が異なったメチルフェニルシリコーンオイル同士では白濁して完全に相溶しなくなる。また、ジメチルシリコーンオイルとフェニルシリコーンオイルの場合は、フェニル基の含有量が 5 mol % 以下で、ジメチルシリコーンオイルの粘度が 100 mm^2/s 以下であれば相溶するが、それ以外の組み合わせでは完全に相溶することは難しい。

（2）他の有機溶剤への溶解性

ジメチルシリコーンオイルは前述したように分子間の凝集エネルギーが小さいため、溶解度係数（SP 値）の比較的小さい芳香族系溶媒のトルエン、キシレンにはよく溶解する。一方、極性があり、SP 値が 10 以上の溶剤であるメタノール、エタノールや水には溶解しない（**表 3-11**）。なお、粘度が異なると溶解性もやや変化し、特に 5 mm^2/s 以下のジメチルシリコーンオイルではそれ自身が溶媒的な働きをするため、エタノールや流動パラフィン等にもよく溶解する。

上記のようにシリコーンオイルは水には溶解しないが、微量の水は含有できる。ジメチルシリコーンオイルの飽和含水量を **図 3-27** に示したが、シリコーンオイルの吸湿性はほかの一般的な鉱物油に比較してやや大きく、通常は約 100～200 ppm の水分を含有している。

このため、3.1.12 でも述べたが、水分の影響を受けやすい用途では、使用前に脱水処理を行うことが望ましい。

▶ 3.1.18 ガス溶解性

ジメチルシリコーンオイルは空気、窒素、炭酸ガスを溶解し、その溶解量は一般の鉱物油よりも大きく、空気で 16～19 容量%、窒素で 16～17 容量%、炭酸ガスではほぼ 100 容量%だと報告されている。このため、減圧下でジメチルシリコーンオイルを使用する場合には発泡を抑えるために、あらかじめ脱気する必要がある。**図 3-28** には酸素、空気、窒素、それぞれのガス圧 1

表3-11　各種溶剤への溶解性（100 mm²/s　ジメチルシリコーンオイル）

溶剤名	結果	溶剤名	結果
ベンゼン	○	イソプロピルパルメテート	○
トルエン		イソプロピルミリステート	
キシレン		メチルエチルケトン	
ソルベントナフサ		メチルイソブチルケトン	
工業用ガソリン		ラウリルアルコール	
ミネラルスピリット		ジメチルセロソルブ	△
ケロシン		アセトン	
シクロヘキサン		ジオキサン	
n-ヘキサン		ブタノール	
n-ヘプタン		2-エチルヘキサノール	
四塩化炭素		アルミアセテート	
クロロホルム		氷酢酸	
フロロセン		ナフテン系潤滑油	×
パークロロエチレン		メタノール	
トリクロロエチレン		エタノール	
エチレンジクロライド		エチレングリコール	
メチレンクロライド		セロソルブ	
アセチルテトラクロライド		グリセリン	
メチルクロライド（液化）		ジエチレングリコールステアレート	
クロロベンゼン		プロピレングリコール	
クロロフッ化メタン類		流動パラフィン	
クロロフッ化エタン類		パラフィンワックス	
エチルエーテル		ペテロラクタム類	
ジイソプロピルエーテル		潤滑油	
ヘキシルエーテル		脂肪酸（氷酢酸を除く）	
エチルアセテート		動植物油	
ブチルアセテート		メチルフタレート	
イソプロピルラウレート		水	

○：溶解　△：一部溶解　×：不溶解（室温での結果）

気圧下の飽和溶解度と温度の関係を示す。

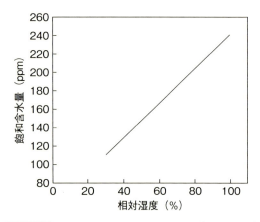

図 3-27 ジメチルシリコーンオイル（50 mm²/s）の相対湿度と飽和含水量

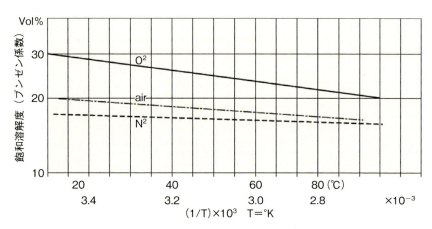

図 3-28 各種気体のシリコーンオイルに対する飽和溶解度と温度の関係

▶ 3.1.19 撥水性

撥水性の程度を表す指標として、水に対する接触角があり、撥水剤としても使用されるパラフィンは、その値が 108〜116°であるのに対して、ジメチルシリコーンオイルの接触角は 90〜110°程度でありほぼ同等である（**表 3-12**）。実際に、ジメチルシリコーンを処理した物質の表面の撥水性は、パラフィンの撥水性に匹敵する。このため、ジメチルシリコーンオイルはガラス、

表3-12 水に対する接触角

物質名	接触角 (°)
パラフィン	108〜116
カルナウバロウ	107〜125.3
シリコーンオイル（KF-96）	90〜110
ナフタリン	62
ナイロン	70
ポリエチレン	94
ポリ塩化ビニル	87
ポリスチレン	91
ポリテトラフルオロエチレン	108

（化学便覧より）

陶器、セラミックなどの表面撥水処理剤として使用されている。使用方法としては、被着体にジメチルシリコーンオイルを溶剤で希釈したものを塗布し、低温での溶剤乾燥後、300℃程度、数分間の焼き付け処理する方法がある。この処理をより低温で行いたい場合は、メチルハイドロジェンシリコーンオイルを使用すれば150℃程度の比較的低温条件下で処理を行うことができる。これは、Si–H結合が反応性に富むためである。

▶ **3.1.20 消泡性、離型性**

前述してきたようにシリコーンオイルは物質への溶解性が低いこと、及び表面張力が低いことから、物質の表面に広がりやすい性質をもっている。このため、すぐれた消泡性、離型性を発揮する。これらの詳細については、後述する。

▶ **3.1.21 潤滑性**

ジメチルシリコーンオイルは、温度による粘度変化が小さい、耐熱性、耐寒性、耐せん断特性など潤滑油として理想的な性質を持っているが、金属表面への吸着性が乏しく、表面張力が小さいため、金属表面で薄膜状に広がり

やすく、高圧下でも凝固しない。このため、鋼対鋼のように硬い金属面同士の潤滑油としては、良好な境界潤滑油膜を形成しにくく、制約を受ける。ただ、鋼に対して比較的柔らかい金属材料やプラスチック材料が接触する場合は、潤滑油として十分使用に耐える[11) 12)]。

▶ 3.1.22 生理活性

一般にシリコーンオイルは生理的に不活性であり、特に低粘度のものを除いては、大量に摂取しない限り、ほとんど無害といえる（急性毒性試験）。このため、化粧品原料や医薬部外品用途に、幅広く使用されている。

●試験条件
　動物：ラット
　サンプル：KF-96L-5cs

●試験結果
　雄、雌ともに LD_{50} は 5,000 mg/kg 以上

毒性の強さの区分

区分	LD_{50}(mg/kg bw)	危険有害性情報
1	$LD_{50} \leq 5$	飲み込むと生命に危険
2	$5 < LD_{50} \leq 50$	飲み込むと生命に危険
3	$50 < LD_{50} \leq 300$	飲み込むと有害
4	$300 < LD_{50} \leq 2,000$	飲み込むと有害
5	$2,000 < LD_{50} \leq 5,000$	飲み込むと有害のおそれ

※化学品の分類および表示に関する世界調和システム（GHS）による

※急性毒性試験
　一般的に、ある大量の物質を一回、試験動物（ラットが推奨される）に与えた場合にあらわれる致死量を求める。
　通常 LD_{50}（50 % Lethal Dose：50 %致死量）で表現します。

ここまでに述べてきたシリコーンオイルの特徴を要約すると次のようになる。
① 耐熱性、耐候性に優れる
② 耐寒性に優れ、流動点が低い
③ 温度による粘度変化が少なく、容積変化は大きい
④ 化学的に不活性である
⑤ せん断抵抗力が大きい
⑥ 圧縮率が大きい
⑦ 表面張力が小さい
⑧ 撥水性、離型性に優れる

⑨消泡性を有する
⑩電気特性に優れる
⑪ガス、水蒸気の溶解性が良い
⑫引火点が高く、蒸気圧が低く、難燃性に優れる

　これらの特徴により、シリコーンオイルは各種用途への利用が図られている。次にジメチルシリコーンオイル、メチルフェニルシリコーンオイル、メチルハイドロジェンシリコーンオイルが主に使用されている応用分野について詳しく述べる。

3.2 シリコーンオイルの応用

▶ 3.2.1 電気絶縁用

ジメチルシリコーンオイルは電気絶縁性であり、常温での電気絶縁性が一般の絶縁油と比較して格段に優れているとは言えないが、耐熱性、温度に対する粘度変化が少ない、引火点が高く難燃性であることから車両用トランス油、コンデンサー、電子部品の封入絶縁油として使用されている。また、電気絶縁油としてIEC（国際電気標準会議）やJIS2320（電気絶縁油）にシリコーンオイルが規格化されている。さらに、表面張力が低く、空隙への浸透性も利点になる。

ただ、前述したようにジメチルシリコーンオイルは、通常の保存条件で100〜200 ppmの水を含有しており、他の絶縁油に比べて吸湿性が高いことから、電気特性を維持するためには溶存水分の除去や装置の気密性などの管理が必要となる。代表的な電気絶縁油の特性を**表3-13**に示した。

表3-13 代表的な電気絶縁油の特性

	項　目	ジメチルシリコーンオイル (50 mm²/s)	鉱　油 (JIS 2号油)	アルキルベンゼン	アルキルナフタレン
一般特性	比重（15 ℃）	0.960	0.880	0.870	0.955
	粘度 mm²/s (30 ℃)	45	8.7	12.5	8.5
	流動点 ℃	−50 以下	−30	−50 以下	−50 以下
	引火点 ℃	315	134	132	144
電気特性	誘電率 (60 Hz・80 ℃)	2.52	2.18	2.17	2.48
	体積抵抗率 Ω・cm (80 ℃)	7×10^{15}	1×10^{15}	2×10^{16}	2×10^{15}
	誘電正接 (60 Hz・80 ℃)	0.008	0.02	0.005	0.010
	絶縁破壊電圧 (kV/2.5 mm)	70 以上	70	78	85

▶ 3.2.2 熱媒油・冷媒油

　ジメチルシリコーンオイルは耐熱性が高く、温度に対する粘度変化が少ない、引火点が高く難燃性である、さらに熱伝導係数が大きいことから、各種工業用の加熱媒体として使用される。推奨される使用範囲温度は、熱酸化劣化を起こしにくい170℃以下であるが、それを超える加熱温度が必要なときには、酸化防止剤添加品やメチルフェニルシリコーンオイルが適している。

　一方、流動点が低く、低温でも固化しない特性を利用し、冷媒としても使用される。ただ、低温での良好な流動性を維持するためには、粘度 10 mm^2/s 以下の低粘度品を使用することが好ましく、特に 2 mm^2/s のジメチルシリコーンオイルは特異的に流動点が低く、−100℃以下の低温で使用が可能である。

▶ 3.2.3 拡散ポンプ油

　半導体製造や加工装置などの真空チャンバーに用いられる拡散ポンプ油には耐熱性、耐熱酸化性、化学安定性に優れ、腐食性がない等の特性が求められるがシリコーンオイルはそれらの特性を満たすため、高度に精製されたシリコーンオイルが拡散ポンプ油として使用される。このシリコーンオイルを用いると到達真空度が $10^{-8} \sim 10^{-13}$ kPa という高真空を容易に得ることができる。現在、拡散ポンプ用として使用されているシリコーンオイルは**図3-29**のようなメチルフェニルシリコーンオイルである。

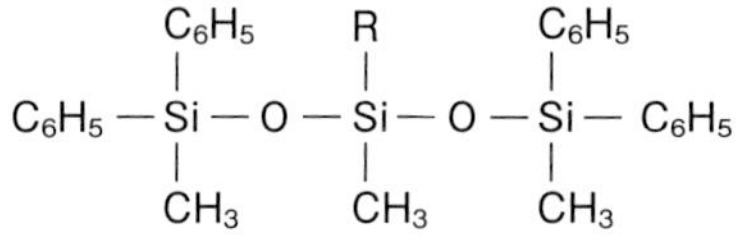

$$C_6H_5-\underset{\underset{CH_3}{|}}{\overset{\overset{C_6H_5}{|}}{Si}}-O-\underset{\underset{CH_3}{|}}{\overset{\overset{R}{|}}{Si}}-O-\underset{\underset{CH_3}{|}}{\overset{\overset{C_6H_5}{|}}{Si}}-C_6H_5$$

(R=CH$_3$ または C$_6$H$_5$)

図3-29 拡散ポンプ用メチルフェニルシリコーンオイル

▶ 3.2.4 潤滑油

　ジメチルシリコーンオイルは前述したように境界潤滑性がそれほど良くないため、硬い金属同士が触れ合う機械潤滑油として使用される場合は少ないが、温度による粘度変化が少なく、また化学的に不活性で腐食性がないため、

比較的低荷重、低速度の光学機器、計測機器、精密機械用で使用される。また、境界潤滑性を必要とする用途では、ジメチルシリコーンオイルに比べ動摩擦係数が低下する長鎖アルキル変性やフッ素変性シリコーンオイルが使用されている。

一方、プラスチック同士、プラスチック-金属間やゴム-金属間の潤滑油としてジメチルシリコーンオイルは有効であり、前述したように材料を侵すおそれも少ないことから、電気機器用の可変抵抗器、スイッチ類、プラスチックギヤなどの潤滑に使用されている。

▶ 3.2.5 作動油

ジメチルシリコーンオイルは耐熱性、耐寒性、耐候性が良好で、温度による粘度変化が少ない、せん断力に対する良好な耐性、圧縮率が大きいなどから自動車用ファンカップリングオイル、ビスカスカップリングオイル、ブレーキオイルや、自動車や航空機などの計器のダンパー油に使用されている。作動油の中でも、上記カップリングオイルのようにトルク伝達力が必要な場合では、温度による粘度変化を抑えつつ、耐熱性を高める必要があるため、耐熱性のあるメチルフェニルシリコーンオイルより、酸化防止剤を添加し耐熱性を向上させたジメチルシリコーンオイルを使用することが多い。

▶ 3.2.6 医療用、食品関係用

粘度が $100～1000\ mm^2/s$ のジメチルシリコーンオイルは、日本薬局方外医薬品（添加剤）として、成分規格が制定されている。これは、ジメチルシリコーンオイルが、胃腸内に発生したガスによる気泡を壊す効果（消泡性）を持つためで、胃腸薬の一成分として使用されている。この消泡効果はシリコーンオイルの界面活性機能による。また、食品用としては、食品衛生法第10条に食品添加物として「シリコーン樹脂（別名ジメチルシロキサン）」がリストされておりジメチルシリコーンオイル及びそれらを基剤にしたオイルコンパウンド、乳化物が豆腐、ジュースやインスタントコーヒーなど、各種の食品製造時の消泡剤として使用されている。

一方、食品包装プラスチック容器の滑剤や成型時の離型剤として各種シリコーンオイルが使用されおり、各種プラスチック工業会で作成されたポジテ

ィブリストに、ジメチルシリコーンオイル、メチルフェニルシリコーンオイル及びメチルハイドロジェンシリコーンオイルが掲載されている。

▶ 3.2.7　艶出し剤

　ジメチルシリコーンオイルは、艶の良さ、撥水性、のびの良さ、耐候性に優れるなどの点から、カーワックス、靴クリーム、ガラス磨き、眼鏡ふき等の艶出し成分として広く使用されている。なかでも、特にカーワックス用では車体表面への拡がりやすさ、拭き取り性向上、撥水性付与効果、塗装面保護効果からシリコーンオイルは必須成分と言ってよい。使用されるジメチルシリコーンオイルとしては1万 mm^2/s 以下の粘度が多いが、金属表面への吸着性や皮革表面の光沢性をさらに向上させるために、アミノ変性シリコーンオイルなどの使用量も多い。さらに、タイヤの艶出し剤として使用した場合は、光沢付与以外にタイヤゴムの耐候性向上にも効果を発揮する。

▶ 3.2.8　塗料添加剤

　シリコーンオイルは、表面張力が小さく、独自の界面特性を持っているため、塗料やインキに微量添加すると、塗料の表面張力を下げ塗布時の塗料の伸展性を改良でき、またゆず肌防止など塗膜の表面均一性を向上させる効果がある。同時に塗料やインキ中の顔料の分散性を改良する効果もあるため、顔料の浮きやシルキング防止にも有効である。それとともに、シリコーンオイルは塗膜面等に移行しやすい性質があるため、塗膜表面に適当な滑り性を付与したり、ブロッキング防止効果を付与することが可能である。この用途では、ジメチルシリコーンオイル以外にもインキや塗料のはじきを低減する長鎖アルキル変性シリコーンオイル、親水性付与にはポリエーテル変性シリコーンオイルなどが使用されており、さらにメチルフェニルシリコーンオイル、アミノ変性シリコーンオイルなども目的、材料に応じて使用される。

▶ 3.2.9　樹脂添加剤

　少量のジメチルシリコーンオイルをプラスチックに添加すると、成型品表面にシリコーンオイルの薄膜が形成され、プラスチック表面の摩擦係数が減少し、耐摩耗性が向上する。さらに、光沢や撥水性が向上する場合もある。

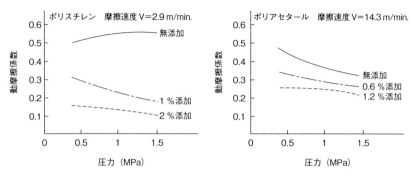

図 3-30 各種樹脂にジメチルシリコーンオイルを添加した時の摩擦圧と動摩擦係数の関係

図 3-30 には各種樹脂にシリコーンオイルを添加した時の動摩擦係数を示した。

また、樹脂中でのシリコーンオイルの均一分散性を高めるには、シリコーンオイルが高配合されたマスターペレットが添加される。このマスターペレットは、樹脂成型時に単純混合使用するだけで、樹脂の改質が簡便に行えるため、各種樹脂に対応したマスターペレットが多数開発されている。

▶ 3.2.10 粉体処理

シリコーンオイルを各種の無機化合物粉体に少量表面処理することによって、粉体の表面エネルギーを低下させ粉体粒子間の凝集を防ぎ、流動性を向上させたり、粉体に耐湿性、撥水性を付与することが可能である[13]。例えば、タルク、セリサイト、マイカなどをシリコーンオイルで表面処理したものを配合した化粧品組成物は皮膚上での伸展性が良好であり、撥水性にも優れるため化粧くずれを起こしにくい。また、シリコーンオイルで表面処理した酸化チタンは合成樹脂や塗料など有機物基質への分散性に優れるため、成型物や塗膜の性能を向上させるほか、酸化チタンの充填量を増加させることが可能である。これらの用途に用いられるシリコーンオイルとしてはジメチルシリコーンオイル、メチルフェニルシリコーンオイル、アルコキシ基含有メチルシリコーンオイルなどがあり、これらは無触媒、あるいは硬化触媒とともに粉体に表面処理後、必要に応じて加熱焼き付け処理が行われる。

3.3 変性シリコーンオイル

▶ 3.3.1 変性シリコーオイルの分類と特徴

　変性シリコーンオイルは、前述したように、その有機基の性質から反応性変性シリコーンオイルと非反応性変性シリコーンオイルに分類される。

　反応性変性シリコーンオイルの主な用途は有機樹脂の改質剤である。反応性変性シリコーンオイルと有機樹脂を反応させて、有機樹脂中に化学結合を介して、シロキサン鎖をブロック単位で導入したり、グラフト化させることにより、耐衝撃性、可とう性、低温特性などの機械的性質、耐摩耗性、撥水性、離型性、成型性、潤滑性などの界面特性及び耐熱性、電気特性などの優れた物理的性質を有機樹脂に付与できる。一方、非反応性変性シリコーンは、乳化性や撥水性、ペインタブル性、帯電防止性、柔軟性あるいは潤滑性を付与する添加剤として利用されている。**表 3-14** には変性シリコーンの代表的な有機基とそれらの特徴を示す。またこれらの有機基を 2 種以上含むもの、例えばアミノ基とポリエーテル基、長鎖アルキル基とポリエーテル基、あるいはメタクリル基とポリエーテル基などが合成可能で、樹脂の多機能化も可能である。

　変性シリコーンオイルの構造は、有機基の位置により 4 つに分類できる。ポリシロキサンの側鎖に有機基を導入したもの、両末端に導入したもの、片末端に導入したもの、及び側鎖と両末端に導入したものに分けられる。これらについて **図 3-31** に示す。また、異なる有機基を異なる位置に同時に導入することも行われており、側鎖と両末端で異なる有機基を含むことによって改質する有機樹脂との二段階反応も可能となる。また、重合度と変性率はほぼ任意に設定でき、用途に合わせた分子設計が容易に行える。

　変性シリコーンオイルの代表的な合成方法は、酸あるいはアルカリ触媒による平衡化反応及び SiH を有するメチルハイドロジェンシリコーンオイルとの付加（または縮合）反応であり、有機基の種類により合成方法を使い分

表3-14 変性シリコーンの代表的な有機基とその特徴

タイプ	有機基	構造	特徴
反応性	アミノ	$-R-NH_2$ $-R-NH-R'-NH_2$	吸着性 反応性
	エポキシ	$-R-CH-CH_2$ (O環) $-R-$(シクロヘキシル-O環)	吸着性 反応性
	カルボキシル	$-R-COOH$	潤滑性、反応性
	酸無水物	$-R$(無水コハク酸構造)	反応性
	カルビノール	$-R-OC_2H_4OH$	離形性、反応性
	フェノール	$-R-$(フェノール)	反応性
	メルカプト	$-R-SH$	吸着性、反応性
	メタクリル	$-R-OCC(=CH_2)CH_3$ (C=O)	吸着性、反応性
	アクリル	$-R-OCCH=CH_2$ (C=O)	吸着性、反応性
非反応性	アラルキル	$-CH_2-CH(CH_3)-$Ph	離形性、相溶性
	長鎖アルキル	$-(CH_2)nCH_3$	相溶性、潤滑性
	ポリエーテル	$-R-O(C_2H_4O)nR''$ $-R-O(C_2H_4O)n(C_3H_6O)mR''$	水溶性、乳化性
	グリセリン	$-R-O(CH_2CH(OH)CH_2O)nH$	水溶性、乳化性
	高級脂肪酸	$-OCOR$	高融点、撥水性
	フロロアルキル	$-CH_2CH_2CF_3$	潤滑性、耐油性

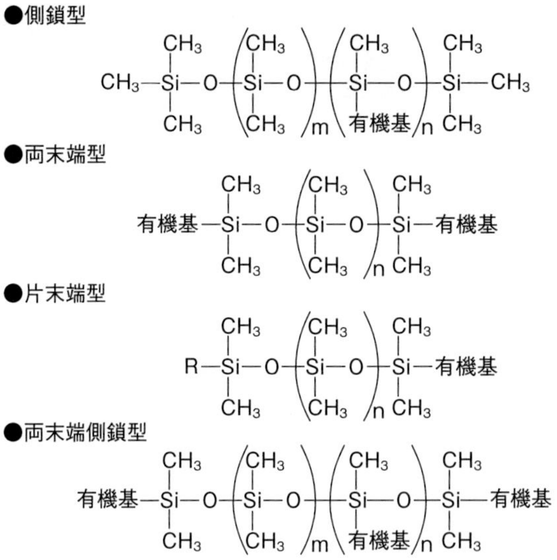

●側鎖型

●両末端型

●片末端型

●両末端側鎖型

図 3-31 変性シリコーンの基本的な分子構造

けている。一般に生産性の面からは酸あるいはアルカリ触媒による平衡化反応が優れた合成方法である。一方、片末端変性シリコーンオイルはシクロトリシロキサンを原料とし、アニオンリビング重合でシロキサン鎖を形成した後、各種有機基を持つクロロシランで片末端を封鎖し合成される。この際の触媒や反応条件を調整することで高純度の片末端変性シリコーンオイルを得ることができる。

▶ 3.3.2 変性シリコーンオイルの性質

変性シリコーンオイルは、ジメチルポリシロキサンの特性である耐熱性、耐候性、離型性、撥水性及び生理不活性を持ちながら、導入された有機基の機能により種々の特徴を持つ。これ以降、有機基別に変性シリコーンの特徴、合成方法や用途について述べる。

(1) アミノ変性シリコーンオイル

アミノ変性シリコーンオイルのアミノ基の種類としては、アミノプロピル基、N-(β-アミノエチル)イミノプロピル基、アミノフェノキシメチル基などが合成可能である。合成は、アミノアルキルメチルジメトキシシランの

加水分解により得られたシロキサンオリゴマーと環状シロキサンをアルカリ性触媒で平衡化反応する方法が一般的である。(図 3-32)

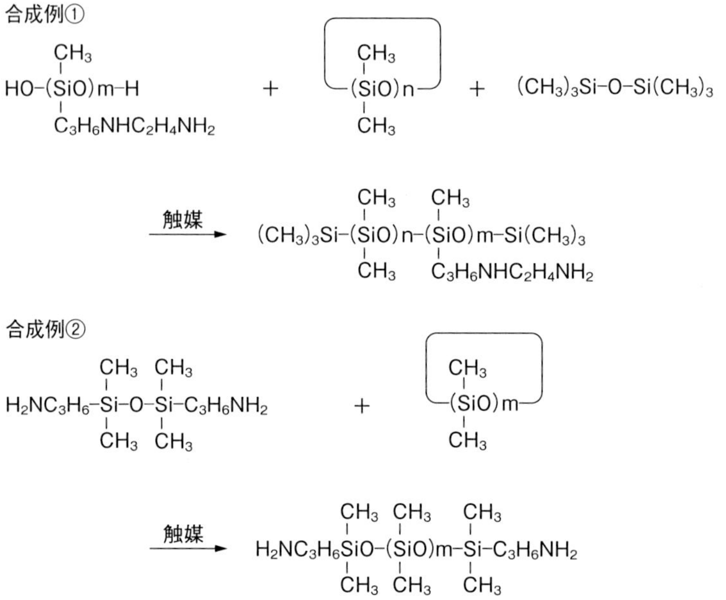

合成例①

$$HO-(SiO)_m-H \atop \underset{C_3H_6NHC_2H_4NH_2}{\overset{CH_3}{|}} \quad + \quad \boxed{\underset{CH_3}{\overset{CH_3}{|}}-(SiO)_n} \quad + \quad (CH_3)_3Si-O-Si(CH_3)_3$$

$$\xrightarrow{触媒} \quad (CH_3)_3Si-\underset{CH_3}{\overset{CH_3}{|}}(SiO)_n-\underset{C_3H_6NHC_2H_4NH_2}{\overset{CH_3}{|}}(SiO)_m-Si(CH_3)_3$$

合成例②

$$H_2NC_3H_6-\underset{CH_3}{\overset{CH_3}{|}}Si-O-\underset{CH_3}{\overset{CH_3}{|}}Si-C_3H_6NH_2 \quad + \quad \boxed{\underset{CH_3}{\overset{CH_3}{|}}-(SiO)_m}$$

$$\xrightarrow{触媒} \quad H_2NC_3H_6\underset{CH_3}{\overset{CH_3}{|}}SiO-\underset{CH_3}{\overset{CH_3}{|}}(SiO)_m-\underset{CH_3}{\overset{CH_3}{|}}Si-C_3H_6NH_2$$

図 3-32 アミノ変性シリコーンオイルの合成方法

用途

アミノ変性シリコーンオイルは、変性シリコーンのうち最も工業的に多く使用されており、アミノ基の反応性、高吸着性を生かして樹脂改質剤や繊維処理剤、艶出し剤、化粧品原料、塗料添加剤などの用途がある。樹脂改質用では、電子部品の封止剤であるエポキシ樹脂やポリイミド樹脂の改質に使用されており、エポキシ樹脂の耐衝撃性の改良やポリイミド樹脂の溶剤溶解性、柔軟性の向上に寄与している。一方、繊維処理剤としては、麻、木綿、羊毛などの天然繊維あるいはポリエステル、ナイロン、ポリアクリロニトリルのような合成繊維に処理すれば、耐久性がある防しわ性、柔軟性、撥水性などを付与できる。さらに炭素繊維の製造工程において、製造プロセスの合理化、品質向上にもアミノ変性シリコーンオイルが使用されている。艶出し剤用途では、カーワックスなどで多く使用されている。化粧品原料としては毛髪に

対するアミノ基の吸着力を利用してシャンプー、リンス等のヘアケア製品で使用されている。また染毛剤用途では、毛髪に対する濃染効果も認められている。

（2）エポキシ変性シリコーン

エポキシ変性シリコーンオイルはエポキシ基の構造によりその反応性が異なり、脂環式エポキシ基はその環の歪により、グリシジルエーテルタイプのエポキシ基より反応性が高い。この合成は、Si-H基を有するメチルハイドロジェンポリシロキサンとアリルグリシジルエーテル、ビニルシクロヘキセンオキサイドなどの不飽和基を持つエポキシ化合物を白金触媒下で付加反応する方法が一般的である。エポキシ基は、酸で開環しやすく、シリコーンオイルの平衡化で使用される酸触媒の存在下で合成することは難しい。代表的なエポキシ変性シリコーンオイルの合成方法を**図 3-33** に示す。

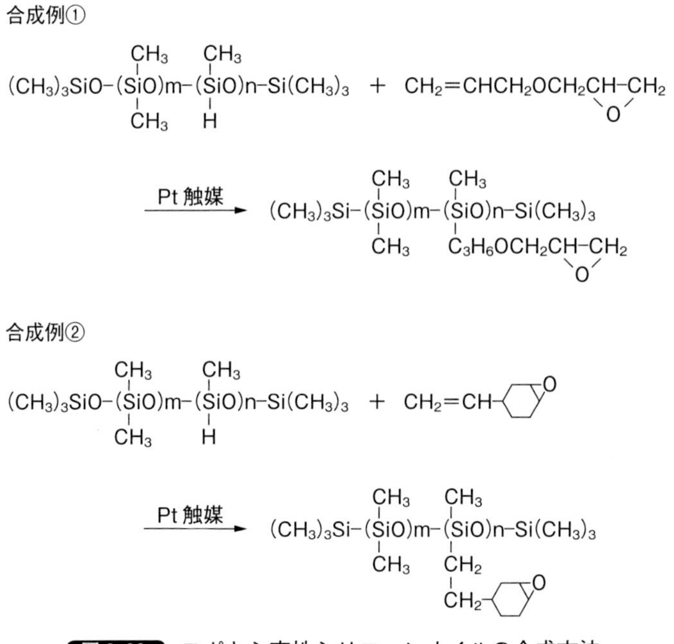

合成例①

$(CH_3)_3SiO-(SiO)_m-(SiO)_n-Si(CH_3)_3$ (with CH_3 and H substituents) $+ CH_2=CHCH_2OCH_2CH-CH_2$ (エポキシ)

$\xrightarrow{\text{Pt 触媒}}$ $(CH_3)_3Si-(SiO)_m-(SiO)_n-Si(CH_3)_3$ (with CH_3 and $C_3H_6OCH_2CH-CH_2$ エポキシ substituents)

合成例②

$(CH_3)_3SiO-(SiO)_m-(SiO)_n-Si(CH_3)_3$ (with CH_3 and H substituents) $+ CH_2=CH-$(シクロヘキセンオキサイド)

$\xrightarrow{\text{Pt 触媒}}$ $(CH_3)_3Si-(SiO)_m-(SiO)_n-Si(CH_3)_3$ (with CH_3 と CH_2-シクロヘキサンオキサイド substituents)

図 3-33 エポキシ変性シリコーンオイルの合成方法

用途

エポキシ変性シリコーンオイルは、エポキシ基の反応性を生かして樹脂改

質剤、プラスチック添加剤、繊維処理剤などの用途がある。樹脂改質剤としては、半導体封止材であるエポキシ樹脂の低応力化、熱可塑性樹脂の成形性向上などの効果が期待できる。また繊維処理剤では、ぬめり感が少なく、平滑性、ボリューム感のある風合いを与える。またアミノ変性シリコーンオイルと併用して滑らかな触感、反発弾性及び耐久性の優れた特性を付与することも可能である。さらにポリエーテルとの共変性による親水性基の導入で帯電防止と防汚効果を示し、SR（Soil Release）加工剤として用いられている。

一方、エポキシ基は、種々の官能基と反応できることから、特殊な変性基を導入する材料としても有効である。その合成方法を**図 3-34** に示す。

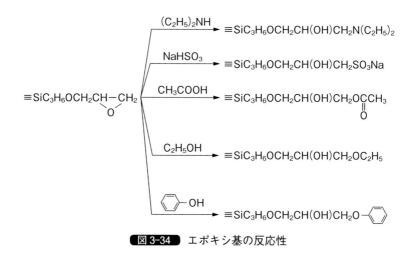

図 3-34 エポキシ基の反応性

（3）カルボキシル変性シリコーンオイル、酸無水物変性シリコーンオイル

カルボキシル基は化学反応性や吸着能力を持つが、酸無水物基はカルボキシル基より反応性が高く、さらに開環した後はカルボン酸誘導体相当の有機基が2つ生成する。一般的な合成は、Si-H 基を有するメチルハイドロジェンポリシロキサンと不飽和基を持つカルボン酸エステル化合物を白金触媒下で付加反応し、続くケン化によりカルボン酸にする方法、Si-H 基を有するメチルハイドロジェンポリシロキサンと不飽和基を持つカルボン酸シリルエステル、あるいはアリルオキシカルボン酸シリルエステルを白金触媒下で付加反応し、反応後加水分解により目的物を得る方法、及びビス（ヒドロキシ

カルボニルエチル）テトラメチルジシロキサンと環状シロキサンを、酸性触媒を用い平衡化反応し、両末端カルボキシル変性シリコーンオイルを得る方法がある。また、酸無水物変性シリコーンの合成は、Si-H基を有するメチルハイドロジェンポリシロキサンとアリルコハク酸無水物を白金触媒下で付加反応する方法がある。これらの合成方法を**図3-35**に示す。

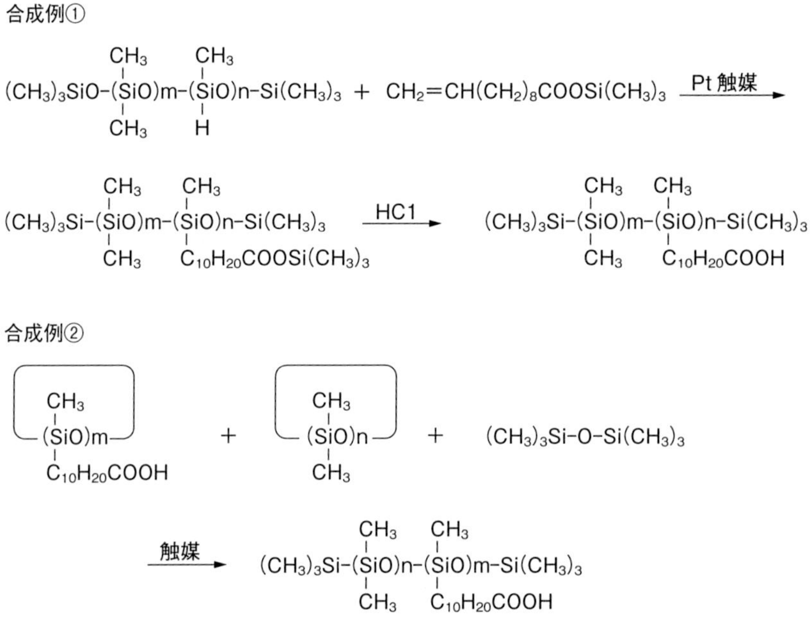

合成例①

$(CH_3)_3SiO-(SiO)_m-(SiO)_n-Si(CH_3)_3$ のメチル基とH（CH_3, CH_3, CH_3, H）＋ $CH_2=CH(CH_2)_8COOSi(CH_3)_3$ $\xrightarrow{Pt触媒}$

$(CH_3)_3Si-(SiO)_m-(SiO)_n-Si(CH_3)_3$（側鎖 CH_3, C_{10}H_{20}COOSi(CH_3)_3）$\xrightarrow{HCl}$ $(CH_3)_3Si-(SiO)_m-(SiO)_n-Si(CH_3)_3$（側鎖 CH_3, C_{10}H_{20}COOH）

合成例②

$\left[\begin{array}{c}CH_3\\(SiO)_m\\C_{10}H_{20}COOH\end{array}\right]$ ＋ $\left[\begin{array}{c}CH_3\\(SiO)_n\\CH_3\end{array}\right]$ ＋ $(CH_3)_3Si-O-Si(CH_3)_3$

$\xrightarrow{触媒}$ $(CH_3)_3Si-(SiO)_n-(SiO)_m-Si(CH_3)_3$（側鎖 CH_3, C_{10}H_{20}COOH）

図3-35 カルボキシル変性シリコーンオイルの合成方法

用途

カルボキシル変性シリコーンオイルは、カルボキシル基の反応性、高吸着性を生かして、樹脂改質剤、繊維処理剤、塗料添加剤などの用途がある。樹脂改質剤ではカルボキシル基が反応可能なポリエステル、ポリウレタン、エポキシ樹脂などの成形性、離型性、耐熱性などを改良できる。繊維処理剤としてはカルボキシル基により繊維に対する付着力が向上するため、高速ミシン用糸平滑剤として使用されることがある。

一方、酸無水物変性シリコーンオイルは、近年工業化されたため、実用化

の例は少ないが、その反応性の高さから各種樹脂改質剤としての使用が期待される。

（4）カルビノール変性シリコーンオイル、フェノール変性シリコーンオイル

両末端カルビノール変性シリコーンオイルや両末端フェノール変性シリコーンオイルは、シロキサン骨格を持つジオール等価体として使用可能である。また、片末端ジカルビノール変性シリコーンオイルも同様にジオール等価体として機能する。カルビノール変性シリコーンオイルの一般的な合成は、Si-H基を有するメチルハイドロジェンポリシロキサンとエチレングリコールモノアリルエーテル、3-アリルオキシプロパン-1,2-ジオール、プロピレングリコールモノアリルエーテルなどの不飽和基を持つアルコール化合物を白金触媒存在下で付加反応させる方法がある。この場合、副反応としてはSi-H基と水酸基による脱水素反応を生じるため、バッファー剤の使用により安定化を図る必要がある。また、副反応を防ぐ方法としては、不飽和アルコール化合物をシリル化し付加反応を行い、これを加水分解し目的物を得る方法もある[5]。代表的なカルビノール変性シリコーンの合成方法を**図3-36**に示す。フェノール変性シリコーンオイルも同様にSi-H基を有するメチルハイドロジェンポリシロキサンとアリルフェノールを白金触媒存在下で付加反応させることで合成可能である。

用途

カルビノール変性シリコーンオイルは、水酸基の反応性を生かしてポリウレタン[14]、ポリエステルなどの樹脂改質剤として用いられる。シロキサン鎖を含むことにより耐熱性、低温特性、ガス透過性、耐水性、撥水性などに優れた性質が得られる。また、片末端ジカルビノール変性シリコーンオイルを用いることで、主鎖がポリウレタンでシリコーン鎖がグラフトした共重合体を得ることも可能である。さらに、最近ではイソシアネートを含有する（メタ）アクリレート化合物と反応させることにより、（メタ）アクリレート基がウレタン結合を介してシロキサン主鎖と結合した（メタ）アクリル変性シリコーンオイルが合成可能で、新たな（メタ）アクリル変性シリコーンオイルとして高機能分野での利用が進んでいる。

一方、両末端フェノール変性シリコーンオイルがポリカーボネート樹脂と

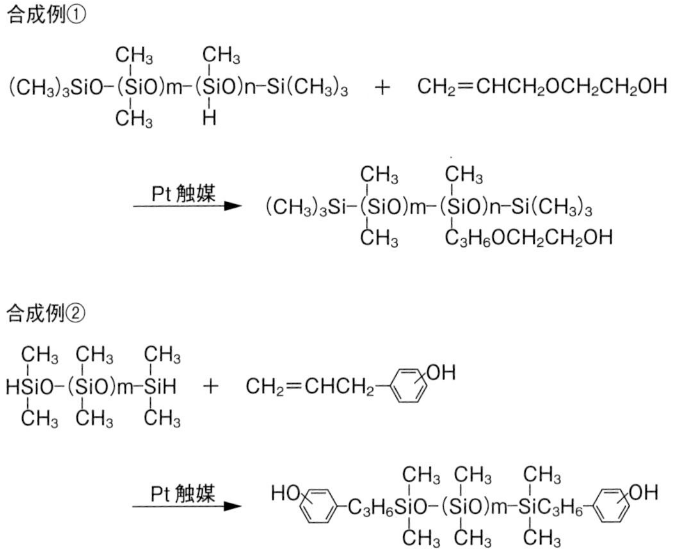

合成例①

$(CH_3)_3SiO-(SiO)_m-(SiO)_n-Si(CH_3)_3$ + $CH_2=CHCH_2OCH_2CH_2OH$
（CH₃側鎖、H側鎖）

$\xrightarrow{Pt触媒}$ $(CH_3)_3Si-(SiO)_m-(SiO)_n-Si(CH_3)_3$
（CH₃、C₃H₆OCH₂CH₂OH）

合成例②

$HSiO-(SiO)_m-SiH$ + $CH_2=CHCH_2\text{-}C_6H_4\text{-}OH$
（CH₃各置換基）

$\xrightarrow{Pt触媒}$ $HO\text{-}C_6H_4\text{-}C_3H_6SiO-(SiO)_m-SiC_3H_6\text{-}C_6H_4\text{-}OH$

図 3-36 カルビノール変性、フェノール変性シリコーンオイルの合成方法

共重合したものは、耐寒性、耐候性、耐衝撃性、成型性等に優れることからPCやスマートフォンの筐体樹脂として使用されている。

（5）メルカプト変性シリコーンオイル

メルカプト変性シリコーンオイルは、ラジカル反応性を有するメルカプト基を有する。**図 3-37** にはメルカプト変性シリコーンオイルの合成方法を示すが、メルカプトプロピルメチルジメトキシシランの加水分解により得られ

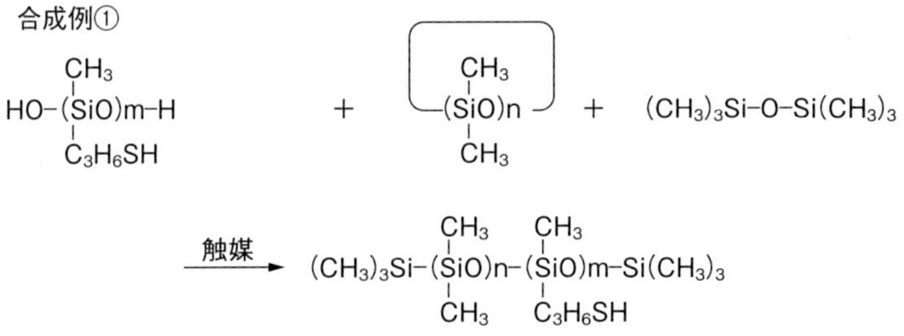

合成例①

$HO\text{-}(SiO)_m\text{-}H$ （CH₃、C₃H₆SH側鎖） + $(SiO)_n$ （CH₃側鎖） + $(CH_3)_3Si\text{-}O\text{-}Si(CH_3)_3$

$\xrightarrow{触媒}$ $(CH_3)_3Si-(SiO)_n-(SiO)_m-Si(CH_3)_3$
（CH₃、C₃H₆SH側鎖）

図 3-37 メルカプト変性シリコーンオイルの合成方法

たシロキサンオリゴマーと環状シロキサンを、酸性触媒を用いて酸平衡反応させることで側鎖にメルカプト基を持つ変性シリコーンが合成でき、同様にビス（メルカプトプロピル）テトラメチルジシロキサンと環状シロキサンを、酸性触媒を用い平衡化反応することで、両末端メルカプト変性シリコーンオイルが得られる。

用途

メルカプト変性シリコーンオイルは塗料添加剤及び紫外線、電子線硬化型シリコーン樹脂の架橋剤として主に使用されている。また、コピー機のPPCロールのトナー付着防止用オイルとしても使用される。

（6）メタクリル変性シリコーンオイル、アクリル変性シリコーンオイル

メタクリル変性シリコーンオイル、アクリル変性シリコーンオイルはともに、ラジカル反応性があるが、一般的な（メタ）アクリル化合物と同じくアクリル基の方がラジカル重合性は優れている。一般的な合成方法としては、メタクリロキシプロピルメチルジメトキシシランの加水分解により得られたシロキサンオリゴマーと環状シロキサンを、酸性触媒を用い平衡化反応する方法がある。またビス（メタクリロキシプロピル）テトラメチルジシロキサンと環状シロキサンを、酸性触媒を用い平衡化反応すれば、両末端メタクリル変性シリコーンオイルが得られる。アクリル変性シリコーンオイルも同様に合成できる（**図3-38**）。また、副反応としてメタクリル基やアクリル基の重合が起こるため、重合禁止剤の添加が必要である。さらに、アミノ変性シリコーンオイルとメタクリル酸クロライドやアクリル酸クロライドとの反応により、（メタ）アクリルアミド基を持つ変性シリコーンオイルの合成も可能である。一方、カルビノール変性シリコーンオイルの項で述べたが、イソシアネートを含有する（メタ）アクリレート化合物と反応させることにより、（メタ）アクリレート基がウレタン結合を介してシロキサン主鎖と結合した（メタ）アクリル変性シリコーンオイルの合成も可能である。

用途

そのラジカル反応性を利用してスチレン、アクリル酸、メタクリル酸エステルなどと共重合してシリコーンの特徴を付与することができ、アクリルモノマーと共重合したものは、塗料添加剤や被膜性のある化粧品原料として利用されている。この用途では、主に片末端メタクリル変性シリコーンオイル

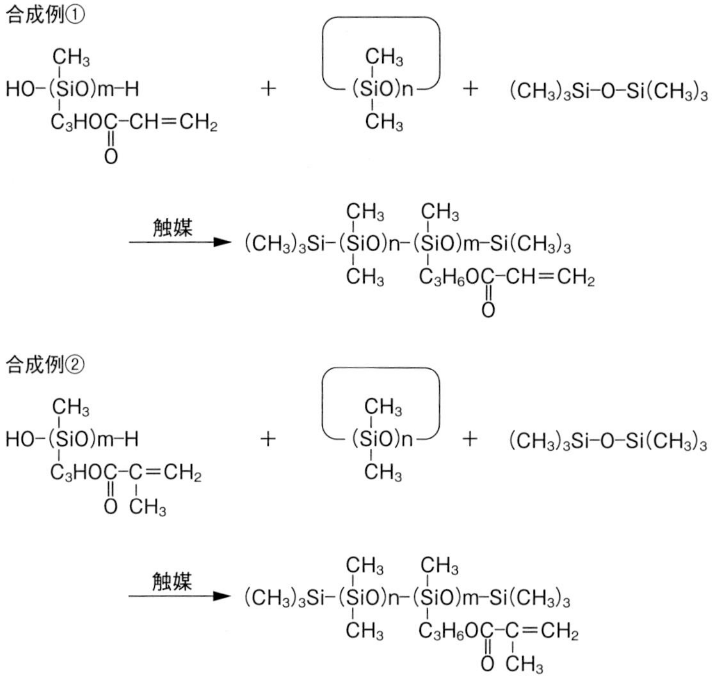

合成例①

$$\text{HO-(SiO)m-H} \quad + \quad \overbrace{\text{(SiO)n}}^{\text{CH}_3}_{\text{CH}_3} \quad + \quad (CH_3)_3Si\text{-}O\text{-}Si(CH_3)_3$$

(左側のシラノール基側鎖: $\overset{\text{CH}_3}{\underset{\text{C}_3\text{HOC-CH=CH}_2}{|}}$、カルボニル O)

$$\xrightarrow{触媒} (CH_3)_3Si\text{-}(SiO)n\text{-}(SiO)m\text{-}Si(CH_3)_3$$

(側鎖: CH₃, CH₃ / CH₃, C₃H₆OC-CH=CH₂ with O)

合成例②

$$\text{HO-(SiO)m-H} \quad + \quad \overbrace{\text{(SiO)n}}^{\text{CH}_3}_{\text{CH}_3} \quad + \quad (CH_3)_3Si\text{-}O\text{-}Si(CH_3)_3$$

(左側: $\text{C}_3\text{HOC-C=CH}_2$ / O, CH₃)

$$\xrightarrow{触媒} (CH_3)_3Si\text{-}(SiO)n\text{-}(SiO)m\text{-}Si(CH_3)_3$$

(側鎖: CH₃, CH₃ / CH₃, C₃H₆OC-C=CH₂ with O, CH₃)

図 3-38 メタクリル変性、アクリル変性シリコーンオイルの合成方法

が使われるが、前述したように片末端変性シリコーンオイルは合成方法により純度が変わるため、共重合体の特性安定には、できるだけ純度の良いものを使用することが重要である。また、アミド系モノマー、カチオン系モノマー、ポリエーテルモノマーなどを共重合すると親水性も付与できるため、水系塗料へも応用される。さらに、最近では使い捨てソフトコンタクトレンズに酸素透過性を付与する目的で、メタクリル変性シリコーンオイル、アクリル変性シリコーンオイルやアクリルアミド変性シリコーンオイルが使用されている。詳細は別章で述べるが、ソフトコンタクトレンズは眼球と直接触れるため、原料となる変性シリコーンオイルの純度や不純物管理が重要となる。

（7）アラルキル変性シリコーンオイル、長鎖アルキル変性シリコーンオイル

アラルキル変性シリコーンオイルや長鎖アルキル変性シリコーンオイルは、シリコーン中に芳香族成分やアルキル成分を持つため、有機系樹脂との相溶

性が向上する。また、アラルキル基や長鎖アルキル基は反応性のない嵩高い置換基となるためシロキサンの耐アルカリ性が向上する。この合成としては、Si-H基を有するメチルハイドロジェンポリシロキサンとα-メチルスチレンやα-オレフィンを白金触媒下で付加反応させる方法が最も一般的である（図3-39）。

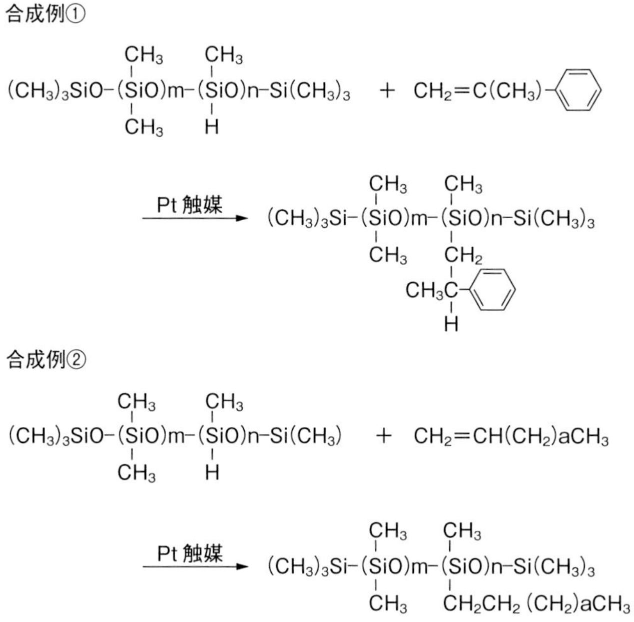

合成例①

$$(CH_3)_3SiO-(SiO)_m-(SiO)_n-Si(CH_3)_3 \ \ + \ \ CH_2=C(CH_3)-\text{Ph}$$
（側鎖：CH₃, CH₃／CH₃, H）

$$\xrightarrow{\text{Pt 触媒}} (CH_3)_3Si-(SiO)_m-(SiO)_n-Si(CH_3)_3$$
（側鎖：CH₃, CH₂-；CH₃-CH-Ph／H）

合成例②

$$(CH_3)_3SiO-(SiO)_m-(SiO)_n-Si(CH_3)_3 \ \ + \ \ CH_2=CH(CH_2)_aCH_3$$
（側鎖：CH₃, CH₃／CH₃, H）

$$\xrightarrow{\text{Pt 触媒}} (CH_3)_3Si-(SiO)_m-(SiO)_n-Si(CH_3)_3$$
（側鎖：CH₃, CH₃／CH₃, CH₂CH₂(CH₂)aCH₃）

図3-39 アラルキル変性、長鎖アルキル変性シリコーンオイルの合成方法

用途

樹脂との相溶が良好である特徴を生かしてプラスチックや金属の成形物の表面が塗装可能となるように成形用離型剤として用いられる。特にアルミダイキャスト用の離型剤としての利用が多い。また、動摩擦係数が通常のジメチルシリコーンオイルより低下するため、シリコーングリースの基油としても使用される。さらに、上記のように耐アルカリ加水分解も向上するため、ALC（Autoclaved Lightweight aerated Concrete）の内添撥水剤として建材用途にも使用される。一方、反応性のある有機基との共変性シリコーンオ

イルの合成も容易であることから樹脂に対する溶解性や相溶性が向上した樹脂改質剤とすることもできる。

(8) ポリエーテル変性シリコーンオイル、ポリグリセリン変性シリコーンオイル

　ポリエーテル変性シリコーンオイルは、有機基として、界面活性能のあるポリエーテル基を有するためジメチルポリシロキサンの特徴を活かしつつ、水やアルコールに溶解する界面活性剤として化粧品や塗料添加剤等の幅広い分野で使用されており、変性シリコーンオイルとしてアミノ変性シリコーンオイルに次いで使用量が多い。ジメチルポリシロキサンとポリエーテルの比率、あるいはポリエーテル中のPO/EO比などにより、水やアルコールに対する溶解性が異なり、さらにポリエーテルの分子鎖末端が、有機基か水酸基やアルコキシ基かによっても界面特性が異なる。その原料として用いるポリエーテルは、ポリエチレングリコール、ポリプロピレングリコール及びエチレングリコール-プロピレングリコール共重合体などがあげられる。合成方法としては、Si-Hを有するメチルハイドロジェンポリシロキサンと炭素-炭素二重結合を分子末端に有するポリエーテルを白金触媒下で付加反応する方法、及びSi-H基を有するジメチルポリシロキサンと分子末端に水酸基を有するポリエーテルを脱水素反応する方法がある。しかし、後者はポリシロキサンとポリエーテルとの結合がSi-O-C結合となるため、経時変化によって加水分解されやすく用途に制限がある。また、特殊な例として、Si-$C_3H_6NH_2$基を有するアミノ変性シリコーンオイルと、グリシジル基を分子鎖末端に有するポリエーテルから合成する方法もある。代表的なポリエーテル変性シリコーンオイルの合成方法を**図3-40**に示す。

用途

　ポリエーテル変性シリコーンオイルは疎水基と親水基を有する非イオン性界面活性剤として化粧品原料、ウレタンフォーム用整泡剤、プラスチック添加剤、防曇剤、消泡剤、繊維処理剤、展着剤あるいは水溶性潤滑剤などに使用される。化粧品用途に関しては後ほど別章で詳しく述べる。ウレタンフォーム用整泡剤として非常に古くから使用され、硬質用、軟質用に分けて構造が最適化されており、代替フロンガス、水発泡にも対応可能な製品が開発されている。プラスチック添加剤としては、樹脂との相溶性がすぐれることか

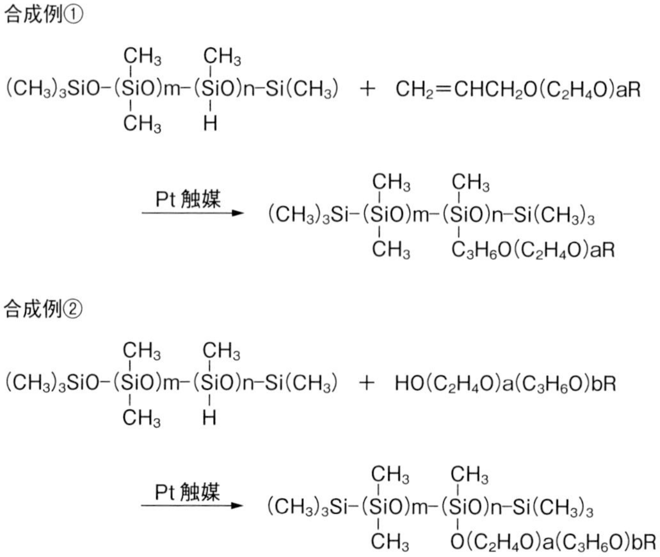

合成例①

$(CH_3)_3SiO-(SiO)m-(SiO)n-Si(CH_3)$ + $CH_2=CHCH_2O(C_2H_4O)aR$
　　　　　　　｜　　　｜
　　　　　　　CH_3　CH_3
　　　　　　　｜　　　｜
　　　　　　　CH_3　H

$\xrightarrow{Pt触媒}$ $(CH_3)_3Si-(SiO)m-(SiO)n-Si(CH_3)_3$
　　　　　　　　　　　　　　｜　　　｜
　　　　　　　　　　　　　CH_3　CH_3
　　　　　　　　　　　　　｜　　　｜
　　　　　　　　　　　　　CH_3　$C_3H_6O(C_2H_4O)aR$

合成例②

$(CH_3)_3SiO-(SiO)m-(SiO)n-Si(CH_3)$ + $HO(C_2H_4O)a(C_3H_6O)bR$

$\xrightarrow{Pt触媒}$ $(CH_3)_3Si-(SiO)m-(SiO)n-Si(CH_3)_3$
　　　　　　　　　　　　　　　　CH_3　$O(C_2H_4O)a(C_3H_6O)bR$

図 3-40 ポリエーテル変性シリコーンの合成方法

ら、成形加工時の金型離型、帯電防止、樹脂の接着強度向上などの効果が期待できる。繊維処理剤としては、その親水性により防汚性、帯電防止に優れた効果がある。また、低 HLB（Hydrophilic Lipophilic Balance＝親水親油バランス）タイプはシリコーンの安全性を利用し、漁網用の防汚塗料添加剤として使用されている。吸湿することによって滑り性が向上するが、水に不溶であるため耐久性もあり、塗料表面にブリードさせることで海洋生物の付着を防止する。

一方、ポリグリセリン変性シリコーンオイルはポリーテル変性シリコーンオイルに比べ保水性に優れる点などから化粧品用途で利用されている（6.2参照）。また、ポリエーテル変性シリコーンオイルに比べ、安全性にも優れることから、農薬の効果を安定させるための展着剤用途での利用も考えられている。

（9）その他の変性シリコーンオイル

これまで述べてきた変性シリコーンオイル以外に、ビニルメチルポリシロキサン、α, ω-ヒドロキシルジメチルポリシロキサンなどの反応性シリコー

ンオイルがあり、室温硬化型シリコーンゴム、剥離紙用シリコーンなどの主原料として使用されている。合成方法は酸あるいはアルカリ触媒による平衡化反応である。

また、高級脂肪酸変性シリコーンオイルはワックス状であることが多く、Si–H基を有するメチルハイドロジェンポリシロキサンと高級脂肪酸を白金触媒下で脱水素反応することにより得られる。これらは離型剤、艶出し剤、固形化粧品などに応用されている。

〈参考文献〉
1) J. Amer. Chem. : Soc. 77. 5017 (1955)
2) A. J. Barry : J. ApPl. Physics, 17, 1020 (1946)
3) Doklady Akadf. Nauk. U. S. S. R. 89 65 (1963)
4) "SyntheticLubricants", p.302 (Chapman & Hall),
5) J. A. Selnlyen : Polymer, 22, 377 (1981)
6) C. MMurphy et al. : Ind. Eng. Chem., 42, 2462 (1950)
7) M. V. Sullivanetal. ; Ind. Eng. Chem., 39 (12), 1607 (1947)
8) E. L. Warrik et al. : Ind. Eng. Chem., 44, 2196 (1952)
9) Sorheng Wu : J. P. S. (C), 34, 19 (1971)
10) P. W. Bridgman : Proc. Am. Acad. Arts. Sci, 77, 115 (1949)
11) C. C. Curieetal. : Ind. Eng. Chem., 42, 2457 (1950)
12) G. Grant et al : Mechan. Engng., 73, 311 (1951)
13) M. Bowrey et al : Plast. Mod. Elastomeres, 27 (4), 80 (1975)

第4章

シリコーンレジン

　シリコーンレジンは、分岐したシロキサン結合で構成され、各種有機置換基を枝葉に持つポリマーである。種々のシラン構造単位の組み合わせにより様々な形態とすることができる。一般的な有機樹脂では得られない特異な特性を示すことから、有機・無機ハイブリッド樹脂として注目されている。シリコーンレジンで形成される被膜は、耐熱性、耐候性、難燃性に優れ、さらに電気絶縁性、撥水性、高硬度などの様々な特性を持つことから、塗料・コーティングから自動車・電気用途まで多岐にわたる分野で耐久性、信頼性の向上に役立っている。

4.1 シリコーンレジンの性質

シリコーンレジンは、**表4-1**に示す4種類の基本構造単位により構成され、構造単位の数及び種類の組み合わせにより、液状、固体、ゴムまでの幅広い形態が可能であり、各種のシリコーンレジン製品が製造される。

表4-2に示す通り、シリコーンオイル及びシリコーンゴムの主骨格が2官能シロキサン（D）単位の繰り返しである鎖状のポリジオルガノシルセスキオキサン対して、シリコーンレジンは3官能（T）単位を主成分とする網目構造のオルガノシロキサンを基本骨格としている。そのためレジン系は高硬度となり、特にプラスチック製品の表面保護に適用されるハードコート剤は、さらにQ単位を導入し超硬質化されている。さらに2官能単位や1官

表4-1　シリコーンレジンの基本構造単位

1官能性 （M単位）	2官能性 （D単位）	3官能性 （T単位）	4官能性 （Q単位）
R-Si-O- のR三置換	-O-Si-O- のR二置換	-O-Si-O- のR一置換	-O-Si-O- の四酸素
トリオルガノシルヘミオキサン $[R_3SiO_{1/2}]$	ジオルガノシロキサン $[R_2SiO_{2/2}]$	オルガノシルセスキオキサン $[RSiO_{3/2}]$	シリケート $[SiO_{4/2}]$

表4-2　シリコーンの構成単位

製品	M単位	D単位	T単位	Q単位
モノマー	○	○	○	○
オイル	○	◎		
ゴム	○	◎		
レジン	○	○	◎	○

能（M）単位の導入比率、重合度、有機基や末端官能基の種類を変えることによって各種特性の発現が可能となる。

一般にシリコーンレジンは**図 4-1** に示す通り、各種シラン化合物を加水分解し、場合によりさらに重合を行うことによって製造される。工業的にはクロロシランを出発原料とすることが多いが、取り扱いと反応制御が容易なアルコキシシランを使用する（ゾル-ゲル法）場合もあり、目的によって使い分けられる。

シリコーンレジンの性質は、**図 4-2** に示す通り、ケイ素原子に直結する有機置換基量（m）と有機置換基中のフェニル基含有量（Ph/R）によって大きく左右され、また類似組成であっても製造プロセスによって分子構造が変化し性質を異にする。多くのシリコーンレジンの m 値は 1.0～1.6 の範囲にあるが、この値が小さいほど硬化が速くなり、架橋密度が高くなって高硬度となる（m＝1.0 は T 単位が 100 ％であることを意味する）。またフェニル基高含有となるほど縮合速度が遅くなり、熱可塑性的挙動を示すようになって 20～60 mol ％で耐熱性が良好となる。

シリコーンレジンの多くの製品群が、加水分解工程を経て製造された末端官能基としてシラノール基（≡Si-OH）を含有しており、このシラノール基がシリコーンレジンの反応性などの性質を左右する因子となっている。シラ

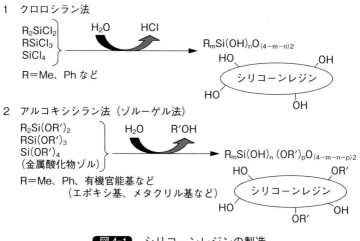

図 4-1　シリコーンレジンの製造

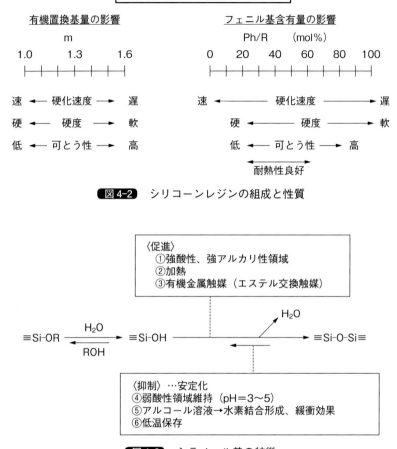

図 4-2 シリコーンレジンの組成と性質

図 4-3 シラノール基の特徴

ノール基は電気的に若干分極しているためケイ酸の別名が表すように弱酸性を示し、強酸・強アルカリ性領域いずれも不安定で、pH＝3〜5の領域でのみやや安定となる。

シラノールは**図 4-3** に示す通り、①pH＝3〜5の領域をはずれる、②加熱する、③エステル交換触媒などを添加するなどで、容易に縮合し、安定なシロキサン結合を形成する。このシロキサン結合は強酸・強アルカリなどの極めて過酷な環境下でしか切断されないことから、この縮合反応は実質的に不

可逆反応である。したがって、アルコキシシランを加水分解すると、やや右に傾いた平衡状態であるシラノールを経て、安定なシロキサン結合を形成し、長期的にはポリマーへと移行する。

一方、良好な硬化性と製品の保存安定性とを両立させるためには、この不安定なシラノールを制御する必要がある。安定化を図る方法としては、前記の①〜③とは正反対に、④溶液のpHを弱酸性領域に維持する、⑤アルコールなど極性溶媒の希薄溶液とする、⑥低温保存するなどの手段が有効である。工業生産されているシリコーンレジンの大部分はシラノール濃度も低く抑えられており、また安定化の諸策も施されているために長期間にわたり安定である。

シリコーンレジンを硬化・架橋させる機構は、主として**表4-3**に示す通りの4種類に大別される。

シリコーンレジンでは、架橋点が安定なシロキサン結合となり高耐熱性・高耐候性などの高機能化において有利な縮合反応を適用する場合が多く、さらに加水分解に要する時間が不要で、しかも高温では硬化速度が比較的速い脱水縮合反応が最も一般的に使用されている。無触媒でも200〜250℃の領域で加熱することにより十分硬化し、さらには触媒として、アルミニウム、亜鉛、チタン系などの有機金属化合物や、無機酸、アミン化合物などの塩基

表4-3 シリコーンレジンの硬化機構

I. 縮合反応
(i) 脱水縮合反応　　≡Si−OH　　+HO−Si≡　　→ ≡Si−O−Si≡ +H$_2$O
(ii) 脱アルコール反応　≡Si−OH　　+RO−Si≡　　→ ≡Si−O−Si≡ +R−OH
(iii) 脱オキシム反応　≡Si−OH　　+R'O−Si≡　　→ ≡Si−O−Si≡ +R'−OH
　　　　　　　　　　　　　　　　　　　　　　　　　　〔R': −N=C(R^1)(R^2)〕
(iv) 脱水素反応　　　≡Si−OH　　+H−Si≡　　　→ ≡Si−O−Si≡ +H$_2$↑
II. 付加反応
(v) ヒドロシリル化　 ≡Si−H　　　+CH$_2$=CH−Si≡　→ ≡Si−CH$_2$CH$_2$−Si≡
III. ラジカル架橋
(vi) パーオキサイド架橋　≡Si−CH$_3$　+CH$_3$−Si≡　→ ≡Si−CH$_2$CH$_2$−Si≡
(vii) UV/EB架橋　　≡Si−R"−SH+CH$_2$=CH−Si≡ → ≡Si−R"−S−CH$_2$CH$_2$−Si≡
　　　　　　　　　　CH$_2$=CH　　　　　　×n　　　　−(CH$_2$−CH)−$_n$
　　　　　　　　　　　|　　　　　　　　　　　　　　　　　|
　　　　　　　　　　COO−R"−Si≡　　　　　　→　　COO−R"−Si≡
IV. 有機樹脂架橋
(viii) 各種官能基(有機樹脂側)による架橋…エポキシ、アミン、ポリエステル他

性化合物を添加することにより硬化温度の低下も可能となる。すなわち、シラノール基がより不安定となる①～③の条件をつくり出すことによってこの硬化反応は促進される。

また、末端官能基を加水分解性のアルコキシ基とした脱アルコール縮合反応では製品の保存安定性が良好となり、この潜在的架橋性基を大量に含有するアルコキシオリゴマーは、前記各種触媒を併用することにより室温硬化が可能となる。高硬度被膜の形成も可能なため、加熱硬化が難しい現場施工型セラミック系塗料の基礎原料として応用されている。

もう1つの代表的な硬化方法である付加反応は硬化速度が速く、縮合反応と異なり硬化時の収縮が少ないという大きな利点を有する一方、シルエチレン結合により分子間が架橋しているために高い耐熱性を必要とする用途には好ましくない。

また、有機樹脂と混合し、硬化時に反応させて変性シリコーンレジンとする場合にも、主として脱水縮合反応または脱アルコール縮合反応により導入する。よって有機樹脂には水酸基、カルボキシル基、エポキシ基などの官能基が必要である。

シロキサン骨格を主骨格とするシリコーンレジンは、耐熱性や耐候性、電気絶縁性などの点において有機樹脂より優れた性能を有する。それらの特性比較を**表4-4**に示す。

それぞれに長所・短所があり、必要な特性に応じて使い分けられている。

表4-4 シリコーンレジンと有機樹脂の比較

特長	シリコーンレジン [骨格：≡Si-O-Si≡]		有機樹脂 [骨格：≡C-C≡、≡C-O-C≡]	
耐熱性	良好	≦250℃	良好	≦200℃
電気特性	良好	低温～高温領域で安定	不良	高温・多湿下で低下
耐水性	良好	低吸水性（≡Si-CH$_3$ の配向に起因）	不良	吸水率 大（浸透水が散逸しにくい）
耐候性	良好	耐紫外線性に優れる	不良	
難燃性	良好		不良	難燃剤の併用必須
接着性	良好	特に対無機物	良好	特に対有機物
機械的強度	不良	分子間力：小	良好	分子間力：大／結晶性：大
耐薬品性	不良	強酸・強アルカリに弱い	良好	

第4章 シリコーンレジン

その一方で、有機樹脂と比べて劣っている機械的強度・耐薬品性・接着性などの改良を目的に、有機樹脂とハイブリッド化した変性シリコーンレジンが開発されている。

（1）耐熱性

シリコーンレジンの特徴は耐熱性である。高い耐熱性を得るためには、T単位が多い、緻密で、しかもフェニル基をある程度含有する構造のものがよいと考えられる。

図 4-4 に代表的なメチルフェニル系シリコーンレジンの空気中での加熱減量曲線を示す。

シリコーンレジンは、350～400℃の温度領域で最初にメチル基などの炭化水素基の分解が起こる。フェニル基が共存するとメチル基の熱分解がやや抑制され、分解開始温度も50℃程度上昇する。次いで500～550℃の領域でフェニル基の熱分解が起こる。最終的にはシリカまで酸化され、無機酸化物の被膜として残存する。有機置換基のすべてがメチル基で、しかも、T単位のみで構成されたシリコーンレジンの場合、メチル基が熱分解したあとには初期重量の約 90 % が残存する。

図 4-5 には電気絶縁用樹脂の耐熱寿命をシリコーンレジンと有機樹脂で比較したが、シリコーン系の耐熱性の良さが明らかである。

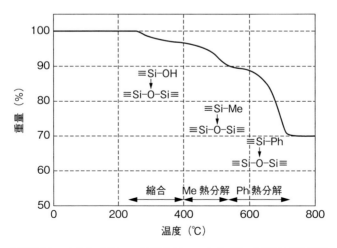

図 4-4　メチル／フェニル系シリコーンレジンの加熱減量曲線

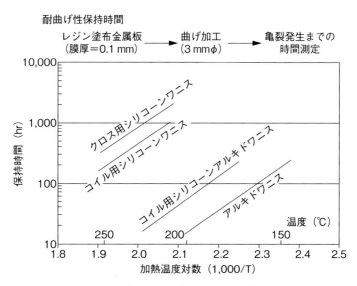

図 4-5 電気絶縁用樹脂の耐熱性

（2）耐候性

図 4-6 に示す通り、地表の太陽光は、300 nm 以上の波長領域にあり、ほとんどの有機樹脂はこの領域に感度波長を持っている。メチル系シリコーンレジンは 400 nm 以下の紫外線領域には吸収を持たず、メチルフェニルシリコーンレジンも 280 nm 以下に吸収帯があることから、太陽光の影響を受けることがほとんどない。

シリコーンレジンは光及びオゾン分解せず、極めて優れた耐候性を示す。

図 4-7 に、変性シリコーンレジン被膜のサンシャインウェザーメーターによる光沢保持率の評価結果を示す。シリコーンレジンの導入比率に応じて耐候性が向上し、アクリル系、アルキド系、エポキシ系、ポリエステル系の各樹脂変性シリコーンレジンでこの現象は確認されている。

（3）電気特性

低温領域では良好な絶縁性を示す有機物質でも、温度が変化すると絶縁性が大幅に変化する場合が多いが、シリコーンレジンの場合、室温〜200℃の幅広い温度領域で 10^{13} Ω・cm 以上の高い水準の体積抵抗率を保持するという、温度依存性のあまりない優れた電気絶縁性を示すため、この性質を利用して

第4章　シリコーンレジン

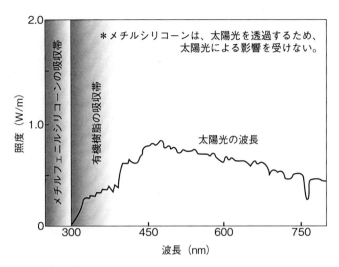

図4-6　シリコーンレジンの太陽光波長の吸収帯

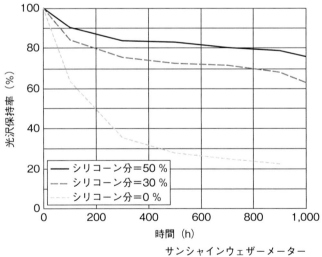

図4-7　ポリエステル変性シリコーンの耐候性評価結果

積層板や抵抗器塗料などに応用されている。

図4-8、図4-9には各種電気絶縁用ワニスにおける体積抵抗率、誘電率の温度依存性を示した。

（4）高硬度・耐摩耗性被膜

シリコーンレジンはシロキサン結合を主骨格とするので、高硬度のセラミック質に近い被膜を形成する。特に、後述するコロイダルシリカなどの無機微粒子を配合したハードコート剤は、優れた耐摩耗性を付与することができる。

（5）撥水性

シリコーンレジンは有機樹脂より表面張力が低いことから、吸水率は低く、水接触角が高く、優れた撥水性を示す。

フッ素置換基を導入することで、さらに撥水性を高めることが可能である。

（6）耐薬品性

シリコーンレジンの被膜は様々な薬品に対して安定である。ただしシロキサン結合のイオン性の強さから、強アルカリには切断されやすい。

有機樹脂、とくにエポキシ樹脂とハイブリット化することで、耐薬品性が改善され、シリコーンレジンの欠点を補うことが可能となる。

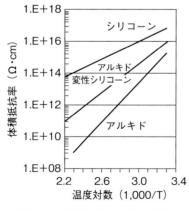

図4-8 体積抵抗率の温度依存性

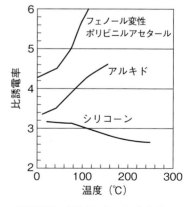

図4-9 比誘電率の温度依存性

4.2 シリコーンレジンの種類

　シリコーン材料は、アルコキシシラン、シランカップリング剤等のSi原子を1個有するモノマーから、シリコーンレジン、オイル、ゴム等のポリマーまで様々な材料が知られているが、その中間に位置するものをオリゴマーと呼んでいる。オリゴマーを定義する明確な重合度があるわけではないが、一般に二量体、三量体から分子量1000程度のものを指し、そのような低分子のシリコーンレジンをシリコーンオリゴマーとして分類している。
　よってシリコーンレジンは、いわゆる高分子化されたシリコーンレジンと比較的低分子のシリコーンオリゴマーに大別される。

▶ 4.2.1　レジン

　シリコーンレジンは、メチルシリコーンレジン、メチルフェニルシリコーンレジン、変性シリコーンレジンの大きく3種類に分類される。
　メチルシリコーンレジンは、有機置換基が全てメチル基で構成されたシリコーンレジンであり、非常に高硬度で、防湿性、絶縁性、はっ水性、離型性のある被膜を形成することから、コーティング材料として幅広い分野で使用されている。また、高温下においても熱分解の残分や発熱、発臭が少ないことから、バインダーやビヒクルとして耐熱性を要求される分野に使用されている。
　メチルフェニルシリコーンレジンは、有機置換基がメチル基及びフェニル基で構成されたシリコーンレジンであり、被膜の光沢、耐熱性に優れ、250℃でも容易に分解、炭化することがないため耐熱塗料として使用されている。機械的強度に優れることから、電気絶縁用等の各種のコーティング剤としても使用されている。
　その他、化粧品用、粘着剤に使用されるM単位とQ単位で構成されたMQレジンや、T単位で構成されたラダー型シロキサン、かご型シロキサン

がある。

　有機樹脂変性シリコーンレジンは、他の有機樹脂とハイブリッド化したシリコーンレジンであり、機械的強度や耐薬品性などの有機樹脂の特徴とシリコーンレジンの特徴を併せ持った被膜を形成する。

　有機樹脂との変性には様々な方法があるが、一般的には有機樹脂のアルコール性水酸基とシリコーンレジンのシラノールまたはアルコキシシリル基を無触媒、または有機チタネートなどの触媒存在下で加熱し、脱水縮合反応、脱アルコール縮合反応により、結合させる。

　エポキシ樹脂変性、アルキド樹脂変性、ポリエステル樹脂変性、アクリル樹脂変性などがある。

　シリコーンレジンは架橋性のシラノールを含有し、トルエン、キシレン等の有機溶剤に溶解したものが多用されてきた。今後は、環境・衛生対策として有機溶剤を除いた固型（粉体）、水溶液、水分散液等が主流になると考えられる。

▶ 4.2.2　オリゴマー

　シリコーンオリゴマーは比較的低分子であることから有機樹脂等への溶解性に優れ、反応可能な有効成分が100％であることから、反応性希釈剤として使用され無溶剤化を可能にしている。シラノールをほとんど含有せず保存安定性に優れることから、高硬度・高耐候性を目指すコーティング材料の主材や、耐熱性を付与するための有機樹脂とのハイブリッド材料への応用に使用されている。

　図4-10に示す通り、シリコーンオリゴマーは分類され、ストレートシリコーンオイル、変性シリコーンオイルが直鎖シロキシ基をメイン構造とするのに対して、アルコキシ基を含有するオリゴマーであるタイプA、タイプAR、反応性官能基を含有するオリゴマータイプRは、硬化性や有機樹脂との相溶性を向上させる目的で、3次元化の基点となる分岐シロキサン単位、または硬化後に分岐構造を形成するシロキサン単位をメイン構造としている点が特徴である。

　アルコキシオリゴマー（タイプA）は反応性官能基としてアルコキシシリル基のみを含有する。無官能性有機置換基としてメチル基を持つメチル系

第4章　シリコーンレジン

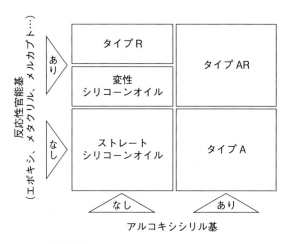

図4-10　シリコーンオリゴマーの分類

オリゴマーは加水分解反応性に優れており、触媒を併用すれば常温・湿気硬化型のコーティング剤とすることができる。なお、硬化触媒としては、チタン系やアルミ系が一般的に用いられている。

　架橋機構　　$2\equiv Si-OR + 2H_2O \rightarrow 2\equiv Si-OH + 2ROH$
　　　　　　$\rightarrow \equiv Si-O-Si\equiv + H_2O + 2ROH$

一方、メチル基とフェニル基を合わせ持つメチルフェニル系オリゴマーは、アクリル、エポキシ、ポリエステル等の有機樹脂との相溶性が良好なため、有機樹脂のハイブリット化材料、反応性希釈剤として使用されている。

　反応機構：$\equiv Si-OR + HO-C-(有機樹脂) \rightarrow \equiv Si-O-C-(有機樹脂) + ROH$

有機樹脂を変性する場合の反応促進触媒としてはアルキルチタネート類、有機酸、アミン化合物等が用いられるが、その反応の際にはオリゴマーの自己縮合反応が進みやすいため、反応条件を比較的穏やかにすることが必要である。有機樹脂中の活性な水酸基等とアルコキシシリル基が反応して得られた共重合物は、耐候性、耐熱性、耐薬品性に優れた塗料用樹脂として有用である。

オリゴマーカップリング剤（タイプAR）は、アルコキシ基と反応性官能基を併せ持つ。有機樹脂の無機基材に対する接着性向上のため、シランカップリング剤を添加する手法は一般的に広く用いられているが、シランカップ

119

リング剤が加熱硬化時に揮発し作用しにくい場合がある。そのような場合に有効なのが、揮発性を低減させた有機官能基含有オリゴマーである。

図4-11にアクリル基含有シリコーンオリゴマーとモノマーであるアクリルシランカップリング剤の揮発分を示す。モノマーは150℃で全て揮発するが、オリゴマーは揮発しにくいことがわかる。

有機官能基としてはエポキシ、メルカプト、アクリル、メタクリル基等を有するものがある。

反応性官能基含有オリゴマー（タイプR）は、比較的低分子の変性シリコーンオイルが反応性官能基を含有するオリゴマー材料に相当するが、この変性シリコーンオイルは直鎖のジメチルシロキサン単位を主骨格としていること、分子量分布が広いことから、有機樹脂との相溶性に劣る点を指摘されることがあった。そこでさらなる低分子量化と、分子量分布の制御あるいは単一分子とし相溶性等を改良したものが、反応性官能基含有オリゴマーである。

脂環式エポキシ基含有オリゴマーは、汎用のエポキシ樹脂への相溶性に優れ、酸無水物硬化、光／熱カチオン硬化等の反応性希釈剤として使用され、得られた樹脂は高Tgでありながら硬化収縮が抑制され、しかも耐熱性、透明性に優れることから、光学用途、バインダー用途を中心に使用が拡大している。

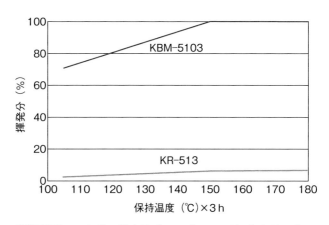

図4-11 アクリル系オリゴマー（KR-513）とシランカップリング剤（KBM-5103）の揮発分の比較

4.3 シリコーンレジンの応用

シリコーンレジンは、有機樹脂にはない無機的特徴から、熱交換機、厨房機器、排気マフラーなどの耐熱塗料、建築物、構造物、化学プラントなどの耐候性塗料、撥水剤、積層板、抵抗器などの電気絶縁用バインダー、プラスチック材料、自動車ボディーなどのハードコート剤、難燃性バインダー等の用途・分野に適していると考えられる。

▶ 4.3.1 耐熱塗料

シリコーンレジンは、その耐熱性を利用し、一般の有機樹脂の塗料では使用できない温度域（200℃以上）での塗料用ビヒクルとして使用されている。

図 4-12 に示す通り、250℃において、有機樹脂に比べて、シリコーンレジンの光沢保持率が優れることがわかる。

シリコーンレジンは無機物質に対して分散性、親和性が高く、分解温度以

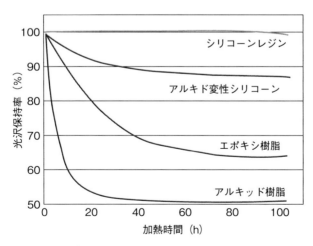

図 4-12　各塗料塗膜の耐熱性（250℃）

上に加熱された場合でも無機物質との間にシロキサン結合を形成し、より安定な構造となるため、無機顔料と組み合わせて塗料化することで、300～500℃に耐える塗料を作ることができる。また、アルミ粉末等を加えることで、500℃以上の高温にも耐える優れた耐熱性塗料を作ることができる。このような温度では、シリコーンレジンも徐々に分解、蒸発して、シリカに変化していくが、残ったシリカはアルミ粉末と互いに結合して、一部は素地金属面に浸透して焼結と同様の現象で、強固な防食塗膜を形成すると言われている。

耐熱性と同時に防食性をもっているので、化学プラントの高温部、業務用、家庭用の暖房機器、車両用マフラー、エンジンの外まわり、石油精製プラント、農業用採暖機器などの耐熱、防食を重点とした用途に使用されている。

これらの耐熱塗料のビヒクルとしては、ストレートシリコーンレジンのほかに、エポキシ、アルキッドなどの変性シリコーンレジンが使用されている。

耐熱塗料は、用途、素材、温度域などにより多彩な品種構成があるが、なかでもシリコーンレジンは図4-13に示す通り、幅広い製品に使用されてい

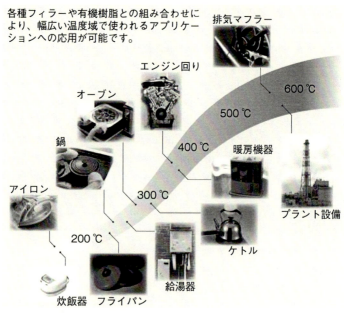

図4-13　シリコーンを使用した耐熱塗料の用途の広がり

る。

▶ 4.3.2　耐候性塗料

外装塗膜の劣化原因には、紫外線、熱、水などがあり、光沢低下や白亜化が起こる。シリコーンレジンは、紫外線、熱、水などにより分解しないため、一般の有機樹脂に比べて極めて耐候性に優れており、外装塗料用のビヒクルとして使用されている。

サンシャインウェザーメーターによる光沢保持率の変化を**図4-14**に示す。アルキッド樹脂に対して、シリコーンレジンが高い光沢保持率を維持することがわかる。

▶ 4.3.3　難燃剤

フェニル基を多く含むシリコーンレジンは他の有機樹脂への相溶性に優れ、様々なシリコーンの特徴を付与することができる。

ポリカーボネート（PC）のコンパウンド時に添加することで**図4-15**に示す機構により難燃性を付与できる。

フェニル系シリコーンレジンを添加した際の難燃性を**図4-16**、添加時のポリカーボネートの特性を**表4-5**に示す通り、ポリカーボネートの優れた強度を維持しつつ、難燃性が付与される。

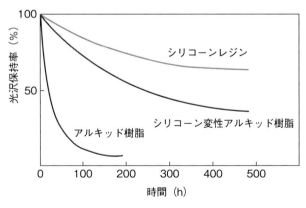

図4-14　光沢保持率の変化

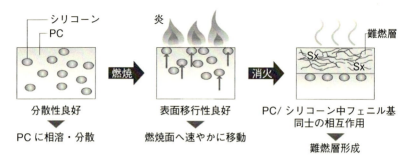

図4-15 難燃化機構

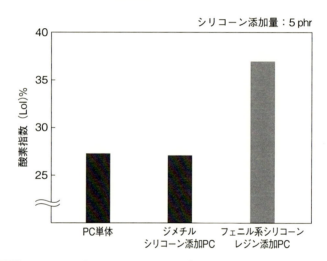

図4-16 フェニル系シリコーンレジン添加時のポリカーボネートの難燃性

表4-5 フェニル系シリコーンレジンを添加したポリカーボネートの特性

項目	PC単体	臭素系難燃化剤添加PC	フェニル系シリコーンレジン添加PC
曲げ強さ　kgf/cm²	960	970	930
曲げ弾性率　kgf/mm²	230	230	220
衝撃強さ　kgf・cm/cm	97	45	80
荷重タワミ温度　℃	138	137	134
ロックウェル硬度	63	66	60
メルトフロ　g/min	10.4	10.7	11.8
難燃性　UL94*1	V-2	V-0	V-0

*1 試験片厚さ：1.57 mm　　　　　　　　　　　　（規格値ではありません）

環境調和性、安全性の観点から従来のアンチモン系、ハロゲン系、リン系の難燃剤の代替材料として注目されている。

▶ 4.3.4 親水防汚剤

アルコキシシリル基が加水分解して生じるシラノール基が親水性を示すことから、この特性を利用して建材塗料などの低汚染化剤として使用される。

シリコーンオリゴマーの表面移行性を利用し、塗膜表面にシラノール基を生成させることで親水化し、防汚機能を付与する。

フッ素系樹脂にアルコキシオリゴマーを添加した際の親水性評価結果を図4-17 に示す。

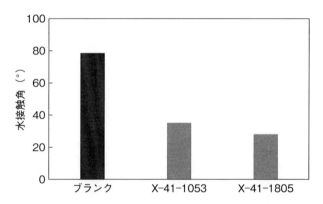

試験条件：フッ素樹脂系塗料オリゴマー添加量＝5 phr
2.5％硫酸水溶液に16 h 浸漬→水接触角測定

図4-17　オリゴマー添加塗膜の親水性

▶ 4.3.5 光学用粘着剤

アルコキシオリゴマーは微粘着から強接着まで、粘・接着力を幅広く調整する密着調整剤としても使用される。アクリル系粘着剤を微粘着化させ、リワーク性を付与させた応用例を図 4-18 に示す。

▶ 4.3.6 電気絶縁用コーティング

シリコーンレジンは、室温～200 ℃の幅広い温度領域で 1×10^{13} Ω·cm 以

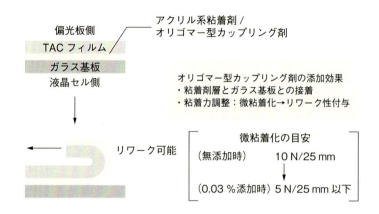

図4-18 光学用途粘着剤への応用例

上の高い水準の体積抵抗率を保持し、温度依存性の少ない優れた電気絶縁性を示す。また、被膜表面のメチル基の配向に起因し、優れた低吸水性を持っている。これらの特徴から、各種エレクトロニクス部品の保護に幅広く使用されている。

　布管用、コイル含浸、ガラス積層用、マイカ接着用としての実績は古く、現在でも様々なタイプのシリコーンレジンが使用されている。シリコーンレジンは、優れた耐熱性と電気絶縁性を利用し、熱により軟化することがないことから、耐熱・電気絶縁用バインダーや金属粉体などの成型物用バインダ

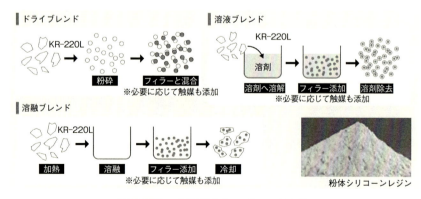

図4-19 金属粉体とのブレンド方法

ーなどとしても使用されている。シリコーンレジンと金属粉体は**図 4-19** に示す方法により混合し、使用されている。

太陽電池や HV・EV 車の普及に伴い、コイル成型時のバインダーとしても使用されている。

▶ 4.3.7 シリコーンハードコート

プラスチック材料は軽量で耐衝撃性、加工性に優れることからガラスの代替品として眼鏡レンズに代表される光学材料、自動車部品、電気製品などに幅広く使用されているが、耐擦傷性が劣るため表面保護被膜が必要となる。シリコーンハードコートは主に T 単位と Q 単位のシロキサン単位で構成され、ガラス骨格に近似しているため**図 4-20** に示す通り耐擦傷性、耐候性に優れている。

シリコーンハードコートについては 6.1 で詳しく紹介する。

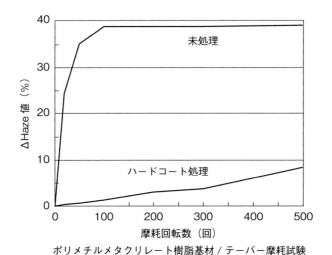

ポリメチルメタクリレート樹脂基材 / テーバー摩耗試験

図 4-20　ハードコート剤による耐擦傷性の改善効果

▶ 4.3.8 室温湿気硬化型コーティング剤

アルコキシオリゴマーはチタン系、アルミ系などの触媒を併用することで、硬化性、硬度に優れたコーティング剤とすることができるため、自動車ボデ

ィーや床のコーティング剤として使用されている。

　各種官能基を有するシランやアルコキシオリゴマーを併用することで、基材密着性、撥水性、紫外性遮蔽性、帯電防止性など様々な特性を付与することが可能となる。また、それらの官能基が構造中に固定化されることから、その特性の耐久性にも優れる。

〈参考文献〉
1) 伊藤邦雄編：シリコーンハンドブック、日刊工業新聞社（1990）
2) 宝田　充弘：色材、61、711（1988）
3) 奥出　芳隆：塗料講座要旨集、34（1993）
4) 黛　哲也編：最新・シリコーンの応用展開、シーエムシー1991
5) 小野義昭編：シリコーン、化学工業日報2003
6) 田中丈之監修：コーティング材料のコントロールと添加剤の活用　サイエンス＆テクノロジー2010

第5章

シリコーンゴム

　シリコーンゴムは他の有機系ゴムにはない耐熱性、耐寒性、耐候性、電気絶縁性、安全性等の数多くの性質を併せ持った材料であり、電気電子、輸送用機器、建築、家庭用品等のあらゆる産業分野で使用されている。シリコーンゴムは、大別するとその形状により、粘度が高くロールミルを使用して成型するミラブルゴムと、粘度の低い液状ゴムに分類することができる。またゴムの硬化方法も有機過酸化物を用いる方法や付加反応、縮合反応を利用した硬化が可能であり、用途や成型方法により使い分けられている。本章ではシリコーンゴムの分類、および基本的性質について解説する。

5.1 シリコーンゴムの性質

　シリコーンゴムは、その性状からミラブル型シリコーンゴムと液状シリコーンゴムに大別される。ミラブルタイプはHCR（High Consistency Rubber）とも呼ばれ、原料に高重合度の直鎖状のポリオルガノシロキサンを使用し、シリカ等の補強性充填材を配合してゴムコンパウンドを調製し、ついで架橋剤を添加して加熱、硬化するタイプのゴムである。ミラブルタイプのシリコーンゴムの架橋は有機過酸化物架橋及び付加架橋が用いられており、成型方法、用途により使い分けられている。液状シリコーンゴムは、ミラブルタイプに比べ、重合度の低いオルガノポリシロキサンを原料としており、室温で硬化するタイプと加熱により硬化するタイプに分けられる。室温硬化タイプ（Room Temperature Valcanization）はRTVと呼ばれ、液状で、コーティングやポッティング等に使用される低粘度のものから、チューブやカートリッジに充填される比較的高粘度で流動性を抑えたものなど様々なものがある。代表的なシリコーンゴムの分類と架橋方法を**表 5-1**に示す。

　シリコーンゴムの主成分であるシリコーンポリマーとしては主には**表 5-2**に示されるポリマーが使用されている。ミラブル型シリコーンゴムの場合は重合度が4000〜10000程度、液状シリコーンゴムの場合は重合度が100〜2000程度のポリマーが使用される。また通常、側鎖はメチル基であるが、フェニル基やトリフロロプロピル基を導入することにより、耐寒性や耐溶剤性を付与することができる。

▶ 5.1.1 ジメチル系ポリマー

　不飽和基を持たないポリマーであり、これ単体ではシリコーンゴムに用いられることはほとんどない。

表 5-1　シリコーンゴムの分類

シリコーンゴム	加熱加硫 (HTV)	ミラブル (HCR)	Uタイプ	有機過酸化物架橋
				付加反応架橋
		液状ゴム (LSR) (LIMS)	一液型	付加反応架橋
			二液型	付加反応架橋
	室温加硫 (RTV)	液状ゴム	一液型	縮合架橋 (脱酢酸、脱オキシム、脱アセトン、脱アルコール、脱アミン、脱アミド)
			二液型	縮合架橋 (脱アルコール、脱水素、脱水)
				付加反応架橋

▶ 5.1.2　メチルビニル系シリコーンポリマー

メチル基の一部がビニル基に置き換わったもので最も広く用いられている。アシル系の有機過酸化物ではビニル基が無くても架橋は進行するが、少量のビニル基を導入することで架橋効率は飛躍的に向上し、ゴムの特性も向上する。また付加加硫においてはポリマー中に導入したビニル基と架橋剤の Si–H 基が白金触媒で付加反応することにより架橋点が形成されるため、ビニル基の導入が必須である。

▶ 5.1.3　メチルフェニルビニル系ポリマー

メチル基の一部をフェニル基に置き換えたポリマーであり、低温性に優れるため耐寒性のシリコーンゴムに用いられる。また防振ゴムや耐放射線用シリコーンゴムにも使用されている。通常フェニル基の導入はジフェニルシロキシ単位で導入され、ジメチルシロキシ単位に対して 1～10 mol %のジフェニル単位を導入したポリマーが用いられる。

▶ 5.1.4　メチルフロロアルキル系ポリマー

メチルトリフロロプロピルシロキシ単位からなるポリマーで、ここに架橋

表 5-2 シリコーンポリマーの種類

	ポリマーの構造	ASTMD-1418による表記
ジメチル系	$\begin{array}{c}CH_3\quad CH_3\quad CH_3\quad CH_3\\ \mid\quad\mid\quad\mid\quad\mid\\ -O-Si-O-Si-O-Si-O-Si-\\ \mid\quad\mid\quad\mid\quad\mid\\ CH_3\quad CH_3\quad CH_3\quad CH_3\end{array}$	MQ
メチルビニル系	$\begin{array}{c}CH_3\quad CH_3\quad CH_3\quad CH_3\\ \mid\quad\mid\quad\mid\quad\mid\\ -O-Si-O-Si-O-Si-O-Si-\\ \mid\quad\mid\quad\mid\quad\mid\\ CH_3\quad CH_3\quad CH=CH_2\quad CH_3\end{array}$	VMQ
メチルフェニルビニル系	主鎖に CH_3 側鎖、$CH=CH_2$、フェニル基を含む構造	PVMQ
メチルフロロアルキル系	主鎖に CH_3 側鎖、$CH_2CH_2CF_3$ 基および $CH=CH_2$ 基を含む構造	FVMQ

点であるビニルメチルシロキシ単位を導入したポリマーである。トリフロロプロピル基の導入により耐油、耐溶剤性に優れるシリコーンゴムを得ることができる。

　シリコーンゴムの一般的性質は、シリコーンポリマーの主鎖のシロキサン結合に由来する部分が多く、シリコーンオイルの性質に共通する事柄が多い。代表的な特性を以下に示す。

▶ 5.1.5 機械的特性

　高重合度のシリコーンポリマーを硬化させただけでは 0.3 MPa 程度の引張り強度しか得られないため、シリコーンゴムは補強性の充填材を添加した形態で使用される。シリコーンゴムの引張り強さは、補強材であるシリカ充填材によるところが大きく、使用するシリカ充填材の種類、添加量、表面処理の状態等により異なる。シリコーンゴムでは引張り強度が 15 MPa を超えることは難しいが、高温領域での強度低下は、他の合成ゴムに比べて少ない。一般合成ゴムとの比較を**図 5-1**に示す。引裂強さについては架橋構造を不均一化にすることや、シリカ表面処理、ポリマーの分子設計などにより、引裂き強度 40 kN/m 以上のレベルに到達している。

▶ 5.1.6 耐熱性

　一般的な有機ゴムでは 150 ℃を超えると短時間でゴムの劣化が起こるが、シリコーンゴムは、150 ℃では物性の変化はほとんどない。シリコーンゴムの劣化は主に、側鎖のメチル基の酸化及び、主鎖のシロキサン結合の開裂である。一般的にこれらの劣化は同時に起こるが、酸素雰囲気下ではメチル基が酸化されることによる硬化劣化（**図 5-3**）が、密閉雰囲気下では主鎖が開裂することによる軟化劣化が起こりやすい（**図 5-4**）。

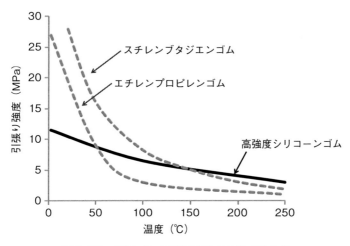

図 5-1　各種ゴムの引張り強度の温度依存性

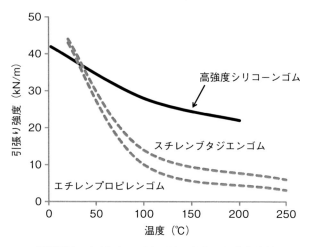

図 5-2 各種ゴムの引き裂き強度の温度依存性

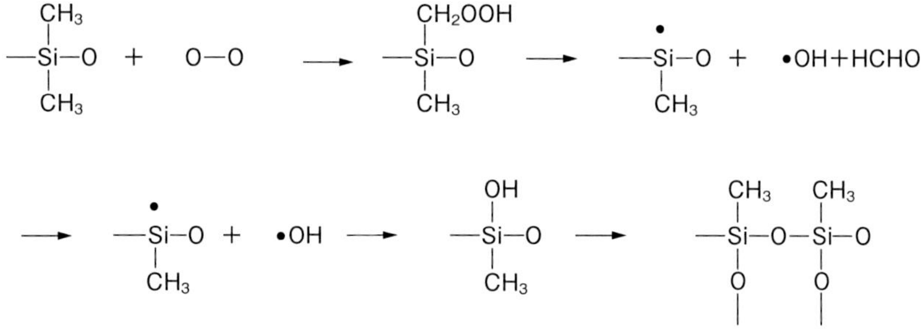

図 5-3 シリコーンゴムの硬化劣化反応

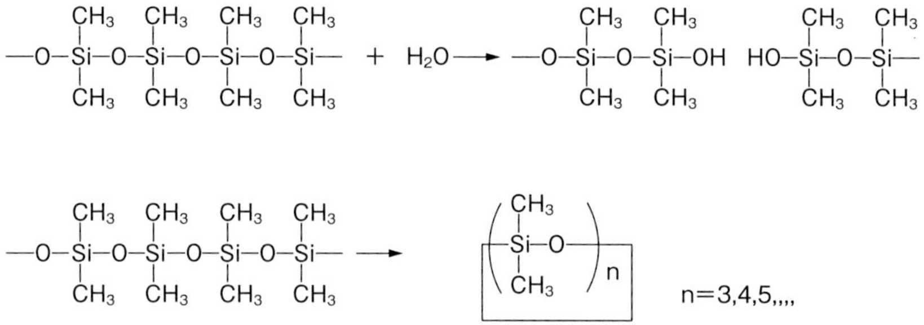

図 5-4 シリコーンゴムの軟化劣化反応

第 5 章　シリコーンゴム

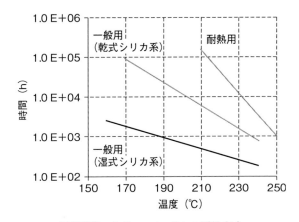

図 5-5　シリコーンゴムの耐熱寿命
（切断時の伸びが初期に対して 1/2 となるまでの時間）

　メチルビニルシロキサンポリマーを用いても、他の構成成分によって耐熱性に差異を生じる。耐熱性に最も大きな影響を与える成分は、補強・準補強シリカである。シリコーンゴムの耐熱性をより向上させるには、シリコーンゴム中の不純物を少なくする等の配慮が必要となる。さらに、硬化に使用した有機過酸化物の分解残渣が耐熱性に悪影響を及ぼすものがあり、有機過酸化物の選択やポストキュアの強化が有効な場合がある。また一般的な有機ゴムで使用されている老化防止剤をシリコーンゴムに使用するのは適切でなく、希土類、チタン、ジルコン、マンガン、鉄、コバルト、ニッケル等々の金属酸化物、水酸化物、炭酸塩、脂肪酸塩が用いられている。これらの要因を最適に組み合わせてできたシリコーンゴムの耐熱性は一般グレードに比べて大幅に向上し、超耐熱シリコーンゴムと呼ばれる。超耐熱シリコーンゴムと各種グレードとの耐熱性の比較を示す（図 5-5）。一般用の湿式シリカを配合したゴムでは 190 ℃では約 1000 時間で伸びが半分となるのに対して、乾式シリカを配合したゴムでは 20000 時間程度まで伸び、耐熱用のシリコーンゴムではさらに長くなっている。

▶ 5.1.7　耐寒性

　シリコーンゴムは本質的に非結晶性であるため、他の合成ゴムに比べ耐寒

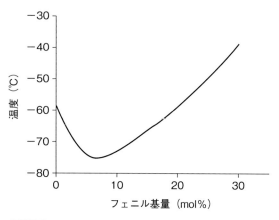

図 5-6 フェニル基含有量とシリコーンポリマーの凝固点

特性は優れている。シリコーンゴムの耐寒性をさらに上げるには、メチル基の一部を他の有機基に置換して結晶構造をとりにくくする方法がとられている。エチル、プロピル、フェニル、2-フェニルエチルなどいずれも有効であるが、他の性能や、ポリマーの合成のしやすさから通常は、フェニル基が用いられる。フェニル基の導入形態としては $(C_6H_5)_2SiO_{2/2}$ や $(C_6H_5)(CH_3)SiO_{2/2}$ 単位が用いられる。導入するフェニル基の割合により低温特性は異なり、適切なフェニル基含有量とすることで、ジメチル単位だけのものに比べて耐寒性に優れた材料が得られている。ポリマー中のフェニル基量と凝固点の関係[1] を図 5-6 に示す。

▶ 5.1.8 圧縮永久歪

圧縮変形する状態で使用されるパッキン類の場合、圧縮永久歪特性が重要となる。一般的な有機ゴムの場合は、低温や高温になると圧縮永久歪は著しく増大するが、シリコーンゴムは低温から高温までの幅広い範囲で安定している（図 5-7）。またミラブル型シリコーンゴムは通常、2次加硫を行うが圧縮永久歪特性は2次加硫を行うことにより向上する場合が多い。使用する加硫剤の種類により、圧縮永久歪特性は異なり、最適な架橋剤の選択が重要となる。

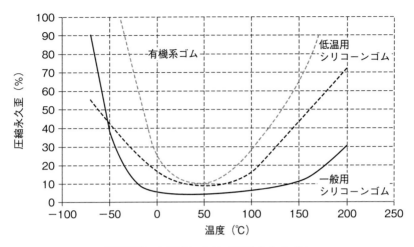

図5-7 各温度における圧縮永久ひずみ

▶ 5.1.9 難燃性

　一般的なシリコーンゴムは燃えやすい材料ではないが、一度火が付くと燃焼が継続する。シリコーンゴムは、燃焼温度のような高温では、主鎖のシロキサン結合が開裂することにより、揮発性の低分子環状体が生成し燃焼が続く。ここに少量の白金化合物を添加するとシリコーンゴムの難燃性が向上することが見出されており、難燃性シリコーンゴムに使用されている。これは白金化合物添加により、酸素に触れる表面のレジン化、高架橋構造化が促進され、ポリマー分解が抑制されるためと考えられている。白金化合物の他に、酸化チタン、カーボン、金属炭酸塩、酸化鉄等の化合物もシリコーンゴムの難燃化剤として使用される。また白金化合物の作用を助けるための助剤の検討もなされており、UL94規格、V-0をクリアする材料が開発されている。またこれらのシリコーンゴムには、有機ゴムで使用されるハロゲン系の難燃助剤を含まないことから有害ガスの発生も少なく、電気電子機器用の部品として使用されている。

▶ 5.1.10 耐油・耐溶剤性

　シリコーンゴムの耐油性、耐薬品性は比較的低温下では、優れているとは言えないが、100℃以上の高温下では他の合成ゴムに比べ優れた特性を示す。

ポリマーの種類、充填材の種類や量、架橋密度等により異なるが、メチルビニルシロキサンやメチルフェニルビニルシロキサンを用いた場合は、アルコール、アセトン等の極性溶媒に対する膨潤は15％程度にとどまる。一方、トルエン、ガソリン等の無極性の溶媒に対しての体積膨潤率は200％に達する。しかし他の合成ゴムでは、溶剤により膨潤し、ゴムの分解、変質や溶解が見られるのに対し、シリコーンゴムは溶剤を取り除けばほぼ元の形状に戻る。またポリマーとして側鎖に3,3,3-トリフロロプロピル基を導入した、いわゆるフロロシリコーンゴムでは非極性の溶媒に対する膨潤は著しく改善される。

5.2 過酸化物硬化型シリコーンゴム

　ミラブル型シリコーンゴムは高粘度のポリマーを用いた材料で、加硫剤の添加やシート化等の作業を、ロールミルを用いて行うことからミラブル型と呼ばれている。ミラブル型シリコーンゴムの硬化方法としては有機過酸化物硬化や付加硬化を用いることが可能である。医療、食品用の高透明で変色しない成形品には、付加反応による硬化が用いられているが、有機過酸化物を硬化剤として用いることが一般的である。有機過酸化物は、アシル系有機過酸化物とアルキル系有機過酸化物に大別され、シリコーンゴムの成型方法や用途により使い分けられる。ポリマー中には少量のビニル基が導入されており、使用する有機過酸化物の低減化や、特性の向上に有用である。それぞれの硬化系を用いた際の特徴を表5-3に示す。アシル系の過酸化物の場合、反応性が高くビニル基を導入しなくとも架橋することができるが、反応効率を高め特性向上の為、ポリマー中には少量のビニル基が導入されている。それぞれの過酸化物を使用した時のビニル基との反応機構を図5-8、図5-9に示す。

　付加反応による硬化は副生成物の発生が無く、硬化速度が速く、酸素阻害の影響を受けにくい点で優れているが、硬化剤添加後の可使時間が短く、触媒毒になる付加反応の阻害を受けやすいため、成型する環境に注意が必要である。一方、有機過酸化物による架橋は、付加硬化の阻害物質の影響を受けにくく、硬化剤添加後の可使時間は長い。アルキル系の有機過酸化物の場合、分解物はアルコール等の比較的低分子量の化合物が生成するが、アシル系の過酸化物の場合は、安息香酸誘導体が生成する。この安息香酸誘導体は揮発し難く、酸性であることから成型後の密閉耐熱性を悪化させる要因となる。

　ホース、チューブ等を押し出し成型し、HAV（Hot Air Vulcanization；常圧熱気加硫）で硬化する場合はアシル系の過酸化物が使用される。これはアシル系の有機過酸化物は分解温度も低く、酸素による硬化阻害を受けにく

表5-3　ミラブルゴムの硬化剤と特徴

架橋反応	特徴	代表的化合物
過酸化物架橋	有機過酸化物 長所：扱いが容易。可使時間が長い 短所：副生成物が生じる アシル系有機過酸化物 長所：活性が高く低温で加硫 短所：酸類を副生（クラッキングの原因） アルキル系有機過酸化物 長所：副生成物の影響が少ない 短所：活性が低く高温で加硫	アシル系有機過酸化物 用途：常圧熱気加硫（HAV）用 p-メチルベンゾイルパーオキサイド 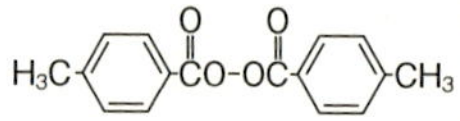 $H_3C-C_6H_4-CO-O-O-CO-C_6H_4-CH_3$ アルキル系有機過酸化物 用途：モールド成型用 2,5ジメチル-2,5ビス（t-ブチルパーオキシ）ヘキサン 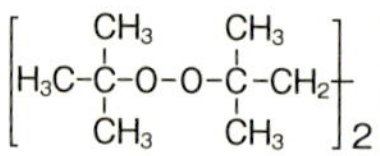 $[H_3C-\underset{\underset{CH_3}{\mid}}{\overset{\overset{CH_3}{\mid}}{C}}-O-O-\underset{\underset{CH_3}{\mid}}{\overset{\overset{CH_3}{\mid}}{C}}-CH_2-]_2$
付加架橋	白金触媒 長所：副生成がない 短所：白金触媒の被毒。可使時間が短い	

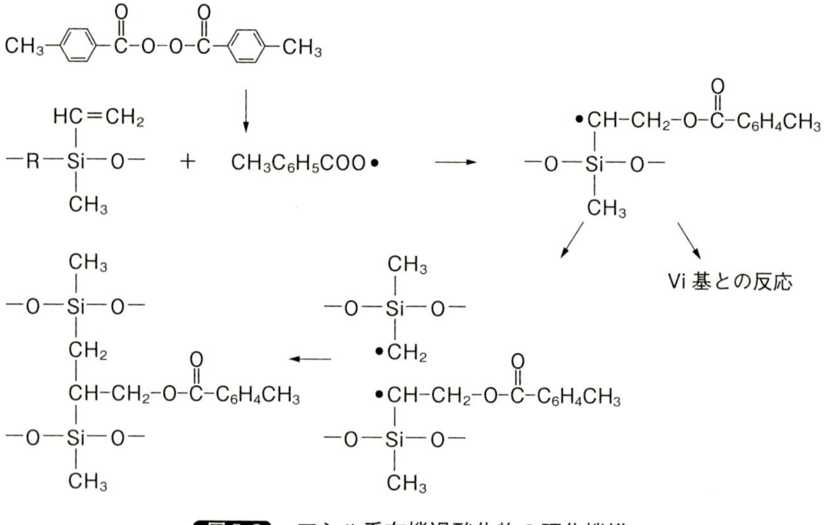

図5-8　アシル系有機過酸化物の硬化機構

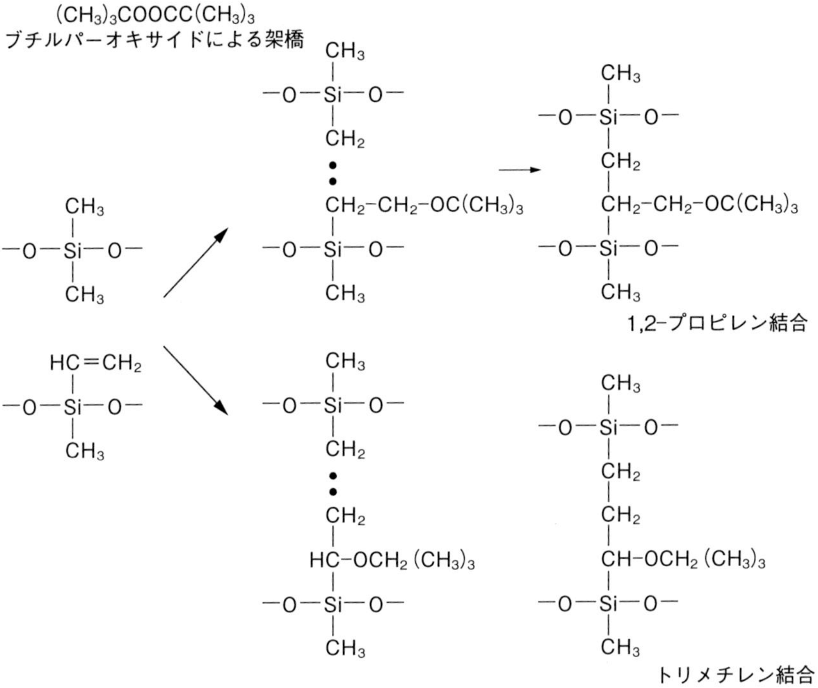

図5-9 アルキル系有機過酸化物の硬化機構

いためである。一方、アルキル系の有機過酸化物は酸素による硬化阻害を受けやすく、分解温度も高いためHAV成型には使用することはできない。付加硬化系は硬化速度も速く、硬化速度を調整する制御剤の添加量を変えることで容易に硬化速度を調整でき、酸素による硬化阻害も受けにくいためHAV成型に使用することができる。

　成型条件としてはプレス成型に用いられるアルキル系の有機過酸化物である 2,5ジメチル-2,5ビス（tブチルパーオキシ）-ヘキサンを用いた場合、165℃/10分程度、HAV等に使用されるアシル系の有機過酸化物を用いた場合、120℃/10分程度の条件で物性測定用のシートが作成される。シリコーンゴムの場合、さらにこの1次加硫（プレスキュアー）後に、二次加硫（ポストキュアー）と呼ばれる熱処理工程が行われる。シリコーンゴム以外の合成ゴムでは行われていないが、二次加硫はシリコーンゴムの物性の安定

化、ポリマー中に含まれる低分子シロキサンの除去、使用した有機過酸化物の分解物の除去等が主な目的である。

▶ 5.2.1 ミラブル型シリコーンゴム（過酸化物硬化シリコーンゴム）の組成

シリコーンゴムには補強性の充填材、さらに充填材の表面処理剤、さらに各種機能を付与するための添加剤から構成されている。それぞれの成分及び製法について以下に示す。

（1）シリコーンポリマー

ミラブル型シリコーンゴム（過酸化物硬化型シリコーンゴム）に使用されるポリマーは重合度が4000～10000程度のポリマーが使用される。

ポリマーの種類としてはメチルビニル系のポリマーの他、メチルフェニルビニル系や、メチルフロロアルキル系のポリマーが必要特性により使い分けられている。

（2）シリカ充填材

高重合度のシリコーンポリマーを用いても、ポリマーを単独で硬化させた場合、0.3 MPa程度の引張り強さしか得られない。そのためシリコーンゴムの製造には、ゴム強度を高める補強性の充填材が必須となっている。シリコーンゴムの場合、補強性の充填材による強度の向上は他の合成ゴムに比べ顕著であり、ゴム単独に比べ10倍～40倍にも達する。

シリコーンゴムに使用される補強性の充填材としては、湿式シリカや、乾式シリカ等が用いられることが一般的である。乾式シリカは不純物が少なく電気特性、強度、透明性、動的疲労耐久性等の面で優れ、湿式シリカは反発弾性、加工性、価格的な優位性等のメリットがあり、要求されるシリコーンゴムの特性により使い分けられている。それぞれのシリカの製造法は図5-10の通りであり、乾式シリカはクロロシランの燃焼により、湿式シリカは水ガラスに酸を反応させることにより製造されている。

表5-4には湿式シリカと乾式シリカを使用したシリコーンゴムの成型直後と水中浸漬した時の外観を比較した結果を示す。湿式シリカを配合したシリコーンゴムは、二次加硫直後の透明性は高いが、水中に浸漬すると水分を吸収するため透明性が低下する。一方乾式系のシリコーンゴムの場合、水中

乾式シリカ

$SiCl_4 + 2H_2 + O_2 \rightarrow SiO_2 + 4HCl$

クロロシランに水素と酸素を反応させ製造。
極微量の塩化水素を含むが、高純度で
電気特性、密封耐熱、動的疲労特性に優れる。

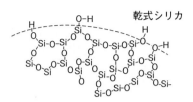

湿式シリカ

$Na_2O - mSiO_2 + H_2SO_4 \rightarrow SiO_2 \cdot mH_2O + Na_2SO_4$

水ガラス(ケイ酸ナトリウム)に硫酸等の酸を
反応させて製造。
吸水性が大きく、乾式シリカに比べ電気特性、
耐熱性、補強性は劣るが、ゴム弾性に優れる。

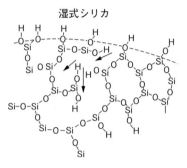

図 5-10 シリカの製造法と特徴

表 5-4 湿式シリカ、乾式シリカ配合時の外観変化

		湿式シリカ配合シリコーンゴム	乾式シリカ配合シリコーンゴム
二次加硫直後 (200 ℃/4 h)	全光線透過率 (%)	88.8	89.5
	HAZE 値 (%)	27.7	15.9
水中浸漬後 (21 ℃/24 h)	全光線透過率 (%)	77.5	89.7
	HAZE 値 (%)	69.4	22.1

に浸漬しても外観の変化は少ない。これは湿式シリカが図5-10のように内部空孔を有しており、その空孔に水分が吸着さるためである。一方乾式シリカは内部に空孔が少ない為、水分の吸着が少なく、水中に浸漬しても外観の変化が少ない。またHAV成型と呼ばれる熱気加硫した場合、湿式系シリカは含まれる水分の影響で成型時に発泡現象が認められる（**図 5-11**）。

(3) 分散剤（ウエッター）

シリコーンポリマー中への分散を円滑にし、補強性の発現、特性の向上、保存安定性等の向上の為にシリカの表面処理剤が使用される。シリカの表面

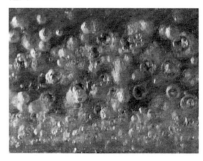

図 5-11 HAV 時の外観の違い

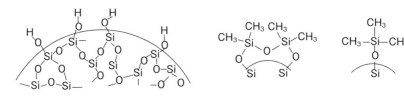

図 5-12 シリカの表面処理

には多数の Si-OH 基が存在しており、分散剤と反応することでシリカ表面が疎水化される。代表的な分散剤としてはシラザン、アルコキシシラン、ヒドロキシル基を有するシロキサン類が用いられる。分散剤によりシリカ表面の処理形態を**図 5-12** 示す。

表 5-5 はシリカの表面をヘキサメチルジシラザンで処理した時の物性値の変化を示す[2]。表中の右側ほどシリカ表面がトリメチルシリル基で処理されており、シリカの残存 OH 基が減少している。圧縮永久歪に関しては、シリカ表面の OH 基が少ないほど、小さくなることがわかる。一方、引張強さに関しては処理が進むと向上し、一定値を過ぎると低下する傾向が認められ、適切な領域が存在していることがわかる。

▶ 5.2.2 シリコーンゴムの製造方法

シリコーンゴムはポリマー、シリカ充填材、シリカの表面処理剤、その他

第5章 シリコーンゴム

表 5-5　シリカの表面処理度と物性

試料	1	2	3	4	5	6	充填剤なし
シリカ表面							
OH 基量　　　　（個/nm^2）	3.87	3.05	2.63	2.42	1.96	2.05	
トリメチルシリル基（個/nm^2）	0	0.5	0.89	1.15	1.57	1.88	
加硫物性							
硬さ　　　デュロメータ A	76	71	63	57	50	45	22
引張り強さ　　　　（MPa）	7.6	9.5	10.4	9.8	7.8	7.8	0.32
切断時伸び　　　　　（％）	280	320	370	410	430	490	100
引裂き強さ　　　　（kN/m）	6.8	11.9	10.4	9.1	8.6	5.9	2.3
圧縮永久歪　　　　　（％）	79	62	62	56	49	46	3.6

生ゴム　ポリメチルビニルシロキサン
充填剤　フュームドシリカ　345 m^2/g, 40 phr
加硫剤　2,4-ジクロロベンゾイルパーオキサイド

の添加剤を混練りして製造される。通常、ニーダー等の装置を用いて製造されているが、シリカ表面のシラノールと処理剤との反応促進、シリカ中の水分や、その他の揮発性の成分除去の為、熱処理工程が行われる。またシリコーンゴムは熱処理終了後、製品の形態にする前にろ過工程があり、これは他の合成ゴムにはない製造工程上の特徴となっている（**図 5-13**）。加硫剤を含む形態で出荷されているものもあるが、通常シリコーンゴムは加硫剤を含まない形態で出荷される製品が多い（通常品番の後ろにUが表示されている）。

▶ 5.2.3　過酸化物硬化シリコーンゴム製品

・一般成型用シリコーンゴム

　家電、事務機、機械、自動車部品等に幅広く用いられている。これらのシリコーンゴムはメチルビニルシリコーンポリマーを原料として、湿式シリカ、乾式シリカが配合されている。湿式系シリカを配合したシリコーンゴムはコストパフォーマンスに優れ、反発弾性や加工性に優れるため広く使用されている。乾式シリカを配合したシリコーンゴムは強度、電気特性、透明性等が湿式シリカに比べ優れており、これらの特性が必要な分野で使用されている。

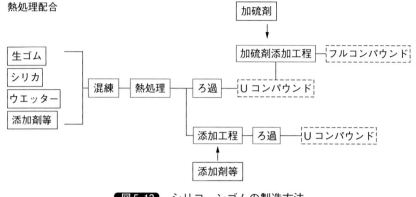

図 5-13　シリコーンゴムの製造方法

・押し出し用シリコーンゴム

　押し出し用にはメチルビニルシロキサンポリマーに乾式シリカを配合したシリコーンゴムが用いられる。硬化系としてはアシル系の有機過酸化物や付加硬化を用いることが可能である。成形方式としては HAV（Hot Air Vulcanization）や CV（Continuous Steam Vulcanizatin）等で行われる。HAV は連続熱気加硫であり、温度を 200～500 ℃に設定された加熱炉中にシリコーンゴムを通過させることにより硬化が行われる。湿式シリカを配合したコンパウンドは吸湿しやすく、HAV 成型時に水分の蒸発により発泡現象が起こるため使用には不適である。硬化剤としてアルキル系の有機過酸化物は酸素による硬化阻害を起こすために HAV 成型に使用することは困難である。スチーム架橋ではジクミルパーオキサイド等のアルキル系の有機過酸化物を使用することも可能である。

・高強度シリコーンゴム

　シリコーンゴムは一般的な合成ゴムに比べ機械的強度は低いが、引裂強さに関しては、架橋点となるビニル基を不均一化（偏在化）して導入する方法や、使用するシリカの種類、表面処理剤の検討により、向上が図られてきた。シリコーンゴムの引裂強さは架橋剤によっても異なり、一般的に付加硬化させた場合の方が高い傾向にある。引裂強さは使用する架橋剤に適したシリコーンゴム設計がなされており、ある有機過酸化物では目的とする物性が得られるが、硬化系を変えた場合は目的とする特性が得られない可能性があり、

注意が必要である。

・フェニルシリコーンゴム

　フェニル基を導入したシリコーンゴムは耐寒性、耐防振性、耐放射線特性に関して優れている。耐寒性に関しては前述の通り、メチル基の一部をフェニル基等に置き換えることにより低温特性が向上する。フェニル基を導入したシリコーンポリマーとジメチルシリコーンゴムとの弾性率の比較を以下に示す（**図 5-14**）。

・フロロシリコーンゴム

　メチルトリフロロプロピルシロキサンに少量のメチルビニルシロキサンを導入したポリマーが使用される。トリフロロプロピル基を導入することにより、一般的なシリコーンゴムの持つ特性を維持したまま耐溶剤性、耐油性の向上が図れている。フロロシリコーンゴムはこのように耐油性に優れることから、自動車用、航空機用のシール、ガスケット、ダイヤフラム材等に使用されている。通常トリフロロプロピルメチルポリシロキサンに少量のビニル基が導入されたポリマーが使用されるが、ジメチルポリシロキサンと共重合したコポリマーも使用される。代表的なゴムの特性を**表 5-6** に示す。フロロシリコーンゴムは耐油に関しては表に示す通り、ジメチルシリコーンに対して優れている。コポリマーは耐油に関しては中間的な特性を示している。

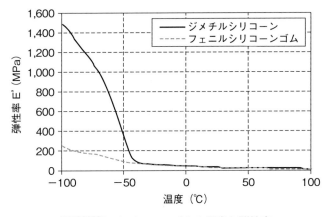

図 5-14　シリコーンゴムの温度と弾性率

表 5-6 フロロシリコーンゴムの一般的特性

タイプ	ジメチルシリコーン	フロロシリコーン	ジメチルフロロコポリマー
密度（g/cm^3）	1.14	1.44	1.23
硬さ：Type-A	52	49	50
引張強さ（MPa）	8.2	13.3	6.4
切断時伸び（%）	320	520	300
反発弾性（%）	69	24	74
圧縮永久歪：180℃×22 h（%）	19	17	6
耐油性（IRM903 オイル 150℃/72 h）			
硬さ変化	−15	±0	−11
引張強さ変化率（%）	−25	±0	−18
切断時伸び変化率（%）	−30	−2	−19
体積変化率（%）	+30	+3	+14

5.3 LIMS（Liquid Injection Molding System：液状射出成形システム）

　LIMS（液状射出成形システム）材料は、液状のビニル基を有するジメチルシロキサンポリマーを主成分とし、表面疎水処理性シリカを高充填混合した高粘度化したゴム材料である。硬化反応は主成分のビニル基を有するシロキサンポリマーとヒドロシリル基を有するジメチルシロキサンポリマーが白金触媒により網目構造を形成する付加硬化反応である。

　LIMSは、1970年代より徐々に普及し、現在ではシリコーンゴムの成形の一方法として認知され、プラスチックス成形と同様に、広く一般的に使用されている。

　LIMSは、2液に分割した材料をポンプ移送で射出成形機へ導き、金型内で加熱硬化させる成形システムで、比較のためにLIMSと一般のシリコーンゴム（過酸化物硬化型ミラブルゴム）成形法の違いを図5-15に示す。システム的な面、及び硬化反応の違いから、LIMSの特徴として次の点があげられる。

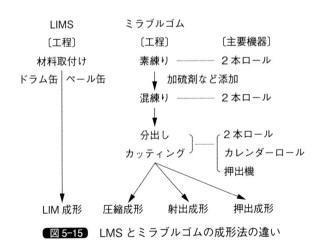

図5-15　LMSとミラブルゴムの成形法の違い

省エネ化：材料移送、計量、混合、射出等の工程の連続自動化や所要動力の低減ができる。
生産性の向上：高速硬化により成形サイクルの短縮化が図れる。
高品質化：反応副生成物がない。異物の混入がない。
複合成形への適用：材料の流動性、低圧成形、硬化温度範囲が広いためインサート成形他複合成形が可能となる。

▶ 5.3.1　LIMSの最近の技術動向

　上記メリットを生かした単純なミラブルタイプ→LIMSという流れだけではなく、最近ではさらに後述の2方面への展開が盛んである。
完全自動成形：ノーバリ・ランナーレス・自動脱型
　作業者が関与するのは材料の交換時のみというLIMSの利点を最大限に生かした最先端の技術で、射出機・金型・材料の各方面から検討が進んでおり、作業工程の省力化だけでなく、無駄な硬化物を生じないため、材料コストの削減、環境への配慮という面からも注目されている。自動車部品に使用されるワイヤーシールのような小物成形では、成形サイクル（射出から次の射出まで）が10秒以下という極短時間での成形も可能になっている。
複合成形：インサート成形・2色射出成形
　比較的低温での成形が可能な付加硬化を架橋反応としていること、過酸化物残渣など副生成物の発生がないため原則として2次キュアを必要としないことから、樹脂との一体成形が可能で、プライマーを塗布することによるインサート成形、嵌合によるシール部とハウジング部を一体化する2色射出成形などが普及し始めている。

▶ 5.3.2　ノーバリ・ランナーレス自動成形用材料

　液状シリコーンの射出成形は、無駄な硬化物が発生せず2次加工が不要な成形、すなわち、ランナーは硬化しないか存在しない（コールドランナーまたはランナーレス成形）、バリは生成しない（ノーバリ成形）という成形方法が普及している。これは金型の面精度、成形機の計量・吐出精度に加え、バリの生成しにくいチキソトロピー性の材料が必須である。
　ゲート方式は次のショットで半硬化したゲート部分の材料が成形品と同化

するオープンゲート方式やゲートと成形品を完全に切り離すバルブゲート方式が成形品の違いによって、使用されている。

実際の主な成形不良の原因及び対策について、**表 5-7** に示す。

表 5-7 成形不良の原因および対策

不良現象	原因	対策
ふくれ	加硫不足	加硫時間の延長、昇温
	成形圧不足	圧力を増す
	エアによる泡	ペール缶内のエア抜きを十分行う。射出速度の調整
	加熱不均一	加熱装置の調整
ボイド 表面のあわ 色むら	加硫不足	加硫時間の延長
	エア抜き不足	ペール缶内のエア抜きを十分行う
	エアの抱き込み	注入時にエアの抱き込み注意
	金型温度の高すぎ	金型温度を下げる。型の温度分布に注意
	混合むら	射出速度の調整。ミキサー部点検
ウェルドマーク	混合比不適と混合むら	容量混合部の調整。射出速度の調整
	成形圧力不足	圧力を増す。温度の高すぎ
	注入時間が長い	時間の短縮
	融着部の空気抜けが悪い	エア抜きをつくる
	ゲート口の不均衡	ゲートバランスをとる
光沢不良	加硫不良	加硫時間を長くする。金型昇温
	金型表面のあれ	磨きをかけて硬質クロームメッキを使う。離型剤の強すぎ
離型不良	加硫条件の不適正	加硫時間を長くする
	金型表面の不良	金型修理
	表面温度分布の不均一	加熱方法の検討
ノズルもれ	ノズルの摩耗、切傷	シャットオフノズルの検討
加硫不良	硬化阻害	障害物の除去
	混合比	混合系のチェック

シリコーンゴムは、優れた性質（耐熱・耐寒性、耐候性、電気絶縁性、難燃性等）に加え、これら全自動成形であることによるクリーンな成形、金属・有機樹脂との一体成形が可能であり、材料自体は透明であると同時に着色も可能であることなどから、その応用範囲は、（コンピューター・携帯電話等の）キーパッド、哺乳瓶用乳首、（複写機・プリンター等の）ロール、コネクターシール・オイルシールなどの各種自動車部品、ダイビング用品など多岐にわたっている。

▶ 5.3.3 複合成形用材料
（1）自己接着 LIMS 材料

シリコーンゴムとプラスチックスや金属と一体化した成形物を得るにはプライマーを使用する必要があり、プライマーの塗布、乾燥といった煩雑な工程が必要になる。

自己接着 LIMS 材料はプラスチックスや金属に接着し、かつ接着性の発現が短時間であるという従来のシリコーン接着剤とは異なる特徴を持つため、インサート成形や 2 色射出成形への応用が可能である。即ち、シリコーンゴムとプラスチックスとの 2 色射出成形において、プライマーを使用せずにゴムと樹脂が接着し一体化した成形物を得ることができる。工程の簡便性の点から**表 5-8** に示した通り、2 色射出成形が適しているが、プラスチックスの冷却固化温度とシリコーン接着剤の加熱硬化温度のバランスを検討する必要がある。

（2）自己接着 LIMS 材料の金型調整

自己接着材料は金属に接着する LIMS 材料であり、金型にも強密着または接着してしまう場合があるが、金型の材質や表面メッキ処理によっても、強密着や接着のレベルが異なるという問題がある。対策として、金型表面には耐久性のあるフッ素コート処理をする方法がある。

また、自己接着 LIMS 材料を約 30 ショット連続成形させると、金型表面にシリコーン離型層が形成され、自己接着性と金型離型性を両立させることが可能である。離型性をゴム成形品の脱型 Air 圧で評価すると、離型性の良い汎用 LIMS 材料と同じ Air 圧まで低下することがわかる。（**図 5-16** 参照）

Air 圧の測定方法を、**図 5-17** に示す。

表5-8　インサート成形と2色射出成形

成形方法	インサート成形 （従来方法）	2色射出成形 （自己接着材料）
射出成形機	熱可塑性樹脂成形機 液状シリコーンゴム成形機	2色（異材質）成形機
接着	樹脂プライマー処理	自己接着材料
工程	プラスチックス成形 ↓ 取り出し→（保管） ↓ 脱脂 ↓ プライマー処理（有機溶剤） ↓ 乾燥 ↓ シリコーン成形機にセット ↓ シリコーンゴム成形 ↓ 取り出し ↓ スプルー、バリ取り ↓ 製品	プラスチックス成形 ↓ 金型スライド（回転） ↓ シリコーンゴム成形 ↓ 取り出し ↓ 製品

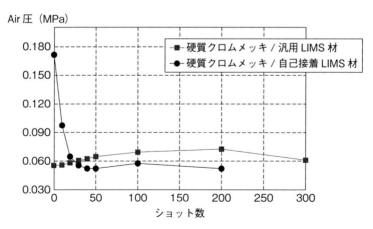

図5-16　金型による脱型時Air圧（MPa）

> 自己接着 LIMS 材 & 汎用 LIMS 材の射出成形
> 成形品が脱型可能な Air 圧を測定。

図 5-17 Air 圧測定方法

　初期から金型へ接着する場合は、金型に離型剤(界面活性剤)を塗布し、前記同様に連続成形することで、成形品の脱型が可能な Air 圧まで低下させることができる。

自己接着 LIMS 材料の材料設計と注意点

　自己接着 LIMS 材料は、例えば耐油・耐熱性に優れた材料、着色した材料、低比重材料など、用途に応じて材料設計が可能である。

　留意点としては、同じ樹脂素材でも、その重合方法や精製度合、可塑剤の種類などによりシリコーンの付加反応に向かないもの、接着力が十分に発現できないものなどがあり、製品設計の際は、実際に使用する樹脂材料を事前チェックすることを薦める。

5.4 付加硬化型シリコーンゴム

　付加硬化型シリコーンゴムとは、白金触媒を用いたヒドロシリル化反応（付加反応）により架橋、硬化するシリコーンゴムである。過酸化物の分解温度以上に加熱する必要がある熱加硫ゴムと比べ、室温から150℃までの比較的低温で硬化することが可能である。

　ヒドロシリル化反応を硬化システムとして取り入れたシリコーンゴムは、熱加硫ゴムのようなミラブルゴムでも採用されているが、主に液状のシリコーンゴムで適用されている硬化システムである。少量の触媒で架橋し、反応時に副生成物を生じないことから電気電子部品から、自動車、建材、工芸、医療まで多種多様の用途で使用されている。また、液状であることから、取扱いが容易で、コーティング、ポッティング、シーリングなどの様々な加工方法で使用することが可能であり、その多くで自動化されている。

▶ 5.4.1　付加硬化型シリコーンゴムの特徴
（1）硬化機構

　付加硬化型シリコーンゴムの硬化機構（式1、2）は、白金化合物を触媒としたアルケニル基とケイ素原子に結合した水素原子とのヒドロシリル化反応である。高分子量のアルケニル基を有するシリコーンポリマーと、複数のケイ素原子に結合した水素原子を有する低分子量のシリコーンポリマーの架橋反応であり、僅か数ppmの白金量の触媒でも、室温で反応が進行することから、反応制御剤を加えるのが一般的である。適度な温度の硬化時間で反応が進行するよう白金触媒と反応制御剤の添加量と配合比率を調整している。

　付加硬化型のシリコーンゴムの温度と硬化性の関係の一例を**図 5-18**に示す。

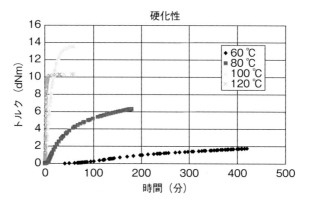

図 5-18 温度と硬化性（トルク変化）の関係

式1 ヒドロシリル化反応

$$\text{>Si-H} + \text{H}_2\text{C}=\text{CH-Si<} \xrightarrow{\text{Pt cat.}} \text{>Si-CH}_2\text{-CH}_2\text{-Si<}$$

式2 シリコーンポリマーの架橋反応

(2) 特徴

付加硬化型シリコーンゴムの特徴を以下にあげる。

金属腐食の原因となるイオン性の不純物を含まず、反応後に副生成物を発生しないことから、シリコーン本来の性能を発揮する。具体的には、耐熱性（**表 5-9**）、耐寒性に優れ、短時間であれば−50℃から250℃での使用も可能で、連続使用でも−40℃～150℃という広い温度範囲で安定した性能を発揮する（**表 5-10**）。電気特性に優れ、電気部品用の製品では、体積抵抗率1TΩ・m以上を有し、高温高湿などの長期の耐久劣化後も安定した性能（**表 5-11**）を示す。

硬化反応による発熱はなく、収縮も僅かであることから基材に損傷を与えることはない。弾性率の温度依存性が小さいことから基材へのストレスも僅かである。

表面から深部まで均一に硬化することが可能であることから、電子部品の封止剤、ポッティング材に使用できる。

表 5-9 耐熱性

項目	初期	150℃			180℃
		2週間	4週間	6週間	3週間
硬さ（デュロメーターA）	56	61	63	64	62
引張り強度（MPa）	140	110	110	90	100
切断時伸び（％）	2.8	3	3.3	2.8	3
アルミせん断接着力（MPa）	1.5	1.5	1.8	1.8	1.5
重量減少率（％）	−	<0.1	<0.1	<0.1	0.7
体積抵抗率（TΩ・m）	6.5	9.6×10	1.5×10^2	1.8×10^2	−

表 5-10 温度依存性

測定温度（℃）	−40	0	23	80	150
硬さ（デュロメーターA）	58	56	56	57	58
引張り強度（MPa）	120	120	140	100	110
切断時伸び（％）	2.7	2.7	2.8	2.5	2.3
アルミせん断接着力（MPa）	1.3	1.4	1.5	1.3	1.4

表5-11 耐湿性

項目	初期	85℃、85％RH 2週間	4週間	6週間
硬さ（デュロメーターA）	56	56	59	58
引張り強度（MPa）	140	130	120	110
切断時伸び（％）	2.8	2.6	2.7	2.4
アルミせん断接着力（MPa）	1.5	1.4	1.5	1.4
重量減少率（％）	−	<0.1	<0.1	<0.1
体積抵抗率（TΩ·m）	6.5	2.0×10	2.9×10	3.0×10

　液状からペースト状、流動性を有するものから非流動性の製品まで多様である。

　白金触媒は燃焼時レジン化を促進することから、付加硬化型のシリコーンゴムは、比較的難燃性に優れる。

　本質的には、シリコーンの特性である離型性を有することから、型取り材料やPPCロール用として使用されている。一方で、基材との接着性を発現するための接着助剤を添加することにより、接着剤としても広く利用されている。

　白金触媒に対する制御能力の強い化合物を選択することにより、1成分化も可能で、10℃以下の温度で保管する必要はあるが、1年以上の保存性を有する（図5-20）。また、触媒と架橋剤を分け、2成分化することは容易で、1年以上の保存性を有し、かつ80℃以下の低温で硬化させることも可能である。

　白金触媒や架橋剤に作用し、付加反応を阻害する成分がある。ひとつは、白金触媒と錯体を作るN、P、Sなどを含む有機化合物、Sn、Pbなどの金属のイオン性化合物、アセチレン等不飽和基を有する化合物などがあげられる。もう一つは、架橋剤と反応するアルコール、水、カルボン酸などがあげられる。具体例として、イオウ加硫ゴムや老化防止剤を含む有機ゴム、アミン系、イソシアネート系硬化剤を含むエポキシ樹脂、ウレタン樹脂、縮合硬化型シリコーンゴム、ハンダフラックス、酸化防止剤、難燃向上剤などを含むエンジニアリングプラスチックスなどがある。付加硬化型シリコーンゴムを検討するに際し、基材など接触する部材に、硬化阻害成分が含まれないか十分に

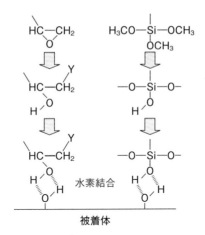

図 5-19 接着メカニズム

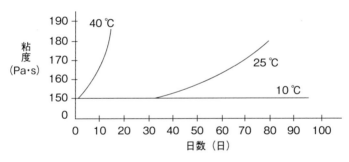

図 5-20 保存安定性

確認する必要がある。

（3）構成成分

　付加硬化型シリコーンゴムの主な構成成分は、ビニル基を有するポリシロキサンを主成分とし、架橋剤であるハイドロジェンポリシロキサン、白金触媒、反応制御剤からなる。その他に、要求される製品特性に準じて、補強剤、増量剤、耐熱向上剤、難燃剤、接着助剤、熱伝導性充填剤、導電剤、表面処理剤、顔料等を加える。

（4）ビニル基を有するポリシロキサン

　主成分となるポリマーであり、粘度が 100～100,000 mPas の平均構造式

(1) で示される直鎖状のポリシロキサンが代表的である。1分子中にビニル基を少なくとも1個含み、側鎖に複数個含むこともある。

平均構造式（1）

$$R-\underset{CH_3}{\underset{|}{\overset{CH_3}{\overset{|}{Si}}}}-O-(\underset{CH_3}{\underset{|}{\overset{HC=CH_2}{\overset{|}{Si}}}}-O)_m-(\underset{CH_3}{\underset{|}{\overset{CH_3}{\overset{|}{Si}}}}-O)_n-\underset{CH_3}{\underset{|}{\overset{CH_3}{\overset{|}{Si}}}}-R$$

$m+n=50～2,000$

$R=CH_2=CH、CH_3$

（5）ハイドロジェンポリシロキサン

架橋剤となる成分で、粘度が5～300 mPasの平均構造式（2）で示される直鎖状のポリシロキサンが代表的である。1分子中にケイ素原子に結合した水素原子を少なくとも1個含み、複数個含むことにより架橋剤として働く。

平均構造式（2）

$$R-\underset{CH_3}{\underset{|}{\overset{CH_3}{\overset{|}{Si}}}}-O-(\underset{CH_3}{\underset{|}{\overset{H}{\overset{|}{Si}}}}-O)_k-(\underset{CH_3}{\underset{|}{\overset{CH_3}{\overset{|}{Si}}}}-O)_l-\underset{CH_3}{\underset{|}{\overset{CH_3}{\overset{|}{Si}}}}-R$$

$k+l=8～200$

$R=CH_3、H$

製品中のアルケニル基に対するケイ素原子に結合した水素原子のモル比は、通常、1.0～2.0程度となるよう、製品設計されている。

（6）触媒

ヒドロシリル化反応を進行及び促進させるための成分である。白金、パラジウム、ロジウム等の白金族金属；塩化白金酸、アルコール変性塩化白金酸、塩化白金酸とオレフィン類、ビニルシロキサンまたはアセチレン化合物との配位化合物等の白金化合物、テトラキス（トリフェニルホスフィン）パラジウム、クロロトリス（トリフェニルホスフィン）ロジウム等の白金族金属化合物等があげられる。一般には、シリコーンオイルとの相溶性が必要であることから、塩化白金酸をシリコーン変性した白金化合物が使用される。

（7）反応制御剤

シリコーンゴムを調合ないし基材に塗工する際に、硬化前に増粘やゲル化

を起こさないようにするために添加するものである。短時間の反応制御には、アルケニル基を複数個有する低分子量のポリシロキサンが用いられ、長期間の反応制御には、アセチレンアルコール系の化合物が使用される。

付加硬化型シリコーンゴムの重要な構成成分の一つに、アルケニル基を有するシリコーン樹脂がある。シリコーンゴムの補強剤として、乾式シリカを使用するのは液状の付加硬化型シリコーンゴムも同様ではあるが、乾式シリカの含有量が多いと、表面処理をされた乾式シリカを使用したとしても、極端に流動性が低下し、液状として取り扱うことができなくなる。特定のアルケニル基を有するシリコーン樹脂を使用すると、液状のまま、強度を高めることが可能である。

その他の成分については、**表 5-12** に、種類と効果と代表的な化合物を示した。

表 5-12　各種添加剤とその効果

種類	効果	代表的な化合物
補強剤	ゴム強度を高める	乾式シリカ、湿式シリカ
増量剤	硬度を高める	結晶性シリカ、炭酸カルシウム、タルク、
耐熱性付与剤	耐熱性を向上させる	酸化鉄、酸化セリウム、酸化チタン
難燃剤	難燃性を向上させる	酸化チタン、カーボン
接着助剤	自己接着性を付与する	シランカップリング剤
接着促進剤	自己接着性を促進する	有機金属化合物

▶ 5.4.2　付加硬化型シリコーンゴムの応用

付加硬化型シリコーンゴムは、シリコーンゴムの基本特性である耐熱性、耐候性（紫外線、オゾン）、柔軟性、ガス透過性、耐寒性、電気絶縁性に優れ、温度による物性変化が少ないという特徴と、撥水性、離型性などのユニークな特徴を活かし、様々な用途に対応し、幅広い製品ラインナップで電気・電子機器や各種工業製品の信頼性向上に貢献している。さらに、液状であることから、取扱いが容易であり、自動混合撹拌装置、自動吐出機、自動搬送装置等を導入することにより、生産性の改善も図れる。以下、付加硬化型シリコーンゴムが使用されている用途について、説明する。

(1) 接着剤

　本来、撥水性、離型性に優れる付加硬化型シリコーンゴムには、接着剤としての能力を持っていない。接着助剤と言われる添加剤を加えることにより、初めて接着剤として用いることができる。接着助剤には、分子内に有機材料及び無機材料と結合する官能基を併せ持ち有機材料と無機材料を結ぶ仲介役として働くシランカップリング剤が使用される。一般に、シランカップリング剤は、ケイ素原子に結合したアルコキシ基と、金属や各種合成樹脂などの被着体と化学結合する反応基を一つの分子内に有する化合物を指すが、ケイ素原子に結合したアルコキシ基の代わりに付加硬化型シリコーンゴムと反応する官能基であるケイ素原子に結合したアルケニル基もしくはケイ素原子に結合した水素原子を有する化合物も該当する。特に、後者は、付加硬化型シリコーンゴムと反応する官能基であることもあり、接着助剤として、有効に働く。また、被着体と化学結合する反応基としては、エポキシ基やアクリル基などの官能基が用いられている。

　次に、これら自己接着性を有する付加硬化型シリコーンゴムが接着剤として使用されているシーリング材やポッティング材、コーティング材について説明する。

（i）シーリング材

　作業性の容易さと、接着剤としての品質が安定するという点から、使用時に混合する過程を必要としない1液タイプの接着剤が使用される。硬化条件としては、100℃から150℃の温度で、30分から2時間加熱することが必要である。80℃以下の温度でも長時間加熱すれば架橋し硬化することができるが、この条件では、まず接着を発現していない。良好な接着性能を発揮するためには、少なくとも100℃以上の温度が必要となる（**表5-13**）。

　主に、シリコーンゴムの特徴である耐熱性、耐寒性、難燃性を必要とする用途で使用される。具体的には自動車に搭載されている電子制御ユニットの防水用シール材や基板上の部品の放熱接着剤。コンデンサ、トランス、コイルなどの各種電子部品の接着、固定。電子レンジやオーブンの窓枠のシール材。IHクッキングヒーターの耐熱シール材、PPCロールの耐熱シール材。LEDランプの固定シール、放熱接着剤。アルミハニカムパネルの貼り合せシール材など多くの用途で使用されている。

表5-13 硬化条件と物性

加熱温度（℃）		80	100	120	120	120	150
加熱時間（hrs）		1	1	1	2	3	1
硬化後物性							
硬さ（Type A）		硬化しない	37	40	41	41	45
伸び（%）			690	650	660	670	550
引張り強さ（MPa）			5.8	5.4	5.5	5.7	5.1
PBTせん断接着力（MPa）			1.6	2.0	2.0	2.3	2.0

表5-14 室温付加硬化型接着剤

			セミサグ	ノンサグ	熱伝導率	熱伝導率
ワンポイント			多種被着体接着	高伸長、低硬度	2 W/m・k	3 W/m・k
硬化前	外観		A：淡黄色／B：乳白色	A/B：半透明	A/B：灰白色	A/B：灰白色
	粘度	Pa・s	A：138/B：118	A：129/B：111	A：48/B：22	A：99/B：20
	ポットライフ 23℃	min	40	20	10	10
	密度 23℃	g/cm^3	1.06	1.03	2.76	3.1
硬化後	硬さ デュロメータA		24	10	50	66
	引張強さ	MPa	3	1.9	0.9	1.1
	切断時伸び	%	580	800	60	15
	引張せん断接着強さ（凝集破壊率%）	Al	1.5（100）	1.2（100）	0.6（100）[*1]	0.4（100）[*1]
		PPS	0.8（100）	1.1（100）	−	−
		PBT	1.2（100）	1.4（100）	−	−

硬化条件：23℃×24時間

　一方、近年、2液タイプではあるが、60℃以下の低温で接着するシール材が開発されている。基材やシール材に要求される特性にもよるが、室温で短時間に硬化、接着することから、加熱工程を必要としない（表5-14）。すでに、一部の電子制御ユニットの防水用シール材やIHクッキングヒーターの耐熱シール材などに採用されている。生産コストの削減、省エネに大きく貢

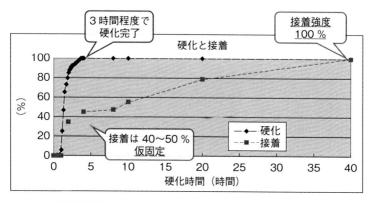

図 5-21 2液混合後の硬化と接着発現の割合（%）

献する製品として期待さている。なお、**図 5-21** が示すように、付加硬化型シリコーンゴムの硬化と接着の反応は違うことから、硬化速度、接着発現速度が異なることがわかる。

(ⅱ) ポッティング材

　電気絶縁性、難燃性、耐熱性などに優れることから各種の計器類や機器類のポッティング材として使用されている。材料には、ケース内の部品の細部まで流れ込みが可能な流動性と、ラインでの生産に適した硬化性が求められることから、2液混合型の低粘度で速硬化タイプの付加硬化型シリコーンゴムが用いられる。室温で長時間流動性が変化せず、加熱により短時間で硬化し、深部硬化性にも優れ、硬化時に発熱することがないので部品へのダメージがほとんど無い。また、電気電子機器に使用さることもあり、低分子シロキサンの揮発により生じる接点障害の対策も取り入れられている。

　この用途の材料は、当初、部材の電気絶縁性と難燃性を確保することが主な目的であったことから、非接着で高硬度の製品が使用されていた。しかしながら、最近では、長期間の接着耐久性や、放熱性、難燃性、防振性も要求されることから、それぞれの要求に合う材料が開発されている（**表 5-15**）。特に、防振性を考慮した低弾性のポッティング材であるシリコーンゲルについては、別途詳しく説明する。

(ⅲ) コーティング材

　液状で流動性に優れる付加硬化型シリコーンゴムは、溶剤を含まないこと

表5-15 自己接着性を付与した放熱、難燃ポッティング材

外観（A剤／B剤）	–	Gray/White	Gray/White	Gray/White
粘度（A剤／B剤）	Pa·s	25/5	11/7	20/14
混合後粘度	Pa·s	9	9	17
硬化条件	–	120℃×60 min	120℃×60 min	120℃×60 min
熱伝導率	W/m·k	0.8	1.6	2.0
密度	g/cm^3	1.72	2.61	2.84
硬度（Type A）	–	56	20	20
引っ張り強さ	MPa	2.8	0.4	0.3
伸び	%	140	100	70
アルミせん断接着力	MPa	1.5	0.3	0.3
難燃性	UL94	V-0	V-0	V-0

表5-16 各種エアバッグ用シリコーンゴムコーティング材料の比較

	ミラブル/液状シリコーン溶解タイプ	エマルジョンタイプ	無溶剤シリコーン
ゴム強度	○	×	○
環境性能	×	○	○
作業性	×	○	○

から、作業環境に優しいコーティング材として、電子部品のコーティング材、エアバッグなどのファブリックのコーティング材、ガラス編組電線のスリーブ材として利用されている。一部、電子部品のコーティング材を除き、連続的に短時間の内に硬化させることができる。基材に対しても接着させることが重要で、2液混合型の速硬化タイプの材料が使用されている。具体的には、優れた電気絶縁性、耐熱性、難燃性を活かし、防水、防塵、防振を目的にプリントサーキッドボードのコーティングやハイブリッドICのコーティングなどの電子部品のコーティング材に使用される。また、耐久性（熱、湿度）と難燃性に優れた点を活かしファブリックコート材としても使用されている。特に、この数年、多くの自動車に複数搭載されるようになったエアバッグのコーティング材として用いられている。衝突時インフレーターから発生するガスに対する気密性を高める効果と、発生する高温の熱による延焼を防ぐために、基布であるナイロン製のバックの上に液状シリコーンゴムがコーティ

ングされている。
(2) 型取り材料

　シリコーンの持つ特異な分子構造から、シリコーンゴムの表面は撥水性、離型性に優れている。この性能を活かしたのが型取り材料である。型取り材料とは、原型の複製を作るための母型となる材料であり、原型からの離型性と、複製となる樹脂（ポリエステル樹脂、ウレタン樹脂、エポキシ樹脂）からの離型性が要求される。型取り材料の良し悪しは、一つの型で複製できる回数と、複製物の精度で判断される。型取り材料に使用される液状のシリコーンゴムには、縮合硬化型と付加硬化型がある。縮合硬化型は、室温で硬化させることが可能であり、原型による硬化阻害の影響を受けることがない。付加硬化型は、硬化の際に加熱をする必要があるが、反応に伴う収縮率が小さく、精度の要求される用途には、付加硬化型の型取り材料が使用されている。型取り材料の成型方法には、**表 5-17** に示した注型法や積層法、反転型、真空注型法などがあり、最も一般的な成型方法である注型法について**図 5-22**で紹介する。シリコーンゴムは、加熱により膨張することから、樹脂の硬化温度に近い温度で、一連の作業を行うことで、その影響を少なくすることができ、精度の高い複製物を作製することができる。

(3) ゲル

　付加硬化型シリコーンゴムの中でも、低架橋密度から生じる低弾性率の材料を「シリコーンゲル」材と呼び、従来のゴム材料とは違う特異な性能を有することが知られている。シリコーンゲルの特徴は、シリコーンゴムが持つ耐熱性、耐寒性、電気絶縁性、非腐食性、高透明性、安全性に加えて、低架橋密度に起因する、以下の特徴を有している。

　　低架橋密度による特徴
　　　　・粘着性、密着性に優れ、シール性、耐湿性を有する
　　　　・低弾性率のため、小さい荷重・圧力でも容易に変形する
　　　　・低弾性率のため、熱膨張などによる応力を緩和する
　　　　・振動吸収性に優れる。

があげられる。

　シリコーンゲルには、主成分に、ジメチルポリシロキサンを用いた汎用タイプのゲルと、フェニル基を有するポリシロキサンを用い得られる耐寒性に

第 5 章　シリコーンゴム

表 5-17　型取り材料の成型方法

方法		プロセスと特徴	用途
一般的な型取り	原型からシリコーンゴム母型を作成し、この母型の中へ液状樹脂、石こうなどを流し込んで複製品を作る方法。	・注型法 原型に直接シリコーンRTVゴムを流し込んで母型を作製する方法。工数が少なくてすむメリットがある。	美術工芸品、家具部品、装飾品、ウェルダー成形品など。
		・積層法（スキンモールド法） 原型にシリコーンゴムを積層し、一定の厚さのスキン層をつくり、石こう、樹脂などで裏打ち補強して母型を作る方法。 シリコーンゴムの使用量が少量で済み、型の軽量化ができる。	美術品の複製、大型物件の型取り、立体像の型取りなど。
反転型	原型からシリコーンゴムの母型を作製し、液状樹脂、パラフィン、石こうなどを流し込んで原型複製品を作成する。簡易金型や砂型を作製する反転工程で、つぎの型を作るための母型として使用する方法。	・電鋳用反転母型 原型→シリコーンゴム母型→樹脂型→電気鋳造→電鋳金型	自動車部品、玩具など。
		・ロストワックス母型 原型→シリコーンゴム母型→ワックス型→砂型→鋳造品	精密鋳造部品、ゴルフクラブヘッドなどの鋳造装飾品
		・低融点合金反転母型 原型→シリコーンゴム母型→耐熱石こう→インジェクション用金型	食品サンプル、玩具など。
高精密な型取り	真空注型装置を用いて高精密なシリコーンゴム母型を作り、この型を真空槽のなかへ入れ、真空中でウレタン樹脂やエポキシ樹脂などの液状樹脂を細部まで注入し、精密な樹脂形成品を作る方法。	・真空注型法 原型→真空槽の中でシリコーンRTVゴムを流し込む。硬化後、医療用メスを利用して切り開き、割型作成→割型をセットし再度真空槽の中へ入れ真空中で液状樹脂を注入→恒温槽で樹脂を硬化させる→注型品取り出し。 精密複製を必要とする型取りに最適。小ロット試作の製作日数短縮とコスト低減に有効。	樹脂成形品の試作モデル、小ロットの樹脂部品、自動車部品、家電、事務機器など。

優れたゲル（図 5-23）、さらには、フルオロプロピル基を有するポリシロキサンを主成分として用い得られた耐油、耐溶剤性に優れたゲルが存在する。使用される用途や要求される特性に合ったシリコーンゲルを選ぶことも重要である。

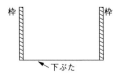

① ボール紙、ベニヤ板、ブリキ、アルミ板などで枠を作る。

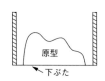

② 原型を枠内に置き、底部に固定する。ガラス、磁製の原型の場合は、シリコーンRTVゴムが接着する可能性があるので、離型剤を塗布する必要がある。

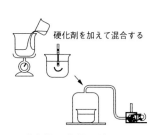

③ 主剤と硬化剤を所定量秤量し、混合する。混合後、必要に応じ真空脱泡する。

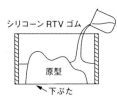

④ 主剤と硬化剤を混合したRTVゴムをハケなどで原型表面にむらなく塗布し原型表面の空気だまりをなくす。次に原型が完全に埋没するまでRTVゴムを注入する。

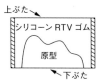

⑤ 原型を上部1cm程度にRTVゴムを注入したのち、上ぶたを付けて室温で8〜12時間放置すれば硬化してゴム弾性体になる。冬と夏とでは気温と湿度に相当な差があり、とくに冬場の作業可能時間や硬化時間は夏の2倍近くかかるので、硬化を早くしたい場合は室温を20〜30℃とする。

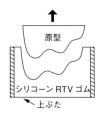

⑥ 硬化完了後、下ぶたをはずし原型を取り除くと、シリコーンゴム原型が完成する。

⑦ シリコーンゴム凹型に、必要に応じクリヤラッカーなどを離型剤として塗布したのち、注型用樹脂を注入し硬化させる。発泡ウレタンの場合は、ウレタンを注入したのちガス抜き用シート(新聞紙、和紙、口紙、ガス抜き紙)をかぶせ、ふたをしてプレスしながら硬化させる。

⑧ 複製用の樹脂が硬化したあと、脱型すると複製品が完成する。

図 5-22 注型法による型取り材料の使用方法

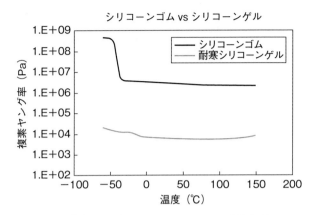

図 5-23　耐寒シリコーンゲルの温度依存性

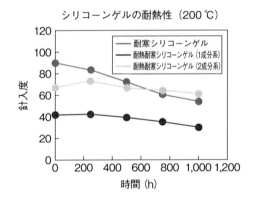

図 5-24　シリコーンゲルの耐熱性

　シリコーンゲルの重要な性質である低弾性率を長期間維持するために、優れた耐熱性が必要である。特に、近年、開発が進められている IGBT モジュールには、従来のシリコーンゲルよりも、さらに、耐熱性、耐寒性を向上させた材料が開発されている（**図 5-24**）。

　表 5-18に、シリコーンゲルが使用されている用途をまとめた。その分野は、電気・電子関連部品から、自動車、機械、スポーツ関連製品まで、多くの用途に使用されている。

表5-18 シリコーンゲルの主な用途

分野	主な用途
電気・電子 OA機器 コンピュータ	・クーラーなどのモーターコントロール用パワーモジュールの封止・保護 ・各種センサモジュールの封止・保護 ・コンピュータ用メモリチップやメモリモジュールの封止・保護 ・大型ビデオプロジェクター用光路充填剤 ・電球形蛍光灯の放熱用充填剤 ・ステッピングモーターのダンパー ・オーディオ製品用防振インシュレータ
自動車	・レギュレータ、イグナイタのハイブリッドICの封止・保護 ・各種センサの封止・保護 ・その他各種電子部品の封止・保護 ・その他防振製品
機械	・制振台のインシュレータ ・チェーンソーの防振具
スポーツ	・スポーツシューズ ・野球グローブ ・各種プロテクタ ・特殊マット

5.5 縮合硬化型シリコーンゴム

　縮合硬化型（液状）シリコーンゴムは、硬化時にオキシム、アルコール、アセトン等、縮合反応により副生成する成分によって、オキシム、アルコール、アセトン等と大別され、1液型、2液型に分けられる。1液型と2液型の差は、主に架橋剤の量であり、2液型は架橋するのに必要最小限の量であるのに対して、1液型は、保存時に少量の水分に曝されても架橋反応が進まないように十分な架橋剤が添加されている。このため2液型は、深部硬化性に優れ速硬化にすることが可能である。一方、1液型は、チューブやカートリッジから吐出されると空気中の水分と架橋剤が反応し、この繰り返しにより架橋が進む。通常、1日で硬化する厚みは2mm程度となるが深部になる程、1日で硬化する厚みは減っていく。このため面接着や深い目地などを埋める用途には適さない。しかし、混合する手間や加熱オーブンなど特殊な装置がなくても使用できるという利点がある。

▶ 5.5.1　1液型シリコーンゴムの特徴
　メリット：硬化阻害が少なく、取り扱いが容易、加熱・混合の必要が無い
　デメリット：深部硬化が遅い、硬化速度が調整しにくい

▶ 5.5.2　1液型シリコーンゴムの硬化機構
　縮合型の硬化機構を図5-25に、硬化反応形式とその特徴を表5-19、5-20に示す。
　基本的な硬化機構は、1液型も2液型も同じである。架橋剤の構造によって副生する物質が変わり、その成分によって、オキシム、アルコール、アセトン、酢酸などと大別される。この反応には場合によって、スズ、チタン、アミン化合物などが触媒として使用される。反応形式により、特徴がある為、各用途で使い分けられている。国内で最も汎用的なものはオキシムタイプで

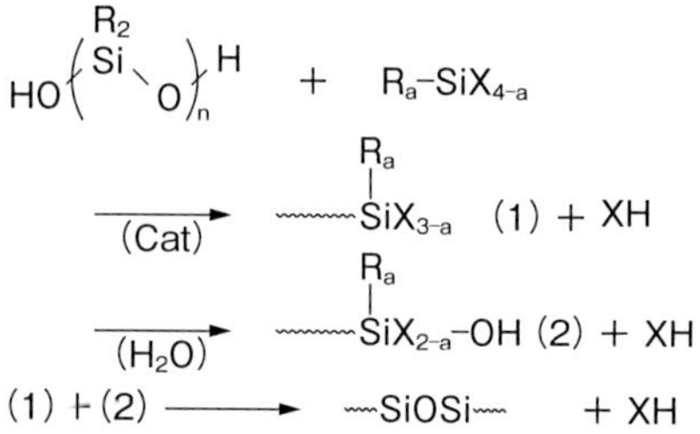

$$HO\left\{\underset{O}{\overset{R_2}{Si}}\right\}_n H \ + \ R_a\text{-}SiX_{4-a}$$

$$\xrightarrow{(Cat)} \sim\sim\sim\underset{|}{\overset{R_a}{Si}}X_{3-a} \ (1) \ + \ XH$$

$$\xrightarrow{(H_2O)} \sim\sim\sim\underset{|}{\overset{R_a}{Si}}X_{2-a}\text{-}OH \ (2) \ + \ XH$$

$$(1) + (2) \longrightarrow \sim\sim SiOSi\sim\sim \ + \ XH$$

図 5-25 縮合硬化型の硬化機構

表 5-19 硬化反応形式とその特徴

硬化反応形式	特徴	発生ガス	反応形式	取扱区分
縮合反応	空気中の水分により硬化反応が進む。硬化反応時に右記のようなガスが発生する。	アセトン	アセトンタイプ	常温硬化タイプ
		アルコール	アルコールタイプ	
		オキシム	オキシムタイプ	
		酢酸	酢酸タイプ	
付加反応	加熱をすることにより短時間で硬化が進み、硬化収縮がほとんどない。	なし	付加タイプ	加熱硬化タイプ 常温硬化タイプ
UV反応	紫外線照射により短時間で硬化する。	なし	UVタイプ	─

あり、約70％を占める。アルコールタイプ、アセトンタイプは腐食性が少ない為、電気電子に使用されている。酢酸型は金属に対する腐食性があるが、ガラスに対する接着性に優れている為、水槽等の接着シールとして使用されている。アミノキシタイプは低モジュラス化が可能である為、建築用シーリング材に使用されている。アミンタイプは毒性の為、国内ではほとんど使用されていないが、欧米では建築用に使用されている。脱水素型は、液状シリコーン発泡体に使用されている。

架橋剤の構造、その加水分解エネルギーを**表 5-21** に示す。加水分解エネルギーの値は、その架橋剤を用いた時の指触乾燥時間（タックフリータイム）と相関しており、活性が高いほどタックフリータイムは短い傾向である。触媒の種類、量によっても左右されるが、概ね、アセトンタイプ＞酢酸タイ

第 5 章　シリコーンゴム

表 5-20　硬化タイプとその特徴

硬化タイプ	硬化速度	非腐食性	タックフリー	保存性	密封耐熱性	ワンポイント
アセトン	○	◎	◎	○	◎	腐食が無く、速乾性、密封耐熱性良好
アルコール	○	◎	○	○△	△×	腐食と臭いが殆ど無く、ストレスクラック性良好
オキシム	○	△	○	○	△	銅系金属の腐食
酢酸	○	×	○	○	△	刺激臭と金属の腐食
付加（1液型）	◎	◎	-	○△	-	短時間硬化可能で接着力強い
付加（2液型）	◎	◎	-	◎	-	加熱でも、常温でも硬化する

表 5-21　架橋剤と H_2O との反応性

硬化タイプ	架橋剤の構造	加水分解時のエネルギー（kcal/mol）	活性度（℃/sec）
アセトン	$CH_3Si(-O-C(CH_3)=CH_2)_3$	37.8	4.44
アルコール	$CH_3Si(-OCH_3)_3$	4.9	0.013
オキシム	$CH_3Si(-O-N=C(CH_3)(C_2H_5))_3$	9.7	0.16
酢酸	$CH_3Si(-O-C(=O)-CH_3)_3$	11.0	1.14

プ＞オキシムタイプ＞アルコールタイプの順となっている。1液型シリコーンゴムは、空気中の湿気により硬化する為、深部硬化速度は、温度、湿度によって大きな影響を受ける。汎用製品で、室温1日で約2mm硬化する。深

部になる程、硬化は遅くなるが、これは水分子が硬化したゴムを拡散する速度が律速になるからである。

▶ 5.5.3 縮合硬化型シリコーンゴムの接着性

シリコーンの基本性能は離型性であるため、そのままでは、ガラスと一部の樹脂にしか接着性を示さない。そのため、自己接着性付与を目的に、極性の官能基を有するシランカップリング剤が添加されている。極性基が被着体表面の有機官能基と、シラン部分がシリコーンゴムとの親和性を示すため接着性が発現するものと考えられている。縮合型の場合は、アミノシラン系カップリング剤がよく使用されている。接着のイメージを図 5-26 に示す。

▶ 5.5.4 縮合硬化型シリコーンゴムの用途

主に、接着剤、シール材、コーティング剤として使用され、下記があげられる。
（1）車載、OA 機器、電源、通信機器部品固定
（2）各種電気電子用基板コーティング
（3）建築用窓枠シール
（4）住宅内装の水回りシール
（5）各材質（プラスチック、金属等）との接着

あらゆる業界で使用され、特に、電気・電子産業、自動車産業・建築土木産業の3業界で多く使用されており、それぞれ特徴ある製品が使用されてい

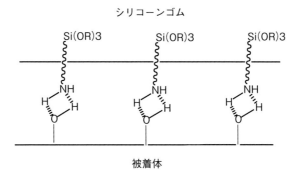

図 5-26　アミノシラン系カップリング剤による接着イメージ

る。

▶ 5.5.5　電気・電子用縮合硬化型シリコーンゴム

　1液型シリコーンゴムは、耐熱性、電気特性、信頼性の点で有機系接着剤より数段優れている為、エレクトロニクス製品の小型化、高信頼化の要求に応え、使用量も増加している。特に、PCB（Printed Circuit Board）には、様々な用途で使用されている。コンデンサ、トランス、コイル等の接着固定、基板のコーティング、電源部品の接着固定等であり、難燃性が求められる電源基板では UL94 の V-0 認定品が使用されている。また、電気・電子製品には、金属、樹脂（プラスチック）が使われている為、非腐食性のアルコールタイプ、アセトンタイプが多く使用されている。アセトンタイプは、硬化時に発生するガスがアルコール（ROH）や酢酸（CH_3COOH）などと異なり、活性水素を持たないアセトン（$(CH_3)_2C=O$）である為、他の硬化システムと比較して種々の利点がある。

　アセトンタイプの特徴
(1)　安全性が高い
(2)　非腐食性である
(3)　速硬化である
(4)　耐熱性がよい
(5)　保存安定性がよい
(6)　未硬化時の耐熱性がよい

▶ 5.5.6　自動車用縮合硬化型シリコーンゴム

　単に耐熱性を要求される箇所ばかりではなく、ヘッドライトシール、ミラー類の固定、エアーフローメーターシール、オイルフィルターシール、ガスケットシール等、特に近年では、ECU（Electronic Control Unit）と呼ばれる電子制御ユニットのシールに使用されている。ECU は自動車の高性能化に不可欠であり、エンジン、ステアリング、ブレーキ、センサー系など、自動車には各種 ECU が搭載されており、液状型シリコーンゴムは、主に防水シールとして使用されている。

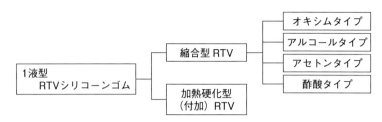

図 5-27　一液型 RTV シリコーンゴムの分類

それぞれの硬化タイプについて、特徴及び使用にあたっての一般的な留意点について示す。

<1 液型>

分類すると**図 5-27** のように分けられる。

（1）オキシムタイプ

硬化時にオキシムを副生して硬化するタイプである。長期間の保存安定性に優れ、臭いも少ないことから DIY マーケットで購入される家庭用のバス補修材から、建築用途、電気部品のシールなど一般工業用まで幅広く使用されている。しかし、密閉下で使用された場合は、硬化時に副生するオキシムが銅を腐食させることがあるので注意が必要である。ただし、この腐食は表面のみで内部まで進行するものではない。

（2）アルコールタイプ

硬化時に主にメタノール（エタノールの場合もある）を副生して硬化するタイプである。オキシム同様に臭いが少ないこと、金属の腐食がないことから、電気・電子用の接着剤として使用されることが多い。欠点としては、長期間保存するにつれて硬化性が低下することであるが、近年の技術進歩により、長期間の保存安定性に優れるタイプも上市されている。保管温度は、低温であるほうが好ましく、冷蔵保管することにより使用可能な期間は大幅に改善される。

（3）アセトンタイプ

硬化時にアセトンを副生して硬化するタイプである。アルコールタイプと同様に電気・電子用の接着剤として使用される。他の硬化タイプに比べると未硬化で高温に曝されても劣化しないという特徴がある。ただし、長期間保管すると特性に変化はないものの、若干外観が黄変色する。また、表面硬化

時間が非常に早いために、ラインでの組み立て工程が必要な用途にも対応が可能となる。硬化後の耐熱性が他の硬化タイプに比べて優れることから、電子レンジなどのシールにも使用されている。

(4) 酢酸タイプ

硬化時に酢酸を副生して硬化するタイプである。そのため、かなりの刺激臭が発生する。硬化時に副生する酸により金属を腐食する可能性があるため、電気・電子用途への応用は不向きである。米国においては建築用のシーラントとして多く使用されているが、日本では用途が限定されている。

(5) その他の硬化タイプ

紹介した硬化タイプ以外にもアミンタイプ、アミドタイプなどがあり、特殊な用途に使用されている。

＜2液型＞

分類すると**図 5-28** のように分けられる。

2液型の場合、主剤/硬化剤もしくはA剤/B剤を混合しなければ硬化が始まらない為、1液型に比較すると保存安定性に優れる。また、硬化促進剤や遅延剤なども用意されている為、作業性については自由度がある。

最も一般的なのはアルコールタイプである。触媒としてはスズ化合物あるいはチタン化合物が使用され、接着タイプは電気用ポッティング剤として、非接着タイプは工芸材料である型取り用として数多く使用されている。

このタイプの欠点は、硬化途中、密閉下で加熱されると硬化時に副生するアルコールとスズ触媒により、ベースポリマー（シロキサン）が切断される反応を起こすことである。このような反応が起こると、完全には硬化が進行しない、もしくは極端な場合、液状化してしまうことがある（式1）。

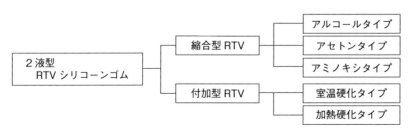

図 5-28 二液型 RTV シリコーンゴムの分類

$$\text{\raisebox{0pt}{\textasciitilde}SiOSi\textasciitilde} + ROH \xrightarrow[\text{heat}]{\text{Sn Cat.}} \text{\textasciitilde}SiOR + HO\text{\textasciitilde}$$

(式1)

このような問題を解決した材料として、アセトンタイプの材料が上市されている。硬化時に副生するアセトンはアルコールのような活性な水酸基が存在しないため、式1のような反応がほとんど進行しない。そのため、太陽電池の端子BOX等、深部硬化性が必要であり、かつ加熱できない個所への応用が広がっている。

なお、硬化剤の配合比を変更することにより、深部硬化性を促進できる場合もあるが、他の特性（硬化後の硬さや機械的強度）に影響を与えるため、実施前には十分な確認が必要である。

＜FCSタイプ（2液縮合速硬化タイプ）＞

縮合硬化型は空気中の水分と反応しながら硬化するため、深部硬化に時間が掛かる。しかし、当社独自のFCS（Fast Cure Silicone）システムは、硬化に必要な水分を空気中からだけではなく、組成物内部で加水分解により発生したアセトンとアミンが化学反応を起こし、材料中にも水が生成されるため、深部硬化の速い2液縮合材料である（式2）。

$$\underset{R}{\overset{R}{>}}\!\!=\!\!O + H_2N-R \rightleftharpoons \underset{R}{\overset{R}{>}}\!\!=\!\!N-R + H_2O$$

(式2)

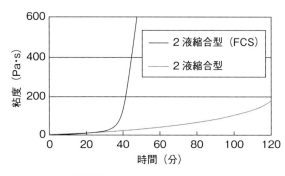

図5-29　FCSタイプの硬化性

これ以外にもシリコーンオイルと水のエマルジョンを第3成分として添加する方法がある。この場合は少量の添加で大幅な深部硬化性の向上が可能となる。しかし、その半面、作業可能時間が大幅に短くなる点に注意が必要である。

　硬化直後に一時的に体積抵抗率が低下する場合がある。硬化が進むとともに改善されるが、特に深いポッティングを行う場合に注意が必要である。

　基本的な特性は1液型と同様であるが、2液型では最小限の遅延剤しか有していないので、より短時間の硬化が可能となる。また、混合前は反応が進行しないので冷蔵保管の必要がなくなる。

5.6 紫外線硬化型シリコーンゴム

　紫外線硬化型の液状シリコーンゴムは、紫外線の作用により反応する官能基や触媒を利用することにより、架橋し、ゴム化する液状のシリコーンゴムである。特徴として、加熱硬化と比べ、短時間に硬化する速硬化性と省エネルギー性を有する。例外を除いて1成分系であり作業性に優れていることも特徴としてあげられる。

　この材料の用途は、型取り材料から、電気・電子用接着剤やコーティング材、緩衝材や封止材として、幅広く実用化されている。紫外線に反応する官能基や触媒の種類により、それぞれ異なる性質を有していることから、使用される用途や硬化条件により、適切な材料の選択が必要である。

▶ 5.6.1　紫外線硬化型シリコーンゴムの種類

　紫外線硬化型シリコーンゴムは、硬化タイプ別に、5種類のものがあり、**表 5-22** に反応様式を、**表 5-23** に特徴を示すが、大きく分けて、ラジカル反応タイプ（アクリル型、メルカプト型）、ラジカル反応／縮合反応併用タイプ、紫外線活性な白金触媒を使用した付加反応型に分類できる。

▶ 5.6.2　ラジカル反応タイプ紫外線硬化型シリコーンゴム

　各種ラジカル反応タイプ紫外線硬化型シリコーンゴムの特性と用途を**表 5-24** に示す。

　シロキサンに結合したメルカプト基を有する有機基とビニル基を有するポリシロキサンを、光増感剤の存在下でラジカル付加反応させる方式は、活性が高く、深部まで短時間の内に架橋することから、光硬化タイプの型取り材料として、用いられる。最近では、硬化後に弾性を有する光造形可能なゴム材としても利用されている。しかし、メルカプトの刺激臭や腐食性のため、電気・電子部品用には、使用することができない。

第5章 シリコーンゴム

表5-22 紫外線硬化型シリコーンゴムの種類

種類	反応式
ラジカル反応タイプ	
アクリル	(アクリルSi-OC(O)CH=CH₂ + Initiator/UV → アクリレート架橋構造)
メルカプト	Si-CH=CH₂ + H-S-C₃H₆-Si → (Initiator/UV) → Si-CH₂-CH₂-S-C₃H₆-Si
ラジカル反応/縮合反応併用タイプ	
メルカプト/イソプロペノキシ基	Si-O-C(CH₃)=CH₂ + HS-C₃H₆-Si → (Initiator/UV) → -O-CH(CH₃)-CH₂-S-C₃H₆-Si ; Si-O-C(CH₃)=CH₂ + H₂C=C(CH₃)-O-Si → (H₂O) → Si-O-Si + 2 (CH₃)₂C=O
アクリル/アルコキシ基	(CH₃O)₂Si-O-C(O)-CH=CH₂ + Initiator/UV → アクリル架橋 ; → (H₂O) → Si-O-Si + 2CH₃OH
付加反応タイプ	
光活性白金触媒	ビニルシロキサン + ヒドロシロキサン → (Pt cat./UV) → Si-CH₂-CH₂-Si 架橋構造

表5-23 各種紫外線硬化型シリコーンゴムの特徴

種類	表面硬化性	暗部硬化性	深部硬化性	保存安定性	腐食性	耐久性	主な用途
ラジカル反応タイプ							
アクリル	×	×	○	○	○	○	コート材、ダンパー材、封止材
メルカプト	△	×	○	○	×	△	型取り材
ラジカル反応/縮合反応併用タイプ							
メルカプト/イソプロペノキシ基	○	○	△	△	×	△	接着剤
アクリル/アルコキシ基	○	○	△	△	○	△	接着剤
付加反応タイプ							
光活性白金触媒	○	△	○	○	○	○	封止材・接着剤

　シロキサンに結合したアクリル基を有する有機基を、光増感剤の存在下でラジカル重合反応させる方式は、比較的活性は高いが、酸素による硬化阻害も受けやすい。このため、窒素雰囲気下で使用される。腐食性をもたらすような成分を含まず、絶縁性を確保できることから、電気・電子部品の接着剤やコーティング材、ポッティング材として使用される。具体的には、電極保護コーティング材や、光ピックアップのダンパー材料、オプティカルボンディング材として使用されている。特に、光ピックアップのダンパー材には、低弾性の紫外線硬化型シリコーンゲルが使用されている。一般物性を表5-24に、硬化特性を図5-30に、粘弾性特性を図5-31、5-32に示す。

　オプティカルボンディング材とは、クリヤパネルやタッチパネルと液晶モジュールとの隙間を埋めて貼り合せる技術で、輝度の損失や映り込みの防止、視認性、耐久性を改善する効果がある。スマートフォンなどのオプティカルボンディング材には、アクリル系樹脂材料が採用されているが、さらに耐候性、耐熱性、耐寒性が要求される自動車、航空機、建設機械などに装備されるモジュールには、紫外線硬化型のシリコーンゴムが検討されている。アクリル系材料とシリコーン系材料との温度依存性を比較した図5-33で示すよ

表 5-24　紫外線硬化型シリコーンゴム

官能基	メルカプト	アクリル	アクリル	アクリル	アクリル
用途	型取り材料	ダンパー材（ゲル）	オプティカルボンディング（LOCA）	オプティカルボンディング（ダム剤）	ポッティング材
硬化前物性					
外観	無色透明	無色透明	無色透明	無色透明	無色透明
粘度（Pas）	18	3.0	2.9	16.2	0.05
屈折率　23℃ /589 nm		1.45	1.45	1.45	1.51
UV 照射条件 mJ/cm^2	2,000 (1)	2,000 (1)	12,000 (2)	12,000 (2)	2,000 (2)
硬化後物性					
密度			1.04	1.06	1.10
硬度（タイプA）	45	90 ※	8	17	68 ※※
引張り強さ（MPa）	5.0	-	0.3	0.4	-
切断時伸び（%）	300	-	140	100	-
せん断接着力（MPa）GL/GL	-	-	0.2	0.3	1.8
貼り合わせ強度（MPa）GL/GL	-	-	0.95	0.82	-
光透過率　厚み 300μm　%	-	-	>99	>99	>99

(1) UV 照射装置：（株）GS ユアサ製　GS ミニコンベア型紫外線照射装置　ASE 型
(2) UV 照射装置：岩崎電気（株）製アイ UV 電子制御装置
　※　針入度　　※※　硬度計（タイプD）

うに、シリコーン系材料は低温においても高温においても性能に大きな変化はない。

　一般的なタッチパネルの貼り合せ工程を図 5-34 に、使用されているシリコーン系材料（ダム剤、LOCA：Liquid Optical Clear Adhesive）の特性を表 5-25 に示した。

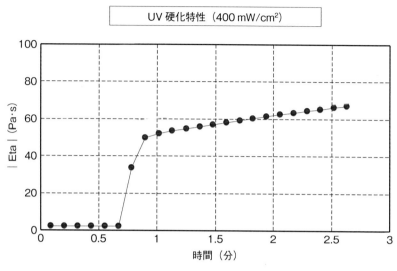

図 5-30　紫外線硬化型シリコーンゲルの硬化性

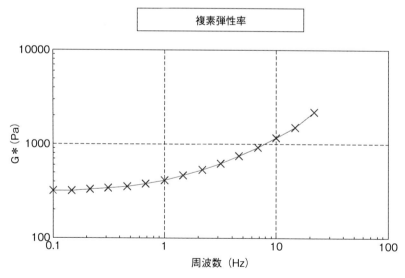

図 5-31　紫外線硬化型シリコーンゲルの粘弾性特性（複素弾性率）

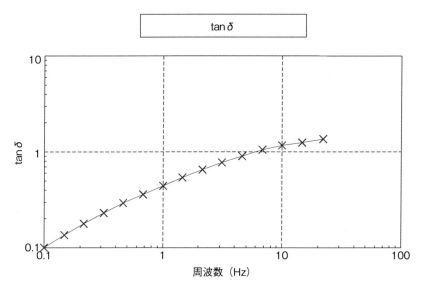

図5-32　紫外線硬化型シリコーンゲルの粘弾性特性（tan δ）

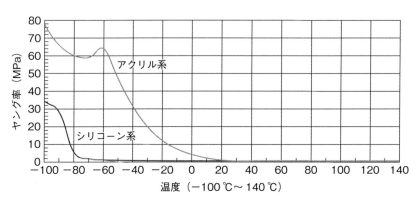

図5-33　弾性率の温度依存性比較データ

▶ 5.6.3　ラジカル反応 / 縮合反応タイプ紫外線硬化型シリコーンゴム

　紫外線硬化型の材料の欠点のひとつに、紫外線が当たらない暗部が硬化しない点にある。これを解決するために、ラジカル反応に、シリコーンゴムの縮合硬化型反応を併用した2種類のタイプの紫外線硬化型シリコーンゴム

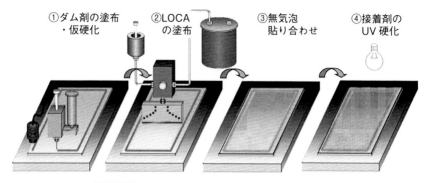

図 5-34　一般的なタッチパネルの貼り合せ工程
（※ LOCA：Liquid Optical Clear Adhesive）

(**表 5-25**) がある。脱アセトン型縮合硬化性液状シリコーンゴムの架橋剤の反応基であるイソプロペニルオキシ基と、メルカプト基との光付加反応を併用としたタイプと、脱アルコール型縮合硬化性液状シリコーンゴムと、アクリル基のラジカル重合反応を併用したタイプである。電気・電子部品用の接着剤としては、後者の脱アルコール型縮合硬化性液状シリコーンゴムが適している。縮合反応を併用することで、表面硬化性や暗部硬化性が優れる一方で、外観が乳白色であることから、深部硬化性に劣り、耐熱変色性が他の紫外線硬化型シリコーンと比べ劣る点が課題である。

▶ 5.6.4　付加反応タイプ紫外線硬化型シリコーンゴム

シロキサンに結合したビニル基と、ケイ素に結合した水素原子との付加反応を、紫外線活性を有する白金触媒を用いて架橋、硬化させた紫外線硬化型のシリコーンゴム。原料に特殊な官能基を有するシリコーンオイルを必要としないことから、新たな紫外線硬化型の材料として、注目されている。用いられる触媒としては、(メチルシクロペンタジエニル) トリメチル白金錯体やビスアセチルアセトナト白金 (Ⅱ) 錯体等が使用され、365 nm を中心とした波長の光源で、硬化させることが可能である。従来の白金触媒を用いた加熱硬化型のシリコーンゴムと同様、制御剤と組み合わせることにより、硬化速度を調整することができる。比較的低照射量で硬化する速硬化型の 2 成分系と、低温保存する必要はあるが、1 成分系の材料がある。いずれも紫外

表 5-25　ラジカル反応 / 縮合反応タイプ紫外線硬化型シリコーンゴム

ラジカル反応型	アクリル /	メルカプト	メルカプト
縮合硬化型	アルコール	アセトン	アセトン
硬化前物性			
外観	乳白色半透明	乳白色半透明	乳白色半透明
粘度（Pas）	6.0	30	11
UV照射条件 mJ/cm^2	1500	1500	1500
標準硬化条件	23℃/50％RHX3日	23℃/50％RHX7日	23℃/50％RHX7日
硬化後物性			
密度	1.01	1.09	1.06
硬度（タイプA）	37	55	51
引張り強さ（MPa）	0.7	1.5	2.0
切断時伸び（％）	80	50	70
せん断接着力（MPa）			
GL/GL	0.1	0.7	0.6
ヤング率（MPa）	0.15	0.30	0.27

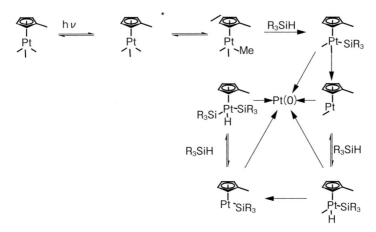

図 5-35　反応メカニズム　メチルシクロペンタジエニル）トリメチル白金錯体[1]

(1) Larry, D. B. *Organometallics* 1992, *11*, 4194-4201

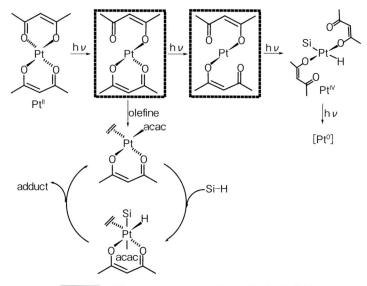

図 5-36 ビスアセチルアセトナト白金（Ⅱ）錯体

線照射後、常温もしくは加熱することにより、より硬化が早まり、性能も向上、安定化する。耐熱性や絶縁性に優れることから、電気・電子部品のポッティング材として利用されている。それぞれの触媒の反応メカニズムを図5-35、5-36に示した。

〈参考文献〉
1) K. E. Polmanteer, M. J. Hunter：J. Appl. Poly. Sci, 1 3 (1959)
2) B. B. Bvvonstra 他 Rubber Chem. Tech., 48 558 (1975)
3) 伊藤邦雄編：シリコーンハンドブック、日刊工業新聞社 (1990)

第6章

シリコーンの応用

　シリコーンは、様々な特性を活かして広範囲な応用分野、用途に使用されてきたが、多様化の動きと並行して、特定の応用分野においてはその性能をより深化させてきた。本章では、旧来からある代表的な応用例に加えて、近年注目されている新しい応用例について解説する。

6.1
シリコーンハードコート

▶ 6.1.1　シリコーン系ハードコートとその用途

　プラスチック材料は透明性、軽量性、耐衝撃性、易加工性などの長所を生かして、ガラスの代替品として至るところで利用されている。しかし、プラスチック材料はガラスに比べ、表面が傷つきやすく、耐溶剤性、耐薬品性、耐候性などに乏しいという欠点を有していて、特に屋外で使用されるプラスチック材料は、耐候性を高める必要がある。そこで古くからメラミンやアクリル、ウレタン樹脂等がプラスチックの耐擦傷性保護被覆材として使用されてきたが、表面硬度や耐候性が十分でなかった。それらを改良しうるものとしてシリコーン系ハードコート材が登場して以来、種々のプラスチック表面処理技術[1)2)3)]が進歩し、光学材料、自動車部品、電気製品、建築材料等の用途でプラスチック材料が汎用されるようになった。

　工業的に利用されている代表的なハードコート材には、熱硬化型シリコーン樹脂系と紫外線硬化型アクリル樹脂系があり、それぞれの樹脂の長所短所を**表6-1**に示す。特にシリコーンハードコートは耐摩耗性や耐候性に優れており、アクリル樹脂（PMMA）、ポリカーボネート樹脂（PC）、CR-39（ジエチレングリコールビスアリルカーボネート樹脂の商品名）など、種々のプラスチック材料に応用されている。本稿ではシリコーン系ハードコートについて解説する。

　シリコーン系ハードコート材はシロキサン結合を骨格とし、ケイ素原子に有機基が結合したポリマーであり、有機と無機の双方の性質を有している。シリコーン樹脂の基本的な分子構造は、**表6-2**に示すように一官能性から四官能性単位に分類され、特にシリコーンハードコートは三官能（Tと略記）あるいは四官能性単位（Qと略記）で構成され、ガラスの骨格に近似しているので、セラミックコーティングの一種と考えられ、プラスチック材料のような有機質表面をシリコーンハードコート処理することにより無機質表

第 6 章 シリコーンの応用

表 6-1 ハードコート樹脂の特徴

項目		熱硬化型シリコーン	UV 硬化型アクリル
コーティング	樹脂成分	オルガノポリシロキサン	多官能アクリル
	固形分濃度	10〜30 %	10〜100 %
	可使時間	1〜3ヶ月	6ヶ月
	液粘度	5〜20 mm^2/s	5〜30 mm^2/s
	硬化温度	70〜130 ℃	25〜80 ℃
	硬化時間	1〜2 時間	2〜30 秒
	雰囲気条件	25 ℃、50 % RH 以下	25 ℃、50 % RH 以下（N$_2$ ガスシール）
塗膜物性	表面硬度	○	△
	耐擦傷性	○	△
	耐薬品性	○	△
	耐候性	○	△
	可撓性	△	○
経済性		△	○
生産性		△	○

表 6-2 シリコーン樹脂の構成単位

シラン	シロキサン	官能性	記号
SiX$_4$	$\begin{array}{c} \text{O} \\ \vert \\ -\text{O}-\text{Si}-\text{O}- \\ \vert \\ \text{O} \end{array}$	4	Q
RSiX$_3$	$\begin{array}{c} \text{R} \\ \vert \\ -\text{O}-\text{Si}-\text{O}- \\ \vert \\ \text{O} \end{array}$	3	T
R$_2$SiX$_2$	$\begin{array}{c} \text{R} \\ \vert \\ -\text{O}-\text{Si}-\text{O}- \\ \vert \\ \text{R} \end{array}$	2	D
R$_3$SiX	$\begin{array}{c} \text{R} \\ \vert \\ \text{R}-\text{Si}-\text{O}- \\ \vert \\ \text{R} \end{array}$	1	M

（R＝有機基、X＝官能基）

面に改質することが可能となった。

▶ 6.1.2 シリコーンハードコート材の歴史

　ケイ素化合物が初めてハードコート材として利用されたのは、1943年、E. I. Du-Pont 社によってなされ、これはテトラアルコキシシランの加水分解物にポリ酢酸ビニルを併用したものである[4]。その後、Owens-Illinois 社によってメチルトリアルコキシシランとフェニルトリアルコキシシランの縮合物が提案され[5]、シリコーン系ハードコート技術が改良されていった。1974年、Dow Corning 社によってコロイダルシリカとメチルトリアルコキシシランの加水分解物が可撓（とう）性及び耐摩耗性に優れていることが発見され[6]、現在の基本的な技術が確立された。

　時期を同じくして、わが国においても東レ（株）が初めてオルガノポリシロキサンをハードコート技術に応用した[7]。すなわちアルキルトリアルコキシシランとテトラアルコキシシランの共加水分解縮合物を低温短時間で硬化できるのが特徴で、この時期がまさにわが国におけるシリコーンハードコートによるプラスチック表面処理技術の幕明けと思われる。

▶ 6.1.3 シリコーンハードコート材の製造法

　薄膜材料の作成方法には、固相反応を利用する方法、液相から析出させる方法、及び気相中で蒸着させる方法があるが、プラスチック表面を保護するためのコーティング膜を得るには、ある程度の厚膜が必要なことから、一般に液相から析出させる方法が好ましい。液相法のうち、比較的容易な方法としてゾル・ゲル法があり、シリコーンハードコートはこれを応用している。ゾル・ゲル法は、1971年、H. Dislich によって見出された方法[8]で、溶液を原料としてゾル・ゲル過程を経て、ガラス質を合成する方法である。無機ケイ酸溶液を出発原料とするコーティング法と金属アルコキシド法があり、金属元素としてケイ素を選びゾル状態にしたものがシリコーンハードコート材になる。図6-1に、金属アルコキシドによるゾル・ゲル法の原理を示す。

　金属アルコキシドのアルコール溶液を無触媒、酸性、あるいは塩基性触媒存在下、加水分解すると不安定で活性の高い金属水酸化物が大量に生成し、この水酸化物が互いに縮合してオリゴマー、そしてポリマーに至る。濃度、

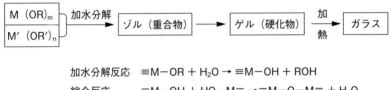

図 6-1 ゾル・ゲル法（金属アルコキシド法）の原理

温度、触媒などの反応条件をうまく選ぶことにより、重合度を調節することができる。この流動性のある状態をゾルと呼び、さらに反応が進行し、高分子化して流動性を失うとゲルになり、加熱して官能基をすべて縮合させることによってガラス状態が得られる。

　ゾル・ゲル法の利点をまとめると、原料の金属アルコキシドが蒸留などによって精製できるので、高純度の膜を形成することができる。また反応、硬化を比較的低温で行えるので、エネルギーコストが節約でき、プラスチック材料などの熱変形温度の低い材料の表面処理に好適である。さらにケイ素以外に種々の金属アルコキシドを選ぶことにより、新しい組成のコーティング材が期待される[9]。また原料をすべて液体で混合でき、均質な膜が得られることが特徴である。

　シリコーンハードコート材は、以上述べたゾル・ゲル法を応用することにより容易に合成され、**表 6-3** に示される原料を加水分解し、硬化触媒、溶剤、レベリング剤などを添加して、各種用途に適合したコーティングが得られる。表 6-3 ではモノマー中に含まれる官能基数が 5 個、6 個のものを便宜上、五官能、六官能と表記する。

　シリコーンハードコート材は、主に T 単位モノマー、Q 単位モノマーで構成され、Q 単位が多くなると硬度が高くなる反面、クラックが生成しやすくなる。これに二官能性モノマー（D 単位と略記）を導入すると可撓性が付与されるが、硬度が低下する傾向にある。したがってシリコーンハードコート材を合成する際、D、T、Q 単位を適切に配合する必要があり、特に Q 単位としてコロイダルシリカを用いると、硬度を維持しながら可撓性が付与で

表6-3 シリコーンハードコート材の構造単位とそれら原料

官能基数	構造	化合物
2	O-Si-O R R	$(CH_3)_2Si(OCH_3)_2$、$(CH_3)_2Si(OC_2H_5)_2$、 $(C_6H_5)_2Si(OCH_3)_2$、$(C_6H_5)_2Si(OC_2H_5)_2$、 $(CH_3)_2Si(OOCCH_3)_2$
3	R O-Si-O O	$CH_3Si(OCH_3)_3$、$CH_3Si(OC_2H_5)_3$、 $C_6H_5Si(OCH_3)_3$、$CH_3Si(OC_3H_7)_3$、 $CH_3Si(OC_2H_4OCH_3)_3$、$CH_3Si(OOCCH_3)_3$
4	O O-Si-O,　O-Si-R'-Si-O O　　　O　　O 　　　　R　　R	$Si(OCH_3)_4$、$Si(OC_2H_5)_4$、$Si(OC_3H_7)_4$、 $(CH_3O)_2CH_3SiCH_2CH_2SiCH_3(OCH_3)_2$、 $(C_2H_5O)_2CH_3SiCH_2CH_2SiCH_3(OC_2H_5)_2$、 コロイダルシリカ
(5)	R　O O-Si-R'-Si-O O　　O	$(CH_3O)_2CH_3SiCH_2CH_2Si(OCH_3)_3$、 $(CH_3O)_2CH_3SiCH_2CH_2Si(OC_2H_5)_3$、 $(C_2H_5O)_2CH_3SiCH_2CH_2Si(OC_2H_5)_3$
(6)	O　O O-Si-R'-Si-O O　　O	$(CH_3O)_3SiCH_2CH_2Si(OCH_3)_3$、 $(C_2H_5O)_3SiCH_2CH_2Si(OC_2H_5)_3$

きることから、コロイダルシリカはシリコーンハードコート材の基礎原料になっている[10]。

コロイダルシリカには、水分散系のものと有機溶剤分散系のものがあり、粒子径は10〜20ナノメートルで、酸性あるいは塩基性領域で安定化させている。従来の一般塗料系におけるシリカは充填剤として使用されてきたが、シリコーンハードコート材では樹脂に組み込まれていて、T単位からなる海に球状になって浮かんでいると考えられ、表面硬度は主に、Q単位の塊によって達成される。

シリコーンハードコート材に機能性を付与するために、通常、シランカップリング剤を用いる。シランカップリング剤中の有機官能基をハードコート樹脂に導入することにより、架橋性を高めたり、接着性を改良したり、染色性を付与したりすることができる。例えば、γ-メタクリロキシプロピル基を導入したシロキサンは加水分解後、紫外線架橋することが可能になり[11]、またアミノ基含有シランとエポキシ基含有シランの反応物を導入することにより、接着性を向上させることもできる[12]。

次にシリコーンハードコート材の具体的な製造例を示す。図 6-2 で得られた加水分解物を硬化させるには、酸、塩基、有機金属化合物などが触媒として用いられるが、特にシラノールを低温で硬化させるには第四級アンモニウム塩や有機酸のアルカリ金属塩が好ましい [13]。また基材への濡れ性やレベリング性を向上させるために、ポリエーテル変性シリコーンやフッ素系レベリングが添加される [14]。

PC（ポリカーボネート樹脂）は耐衝撃性に優れるため、輸送機の窓材料として欧米ではかなり以前から使用されていて、わが国でも新幹線の一部に最近利用され始め、今後ますます PC による無機ガラスの代替化が進むものと思われる。しかし、PC は表面硬度や耐候性に劣るため、種々のハードコート表面処理がなされている。耐候性の付与方法としては、シリコーンハードコート層中に有機系紫外線吸収剤や酸化チタンなどの無機酸化物微粒子を導入し紫外線を遮蔽する方法 [15] や、プライマー層に有機系紫外線吸収剤を導入して PC の光劣化を抑制する方法 [16] がとられている。

眼鏡レンズ用に汎用されている CR-39 は、表面硬度はもとより、染色性や反射防止性を付与して付加価値を高めている。一般的には図 6-2 に示すよ

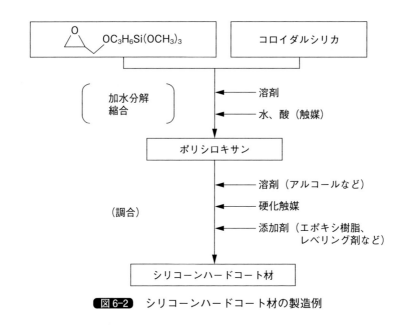

図 6-2 シリコーンハードコート材の製造例

うにエポキシ基含有シランの加水分解物が有効とされ[17]、これらの硬化剤として、Al、Ti、Cr、Fe等のアルコキシドやキレート、過塩素酸塩、酸無水物、ポリアミン、ルイス酸など[18]が提案されている。特にエポキシ基の開環重合とシラノール縮合に、Al化合物を触媒[19]として用いると効果が大きい。ハードコート処理後の染色性については明らかではないが、シリコーンバインダーにエポキシ開環架橋を導入することでミクロな海島構造ができ、海の部分に染料が侵入していくためと推定されている。レンズの反射防止方法については、シリコーンハードコート処理後に屈折率の異なる物質、例えばSiO_2、GeO_2、TiO_2、Al_2O_3などの薄膜を積層した多重干渉膜を、高周波イオンプレーティング法や真空蒸着法で形成させることによって達成される[20]。

▶ 6.1.4 加工方法

シリコーンハードコート材の塗布方法には、ディップ法、スプレー法、ロールコート法、フローコート法、スピンコート法などがあるが、光学用途など均一な被膜が必要な場合にはディップ法が適している。複雑な形状物、紫外線硬化困難な大型物品や眼鏡レンズのような両面塗布物品にはディップ法が用いられ、コート膜厚が2〜5μmになるように引き上げ速度を決める必要がある。ディップ法による膜厚tは、下記式によって決まり、粘度や引き上げ速度を調整することにより、膜厚を管理することができる。

$$t = K\sqrt{\eta v / \rho g}$$

（K：定数、η：溶液粘度、v：引き上げ速度、ρ：溶液密度、g：重力加速度）

近年、生産性向上を目的にロールコート法やスピンコート法による塗工が行われるようになり、低温速硬化方式のコーティング材も登場している。そのほか金型面にあらかじめハードコート材を塗布、硬化させて型締めし、射出成型を行うプレモールド法が検討されている[21][22]。コーティングプロセスの合理化として、今後発展する手法と思われる。

▶ 6.1.5 シリコーンハードコート材の特性

シリコーンハードコート材は表6-1に示したように、表面硬度、耐候性、

耐熱性に優れており、これらの特性について説明する。表面硬度を評価する方法としては鉛筆硬度試験、テーバー摩耗試験、落砂試験、スチールウールラビング試験があり、プラスチック材料が実際に使用される条件、例えば砂塵の衝突や硬質物質による摩擦などに合わせてテストされる。

図6-3に、メチルトリアルコキシシランとコロイダルシリカの加水分解物をPCに塗布硬化させた被膜の耐摩耗性試験結果を示す。未処理のPCはテーバー摩耗試験100回転でまったく透明性を失うが、ハードコート処理することにより、耐摩耗性が著しく改良される。また**表6-4**に各材料の表面硬度を示す。ハードコート処理することにより無機ガラスに近い表面特性が得られ、特に落砂摩耗試験(カーボランダム粉末1kgを25インチの高さから45度の角度で塗膜に衝突させる試験)では、プラスチックの耐衝撃性の影響でガラスを超えている。

耐熱性については、シリコーンハードコート材の基本骨格であるシロキサン結合に由来して優れている。これは有機樹脂のC-C結合エネルギーは、84.9 kcal/molであるのに対し、Si-Oのそれは106 kcal/molと高いためであ

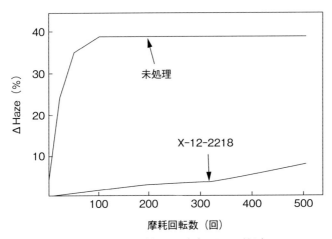

基材:ポリカーボネート(プライマー付き)
硬化条件:120℃/60分
試験方法:テーバー摩耗試験
測定条件:500g荷重、500回転、摩耗輪 CS-10F

図6-3 シリコーンハードコート材の耐摩耗性

表6-4 各種基材の硬度

硬度測定法	PMMA	PMMA-HC	PC	PC-HC	ガラス
ショアD	92	92	86	86	100
スエードロッカー	46	55	38	48	100
鉛筆	H	7H	6B	F	>9H
スチールウール	E	A	E	A−	A
落砂摩耗（Haze %）	40	2	32	3	5

HC：シリコーンハードコート被覆、PMMA：アクリル樹脂、PC：ポリカーボネート樹脂
落砂摩耗：#80、1,000 g

る[23]。

　耐候性については、シロキサン結合が紫外線やオゾンに対して強いため、ハードコート膜自身は劣化しにくい[24]。一方、メチル系シリコーンハードコート材は光を透過させるので、プラスチック基材にまで紫外線を到達させてしまうため、屋外で使用される用途には注意が必要である。一般的には、ヒドロキシベンゾフェノンやベンゾトリアゾールなどの有機系紫外線吸収剤をハードコート層もしくはプライマー層へ導入することによってプラスチック基材を保護している[25]。また紫外線吸収能を有する酸化チタンなどの無機酸化物微粒子を利用することで、さらなる耐候性を付与することもできる。**図6-4**は、酸化チタン微粒子を配合したハードコート膜の紫外可視吸収スペクトルであるが、紫外線を効率よくカットしていることがわかる。さらに長期の紫外線暴露によっては、ハードコート層と基材、ハードコート層とプライマー層、あるいはプライマー層と基材とが剥離する場合があり、上記の紫外線吸収剤の配合と併せて、種々の密着向上策がとられている。

　PMMAに比べ、PCはシロキサンとの密着性に劣るためプライマーを施す必要があり、一般的には熱可塑性アクリル樹脂が用いられ、その投錨効果を利用してプラスチック基体とハードコート層を密着させている[26]。さらに耐久性を向上させる目的で、アクリル樹脂にアミノ基やヒドロキシ基[27]、あるいはアミド基を導入したり[28]、エポキシシランとアミノシランの付加物をアミド化したもの[29]や、エポキシ基含有のアクリル樹脂と紫外線吸収

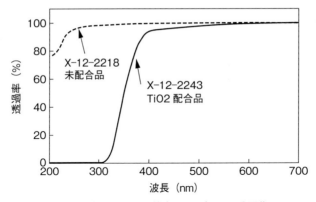

図6-4 シリコーンハードコート材の紫外可視吸収スペクトル

剤の反応物[30]など密着性良好なプライマー組成物が多々報告されている。

▶ 6.1.6 今後の展開

　シリコーンハードコート材は、他のハードコート材に比べ、表面硬度、耐擦傷性、耐候性などに優れているので、建築分野、輸送機分野など幅広く応用されている。これら分野で用いられる無機ガラスをシリコーンハードコート処理プラスチックに置き換えることで、かなりの軽量化が達成できる。特に自動車用窓ガラスへの置き換えには、より耐候性及び耐擦傷性に優れたハードコート材が要求されており、開発が進められている。例えば、紫外線吸収剤にシリル基やアクリル基などを導入、ハードコート層やプライマー層に固定化することで、紫外線吸収剤の溶出や揮発することなく高度な耐候性を付与できる[25]。またハードコート上に酸化ケイ素などの乾式蒸着被膜を積層することで無機ガラス並みの耐擦傷性を付与する方法も考えられている。

　レンズ用樹脂として、CR-39、PMMA、PCなどが使用されているが、一般的に、樹脂の屈折率が高くなるほど、レンズは薄く軽くすることができる。例えば、芳香族ポリチオールと芳香族ポリイソシアネートとの重合体で屈折率1.66の素材が提供されている[31]。樹脂基材がこのように高屈折率のものを使用する場合、ハードコート層の屈折率を調整する必要がある、具体的には、屈折率の高いチタニアゾル、酸化アンチモンゾル、酸化ジルコニウムゾ

ルなどをハードコート材に配合し、高屈折率化する方法が用いられている[32]。

今後のシリコーンハードコート材の展開として表面保護に加え、他の機能も併せて付与することが考えられ、撥水性、親水性、帯電防止性、防曇性、防汚性、導電性、フォトクロミック性など多機能型ハードコート材が求められている。ヒドロキシアルキルシルセスキオキサンの親水性を利用した帯電防止コーティング材[33]、ポリビニルアルコール、ポリエーテルなどの親水性ポリマーを配合した防曇性コーティング材[34]、酸化スズや酸化インジウム系の導電材料を組み込んだコーティング材[35]、スピロピラン系フォトクロミック化合物を導入した光感応性コート材[36]など一部実用化レベルに達し、上市されている。

シリコーンハードコート材は工業化されて、すでに40年を経過していて、プラスチックの表面処理には不可欠の材料となっている。今後、プラスチックの高機能化がより一層高まるにつれ、用途が拡大されていくものと思われる。

6.2 化粧品用シリコーン

シリコーンは安全性、機能性が高く評価され、1980年代より化粧品用途に積極的に検討されるようになった。使われ始めたころは少量配合するような添加剤として使用されることが多かったが、近年その機能や特性を活かしてメインの基材として使用されている。化粧品には、シャンプー、コンディショナーなどの頭髪用化粧品、化粧水、洗顔クリームなどの皮膚用化粧品、ファンデーション、口紅、マスカラなどの仕上げ用化粧品、日焼け止め製品などがあり、シリコーンはこれらの製品に不可欠な材料となっている。

シリコーンは分子設計が容易であり、環状、直鎖状、分岐状などの構造が可能で、親水性、他の油との相溶性、吸着性、反応性などの特性を付与する目的で種々の有機基を導入することができる。また、有機基の変性率、分子量などを組み合わせることで、様々な化粧品に対応できる。

▶ 6.2.1 化粧品への応用

化粧品用シリコーンの分類、特徴、用途を**表 6-5**に示した。

化粧品は水性化粧料、油性化粧料、O/W型乳化化粧料、W/O型乳化化粧料、パウダー化粧料など多岐にわたり、ますます高機能化・多様化しているため、これらのニーズに対応できる各種シリコーンが開発されている。

皮膚用化粧品、仕上げ用化粧品、日焼け止め製品において、シリコーンの役割は、主に油剤、界面活性剤、増粘剤、皮膜形成剤、粉体分散剤、感触改良剤などである。乳化型化粧品の基本配合成分を**図 6-5**に示したが、安定な乳化物に各種機能性シリコーンを添加して化粧品となっている。

頭髪化粧品においてはコンディショニング剤、界面活性剤、セット剤として使用されている。以下に、シリコーン種類とその特徴について紹介する。

表6-5 代表的なシリコーン原料と特徴および用途

シリコーン原料		化粧品製品			
分類	特徴	頭髪用	皮膚用	仕上げ用	日焼け止め用
ジメチルポリシロキサン（揮発性、低粘度）	軽い感触、伸展性	●	●	●	●
ジメチルポリシロキサン（中、高粘度）	撥水性、潤滑性、光沢性	●	●	●	●
高重合ジメチルポリシロキサン	被膜形成性、撥水性、潤滑性、光沢性	●	●		
環状ジメチルポリシロキサン	軽い感触、伸展性	●	●	●	●
トリス（トリメチルシロキシ）メチルシラン	軽い感触、伸展性	●	●	●	●
メチルフェニルポリシロキサン	相溶性			●	
メチルハイドロジェンポリシロキサン	撥水性、分散性			●	
アミノ変性ポリシロキサン	撥水性、潤滑性、光沢性	●	●	●	
ポリエーテル変性ポリシロキサン	乳化性、消泡性	●	●		
ポリグリセリン変性ポリシロキサン	乳化性、消泡性	●	●		
トリメチルシロキシケイ酸	被膜形成性、撥水性	●			
架橋型ポリシロキサン	増粘性、乳化性、さらさらした感触		●	●	
シリコーングラフトアクリル共重合体	被膜形成性、撥水性、密着性	●			
シリコーンパウダー	柔らかくさらさらした感触、光拡散性		●	●	●

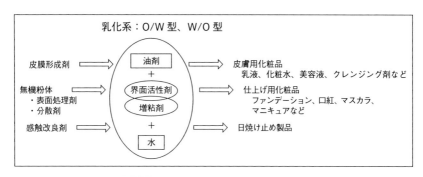

図6-5 乳化型化粧品の基本配合成分

▶ 6.2.2　ジメチルポリシロキサン

　ジメチルポリシロキサンは揮発性、不揮発性、粘度等の違いにより特徴が異なり、使用目的により選択される。粘度が$1〜6\,mm^2/s$の低粘度ジメチルポリシロキサンは、表面張力が低いため、皮膚上では軽いスムースな感触であり、広範囲に広がりやすいことから、油剤成分として使用されている。粘度が$1〜2\,mm^2/s$のものは沸点が低く揮発性であり、皮膚塗布後は、揮散するため有効成分だけを皮膚や毛髪上に残すことができ、粘度が$5〜6\,mm^2/s$のものは、不揮発性であり感触面だけでなく撥水性や艶を付与できることから、主に皮膚用化粧品、仕上げ用化粧品、日焼け止め製品などに使用されている。ジメチルシロキサンは重合度が大きくなるにしたがって、液状からガム状に形状が変わってくる。ガム状の高重合ジメチルポリシロキサンは、頭髪化粧品に添加することで、毛髪表面に被覆され、艶、櫛通り性、柔軟性を付与でき、コンディショニング成分として優れていることから、シャンプーやコンディショナーなどに添加されている[37]。ガム状の場合、取扱い難いことから、低粘度のジメチルポリシロキサンに溶解させるか、あるいはO/W型の乳化物として使用されることが多い。

▶ 6.2.3　環状ジメチルポリシロキサン

　ジメチルシロキシ単位が5個の環状体（D5）は、粘度が$1〜2\,mm^2/s$の直鎖状ジメチルポリシロサンと同じ目的で油剤として使用されているが、他の成分との相溶性や塗布後の揮発速度が異なり、目標特性により選択されている。

▶ 6.2.4　トリス（トリメチルシロキシ）メチルシラン[38]

　トリメチルシロキシのM単位とメチルトリシロキシのT単位からなるシロキサンが分岐した構造で、揮発性の油剤として使用されているが、上記同様、他の成分との相溶性や塗布後の揮発速度が異なり、目標特性により選択されている。

▶ 6.2.5　メチルフェニルポリシロキサン

　ジメチルポリシロキサンのメチル基の一部をフェニル基に置換したメチル

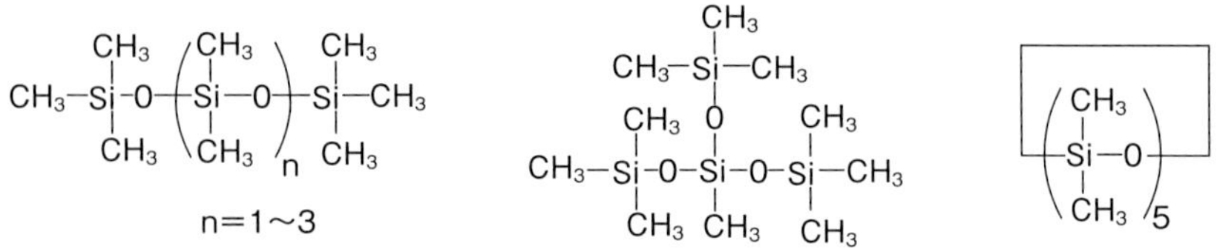

ジメチルポリシロキサン　　トリス(トリメチルシロキシ)メチルシラン　　環状体

図 6-6　揮発性シリコーン類

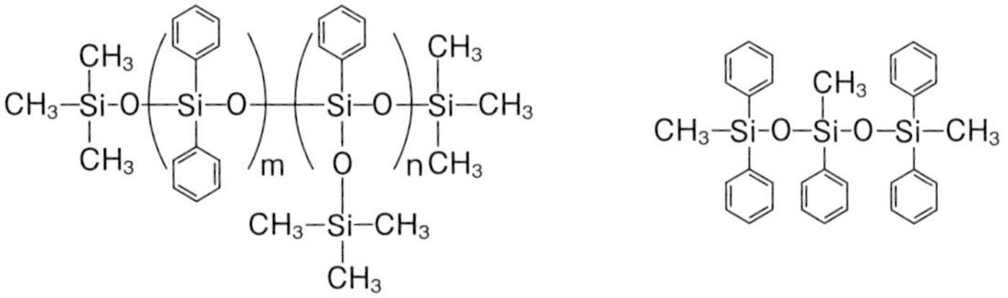

図 6-7　メチルフェニルポリシロキサン類

フェニルポリシロキサンは屈折率が高くなり口紅などの艶を向上させることができ、他の有機油剤、有機紫外線吸収剤との溶解性に優れることから、相溶化剤などとして、主に仕上げ用化粧品に使用される。主なメチルフェニルポリシロキサンを**図 6-7** に示した。

▶ 6.2.6　メチルハイドロジェンポリシロキサン

　ファンデーション、マスカラ、口紅などの仕上げ用化粧品、日焼け止め製品には、着色顔料や紫外線吸収散乱剤として各種無機粉体が使用されている。無機粉体の表面は親水性であることが多く、シリコーンや各種油剤と親和性がないことから、化粧品に安定に配合することができない。そこで、無機粉体表面の活性水素とメチルハイドロジェンポリシロキサンとの脱水素反応により（**図 6-8**）、表面をシリコーン被覆することにより、撥水性を付与し、油剤への親和性を改良できる。また、表面活性のある無機粉体に対しては活性を抑制できる。

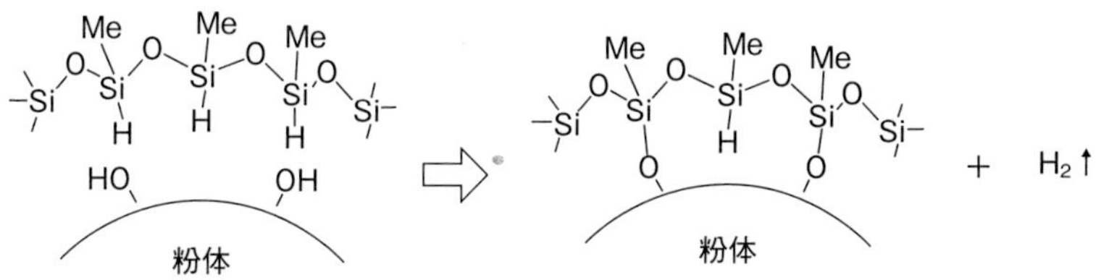

図6-8 メチルハイドロジェンポリシロキサン粉体の反応

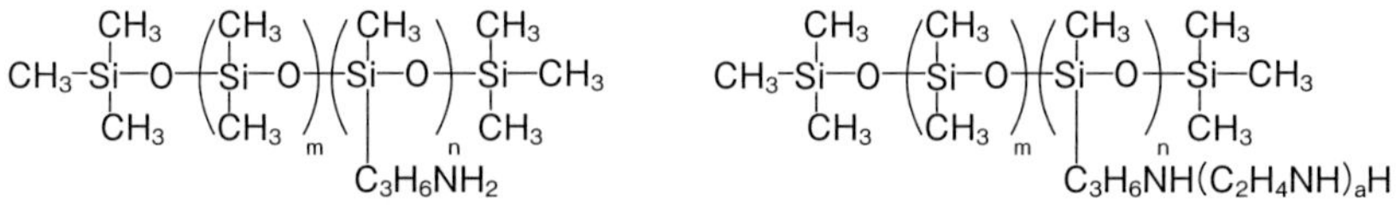

図6-9 アミノ変性ポリシロキサン類

▶ 6.2.7 アミノ変性ポリシロキサン

　アミノ基は吸着性を有することから、主に頭髪化粧料のコンディショニング剤として使用されている。毛髪はブラッシング、ドライヤー、ブリーチ、ヘアカラーなどの手入れにより損傷を受け、艶がなくなり、滑らかさが低下してしまう。損傷毛の表面はタンパク質が分解し親水性基が露出しているため、アミノ基がこの親水性基に吸着することでシロキサンを被覆しやすくなる。アミノ基は**図6-9**に示すように主に２種類使用されている。分子量が小さく液状の場合、毛髪にしっとり感、サラサラ感など感触を改良でき、分子量が大きくなるとジメチルポリシロキサン同様、ガム状[39]となり毛髪表面を被覆し、艶、櫛通り性、柔軟性を付与でき、コンディショニング成分として優れていることから、シャンプーやコンディショナーなどに添加されている。

▶ 6.2.8 ポリエーテル／ポリグリセリン変性ポリシロキサン

　油剤としてシリコーンが使用されるようになり、安定な乳化物を得る目的で、親水性のポリエーテル基やポリグリセリン基を置換した変性シロキサンが界面活性剤として使用されている（**図6-10**）。
　最も汎用なのは側鎖にポリエーテル基を有するジメチルシロキサンであり、乳化安定性を向上させる目的で、メチル基の一部をシロキサンに置換したシ

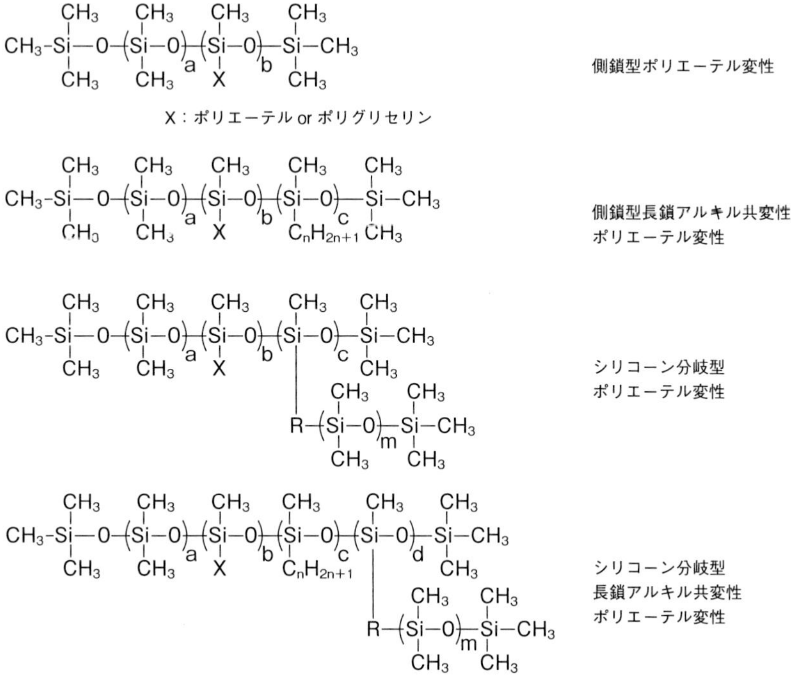

```
         CH₃       CH₃    CH₃      CH₃
          |         |      |        |
  CH₃-Si-O-(Si-O)-(Si-O)-Si-CH₃
          |         |ₐ     |ᵦ       |
         CH₃       CH₃    X        CH₃
```
側鎖型ポリエーテル変性

X：ポリエーテル or ポリグリセリン

```
         CH₃      CH₃    CH₃     CH₃     CH₃
          |        |      |       |       |
  CH₃-Si-O-(Si-O)-(Si-O)-(Si-O)-Si-CH₃
          |        |ₐ     |ᵦ      |c      |
         CH₃      CH₃    X      CₙH₂ₙ₊₁  CH₃
```
側鎖型長鎖アルキル共変性
ポリエーテル変性

```
         CH₃      CH₃    CH₃     CH₃     CH₃
          |        |      |       |       |
  CH₃-Si-O-(Si-O)-(Si-O)-(Si-O)-Si-CH₃
          |        |ₐ     |ᵦ      |c      |
         CH₃      CH₃    X      CH₃      CH₃
                                 |
                                CH₃   CH₃
                                 |     |
                              R-(Si-O)-Si-CH₃
                                 |ₘ    |
                                CH₃   CH₃
```
シリコーン分岐型
ポリエーテル変性

```
         CH₃     CH₃   CH₃    CH₃    CH₃   CH₃
          |       |     |      |      |     |
  CH₃-Si-O-(Si-O)-(Si-O)-(Si-O)-(Si-O)-Si-CH₃
          |       |ₐ    |ᵦ     |c     |d    |
         CH₃    CH₃    X    CₙH₂ₙ₊₁  CH₃   CH₃
                                      |
                                     CH₃  CH₃
                                      |    |
                                   R-(Si-O)-Si-CH₃
                                      |ₘ   |
                                     CH₃  CH₃
```
シリコーン分岐型
長鎖アルキル共変性
ポリエーテル変性

図6-10 側鎖型、シリコーン分岐型シリコーンの構造

リコーン分岐型のポリシロキサン[40]も使用されている。これは水／油の界面で分岐したシロキサン鎖が油相に配向することから、界面がより安定化されていると考えられる（**図6-11**）。

　油剤としてシリコーンだけでなく他の有機油剤、有機紫外線吸収剤などの極性油とを組み合わせて使用されることも多くなり、相溶性を改良する目的でメチル基の一部を長鎖アルキル基で置換したシロキサンや、さらにシリコーンが分岐し、長鎖アルキル基を有するシロキサンも使用されている。乳化物の平均粒径は、化粧料の感触に大きな影響を与えるが、親水性基としてポリエーテル基とポリグリセリン基を比較すると、ポリグリセリン基は平均粒径が大きく、さらに保水性に優れることから、化粧品とした場合、しっとりした感触になる。また、シリコーンと親水性基の変性量を調整することで、水溶性あるいは油溶性となる。乳化物にはO/W型とW/O型に分けられるが、

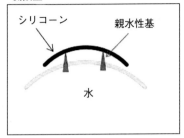
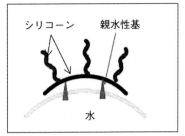

分岐したシリコーン鎖が、外相（油相）に配向し乳化物の安定性を向上

図6-11 W/O乳化物（イメージ図）

O/W型は水溶性、W/O型は非水溶性が主に使用される。

　界面活性剤のほかに、顔料や無機粉体の分散剤[41]としても使用されている。粉体を油剤相に分散させることが多いが、粉体表面にポリエーテル基あるいはポリグリセリン基等の親水性基が吸着し、シリコーン被覆することで粉体同士の凝集を抑制し安定に分散させることが可能である。化粧品は様々な油剤を組み合わせて使用されていることから、これに対応できる界面活性剤が使用されている。

▶ 6.2.9　架橋型ポリシロキサン

　界面活性剤を使用し乳化物を形成する際に、乳化安定性を向上させる目的で増粘剤が使用される。シリコーン増粘剤は、メチルハイドロジェンポリシロキサンとα、ω不飽和基含有化合物との付加反応により3次元架橋したシリコーンを、低粘度ジメチルポリシロキサンや各種油剤に膨潤した状態で使用されている。あるいは、エポキシ変性シロキサンを開環反応させることにより架橋するタイプ[42]も開発されている。シロキサン骨格を有することから増粘効果だけでなく、べたつきがないという感触改良効果も兼ね備えている。

　α、ω不飽和基含有化合物が、α、ωジビニルジメチルポリシロキサン[43]、α、ωジエン[44]の場合は、乳化物の安定性やべたつきのない感触改良を目的に使用される。α、ωジアリルポリエーテル[45]（**図6-12**）、α、ωジアリ

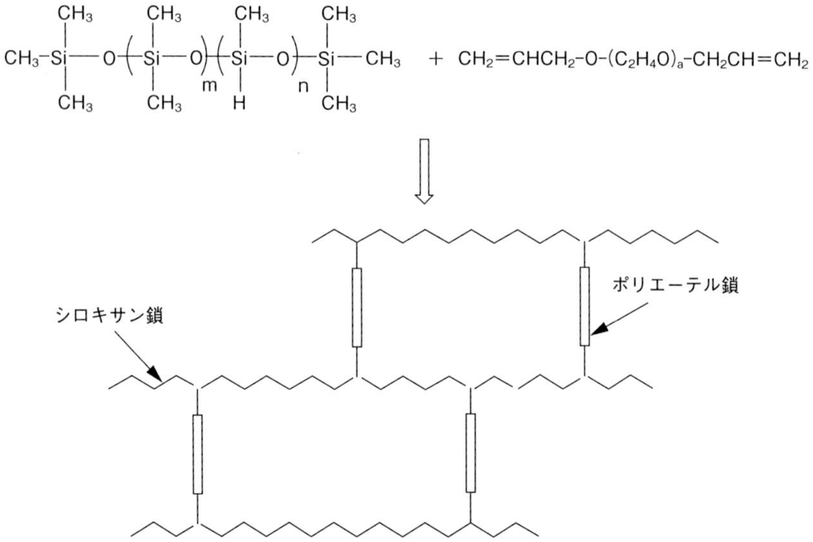

$$CH_3-\underset{\underset{CH_3}{|}}{\overset{\overset{CH_3}{|}}{Si}}-O-(\underset{\underset{CH_3}{|}}{\overset{\overset{CH_3}{|}}{Si}}-O)_m(\underset{\underset{H}{|}}{\overset{\overset{CH_3}{|}}{Si}}-O)_n\underset{\underset{CH_3}{|}}{\overset{\overset{CH_3}{|}}{Si}}-CH_3 \quad + \quad CH_2=CHCH_2-O-(C_2H_4O)_a-CH_2CH=CH_2$$

⇩

図6-12 架橋型ポリシロキサンの合成と構造（モデル図）

ルポリグリセリン[46]などのように親水性基の場合、界面活性剤としての機能もあり、乳化物の安定性を向上できる。界面活性剤と同様にシリコーン以外の油剤に対応するため、メチルハイドロジェンポリシロキサンのメチル基の一部を長鎖アルキル基、トリフルオロプロピル基等の他の有機基を有する架橋シリコーンも使用されている。

▶ 6.2.10　トリメチルシロキシケイ酸（図6-13）

化粧品は汗や皮脂により化粧崩れしてしまうが、耐水性、耐皮脂性、撥水性を付与し化粧持続性を向上させる目的でシリコーン皮膜形成剤[47]が使用される。その中で最もよく使用されているのがトリメチルシロキシケイ酸（MQレジン）である。これはトリメチルシロキシのM単位とテトラシロキシのQ単位から構成されていて、M/Qの比率や分子量を調整することで、柔らかい皮膜から硬い皮膜まで設計可能である。また、頭髪製品のセット剤[48]としても使用されている。

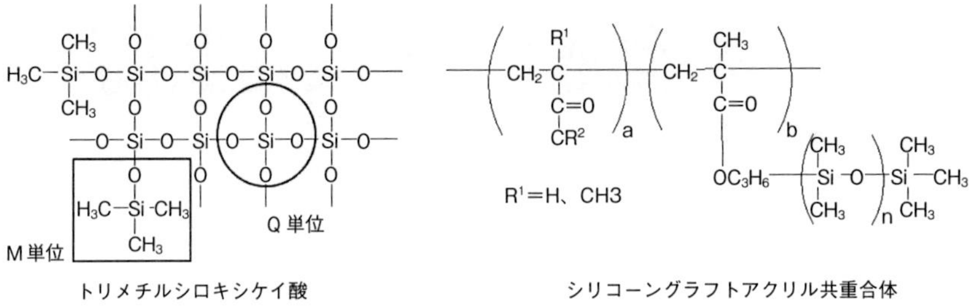

図 6-13 シリコーン被膜形成剤の構造

▶ **6.2.11　シリコーングラフトアクリル共重合体**（図 6-13）

　アクリル共重合体は硬い樹脂で頭髪化粧品のセット剤などとして使用されているが、シリコーンをグラフトすることで可撓性のある柔軟な皮膜形成剤[49]となる。共重合するアクリルのモノマー、シリコーンの変性量など組み合わせることで、柔らかい皮膜から硬い皮膜、各種有機油剤への溶解性など、自由に設計できる。トリメチルシロキシケイ酸と比較して艶があり、柔軟な皮膜で肌への密着性に優れている。

▶ **6.2.12　シリコーンパウダー**

　シリコーンパウダーは柔らかく、サラサラした感触で感触改良剤として使用され、光拡散効果があることからテカリ防止や皺・毛穴隠しを目的として使用されている（詳細は 6.8 項を参照）。

6.3 コンタクトレンズ用シリコーン

　コンタクトレンズは日本においては薬事法の高度医療機器に指定されている視力矯正具であり、透析機、人工骨、人工呼吸器等もこれに該当する。また、米国ではFDAが審査、承認を行う。このため、レンズメーカーは安全性を担保するため、厳しい品質保証基準（ISO13485）の順守と、無菌室やクリーンルームでの衛生管理を行うとともに、開発段階においてはレンズの生体適合性試験、臨床試験を実施し、レンズ製造工程において精製、洗浄等により不純物や残存モノマーの除去を行っている。レンズの原料である重合性モノマーや重合性マクロマーについては、その原料品質管理、製造工程管理、製品品質管理が製造者に求められており、一定基準の品質の原料を用い、レンズメーカーから認証を受けた一定の反応条件による製造を行い、一定基準の品質の製品であることの確認を行っている。製造工程においては、モノマーでは蒸留により、ポリマーでは水あるいは溶媒を用い洗浄することにより、不純物を極力除去する工程を組み込んでいる。品質については、決められた規格を満たすだけではなく、ガスクロマトグラフィー、液体クロマトグラフィー、NMR等の分析により、従来にない新たなシグナルの検出がなされないことも重要である。

　コンタクトレンズに求められる視力矯正以外の主な特性は、高い酸素透過性、装用感が良いこと、高い形状安定性、タンパク質や脂質が付着しにくい防汚性などである。

　角膜は血管の無い組織であり、外気からの酸素供給により新陳代謝を行っている。コンタクトレンズは角膜上に配置され、レンズを透過して角膜への酸素供給が必要であることからレンズに高い酸素透過性が求められる。酸素透過性が十分でない場合、感染症、角膜内皮細胞障害、角膜血管新生などの合併症といった眼障害を引き起こすこともある。

　酸素透過の現象は、酸素のレンズ素材への溶解と酸素のレンズ素材内の拡

散によるものであり、酸素透過係数は酸素溶解度係数kと酸素拡散係数Dの積で求められるDk値であり、単位は$(cm^2/sec)\cdot(mL\ O_2/mL\times mmHg)$である。また、Dk値をレンズ厚さt（mm）で割った酸素伝達率Dk/t値で表すこともある。これらの値の高いほど酸素がレンズ素材に溶けやすく、移動しやすい、すなわち酸素透過性が高いことを示す。レンズ素材の化学構造として、フロロアルキルは酸素溶解度が高いことで、シリコーンは酸素拡散係数が高いことで酸素透過性を発現している。シリコーンの酸素拡散係数が高い理由は、シロキサン結合の回転エネルギーが低いため、また、典型的なジメチルポリシロキサン鎖を有するシリコーンは、ケイ素原子に二つのメチル基が結合して嵩高くなり、分子間の距離が大きくなり、何れも分子間に間隔が生じ酸素が通りやすくなっているものと説明される。また、フロロアルキルあるいはフロロポリエーテルは、特にシリコーン材料の持つタンパク質や脂質への親和性を抑制し、レンズ素材に防汚性を付与する。装用感は、レンズの防汚性や表面親水性、含水率等多岐の要因に左右されるが、レンズの柔らかさもその一要因であり、近年はモジュラスの低い柔らかいレンズが志向されている。

　コンタクトレンズはその特徴からハードコンタクトレンズとソフトコンタクトレンズに大別される。

　ハードタイプは、1940年代に初めて開発された、光安定性が高く、硬く、加工しやすいものの酸素透過性のないポリメチルメタクリレート素材からなる。メチルメタクリレートを円柱型に入れ、熱重合した後、削り出すことでレンズが作られる。1980年代に酸素透過性を改善するためシリコーンモノマーAとフロロアルキルモノマーを共重合した酸素をよく溶解し、拡散させやすい素材が開発された。シリコーンモノマーAは立体的に嵩高いトリス（トリメチルシロキシ）シリル基を有しており、ポリマー鎖の分子間隔が大きく酸素が拡散しやすいと考えられる。

シリコーンモノマー A

　一方、ソフトタイプは、親水性のヒドロキシエチルメタクリレートをレンズ形状の型に入れ光重合した後、含水させたハイドロゲル材料からなり、1970年代に開発された。ポリヒドロキシエチルメタクリレート（P-HEMA）は柔らかく、レンズの装用感が良くなるものの、それ自身は酸素透過性がない。このため酸素透過性はゲルに含まれる水により発現する。
　図6-14の模式図に示すようにポリマー層（P-HEMA）と水層に分層しており、酸素はポリマー層を透過できず、水層の水を介して透過する。したがって、酸素透過係数はレンズの含水率に比例し、含水率が60％の時Dk値は20程度であり、これより含水率を増やしても水のDk値80を超えることはできない。そればかりか、水の蒸発量が多くなったり、レンズが涙液を吸収したりすることで、装用感が悪化する。
　この改良のために開発された初期のシリコーンハイドロゲルレンズは、ヒ

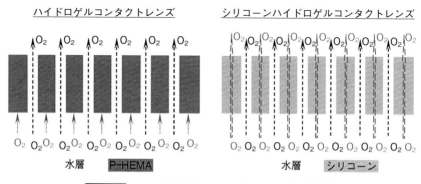

図6-14 ハイドロゲルコンタクトレンズの模式図

ドロキシエチルメタクリレートとシリコーンモノマーBを共重合させ、含水させたハイドロゲル素材からなる。モノマーBはそのスペーサー部分に親水性のヒドロキシル基を有している為、親水性モノマーとの相溶性に優れ、その共重合ポリマーは比較的酸素透過性が高く、高親水性である。**表6-6**にシリコーンハイドロゲルコンタクトレンズに使われるシリコーン材料及び主なレンズ物性を示す。表6-6の処方Ⅳに示す通りDk値は60と高いが、比較的低い含水率47%である。

シリコーンモノマーB

表6-6 シリコーン材料とレンズの物性

処方	シリコーンモノマー	シリコーンマクロマー	Dk値×10^{-11}	Dk/t×10^{-10}	含水率%	モジュラス(MPa)
Ⅰ	A	1	140	175	24	1.40
Ⅱ	A	1	110	138	24	1.00
Ⅲ	C	2	140	156	33-80	0.70
Ⅳ	B、F	なし	60	86	47	0.40
Ⅴ	B、F	なし	103	147	38	0.73
Ⅵ	D	なし	100	118	46	0.66
Ⅶ	なし	4	100	117	46	0.50
Ⅷ	G	4	128	160	48	0.75
Ⅸ	E	5	80	100	54	0.40
Ⅹ	A	3	129	161	40	0.90
Ⅺ	H	6	99	110	36	1.15

シリコーンモノマー C

シリコーンモノマー D

シリコーンモノマー E

シリコーンモノマー F

シリコーンモノマー G

第 6 章　シリコーンの応用

シリコーンモノマー H

フロロアルキルモノマー

シリコーンマクロマー 1

シリコーンマクロマー 2

シリコーンマクロマー 3

シリコーンマクロマー 4

シリコーンマクロマー 5

シリコーンマクロマー 6

　さらなる酸素透過性の改善が行われ、親水性モノマー（ジメチルアクリルアミド、ヒドロキシエチルメタクリレート、N-ビニルピロリドン等）、シリコーンモノマー、シリコーンマクロマーを共重合させ、含水させたハイドロゲル素材が開発された。例えば、表6-6処方Iに示すように少ない含水率24％おいても、Dk値は140という高い値が達成される。

　シリコーンハイドロゲルは図6-14の模式図に示すようにシリコーン層と

水層に分層しており、酸素は酸素透過性が高いシリコーン層を透過する他、水層の水を介しても透過する。このためシリコーンハイドロゲルレンズのDk値はハイドロゲルレンズの数倍から数十倍にまで高く優れたものになる。また、シリコーン層自身に酸素透過性があるので、高含水させる必要がなく、装用感を損なうこともない。

　本稿では詳細には触れないがシリコーンハイドロゲルコンタクトレンズは表面に親水化処理が施されている。レンズの表面は、ハイドロゲルは水を含んでいるものの、疎水性であり、角膜への癒着や、乾燥、汚れ等の問題が生じる。この改善のため、メタンプラズマコーティング、酸素プラズマ処理、ポリビニルピロリドン添加による表面移行、ポリアクリル酸の吸着など様々な方法が行われており、実用化のためには重要な技術である。

　ところでシリコーンハイドロゲルレンズに使用されるシリコーン材料は、シリコーンモノマーとシリコーンマクロマーに大別される。シリコーンモノマーはその構造が片末端重合性基を有するシロキサン鎖が10程度までの比較的短いシリコーンである。シリコーンマクロマーは、両末端に重合性基を有し、側鎖に親水性基やフロロアルキル基等の機能性基を有し、シロキサン鎖が数十の長鎖のシリコーンであり、主鎖にフロロポリエーテルを含む場合もある。これらは併用されることが多く、各配合はおおよそシリコーンモノマー20-30部、シリコーンマクロマー2-30部、親水性モノマー20-50部、架橋剤2-10部でこれらが共重合される。このポリマーの構造は、シリコーンモノマーと親水性モノマーの重合したポリマー鎖をマクロマーが架橋した3次元網目構造でポリマー鎖同士の分子間隔の広いゲルとなるため、酸素透過性の高い含水性ゲルとなる。

　シリコーンモノマーはその構造中に、アミド基、グリセロール基、エチレンオキサイド基、ウレタン基など親水性のスペーサーを有している。これは疎水性のシリコーンに親水性を付与することで親水性モノマーとの相溶性を向上し、レンズの透明性を確保するためである。一方、シリコーンマクロマーはイソホロンジイソシアネート（IPDI）残基などのウレタン基がスペーサーとして構造中に存在するものが多い。これは原料となる両末端水酸基フロロポリエーテルや両末端カルビノールシリコーンをイソシアネートと反応させることでウレタン結合を介して容易に結合でき、設計の自由度が高いた

シリコーンマクロマー

● シリコーンモノマー

○ 親水性モノマー

⬭ 架橋剤

図 6-15 重合原料の模式図

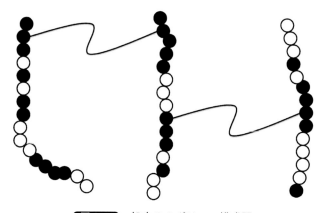

図 6-16 処方Ⅰのポリマー模式図

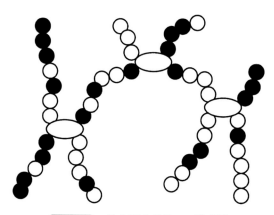

図 6-17 処方Ⅳのポリマー模式図

第 6 章　シリコーンの応用

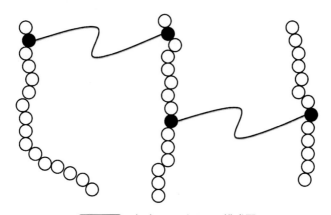

図 6-18　処方Ⅶのポリマー模式図

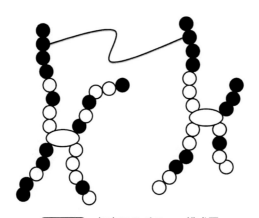

図 6-19　処方Ⅸのポリマー模式図

めである。また、ウレタン結合はそれ同士が水素結合により相互作用し、ポリマー鎖同士が弱い結合をするので、ポリマーの機械的特性の向上に寄与し、柔らかくても強靭なレンズが得られると考えられる。シリコーンマクロマーでは親水性が高いポリオキシエチレン基が親水性基として用いられている。このようにシリコーンモノマー及びシリコーンマクロマーとも親水性基に工夫がなされている。

　図 6-15 にポリマー原料の模式図を、**図 6-16**〜**図 6-19** に各処方のポリマ

ーの模式図を示す．

　処方Ｉではシリコーンマクロマー1により架橋した大きな網目構造と（図6-16）、処方Ⅳでは架橋剤により小さな網目構造となっている（図6-17）。処方Ⅶ及び処方Ⅸではシリコーンマクロマーと架橋剤により両者の中間的な構造となっている（図6-18、図6-19）。これらの構造はDk値と特に相関は見られず、コンタクトレンズの諸物性のバランスを取るための設計と考えられる。Dk値についてはレンズ中のシリコーン含有量が大きく寄与していると考えられる。レンズ中の含水率についてはポリマー構造には依存せず、親水性モノマーの量、シリコーンモノマーやシリコーンマクロマー中の親水性基の量に左右されると思われる。また、一般的には、シリコーンモノマーA、B、Cのような分岐シロキサンの方がシリコーンモノマーD、Eのような直鎖シロキサンよりもポリマーは硬くなる、すなわちモジュラスが高くなると考えられるが、これらの処方の比較では明確に表れていない。

　以上のようにコンタクトレンズ用シリコーンについて述べてきたが、その果たす役割は増々高まっている。今後、シリコーンモノマーやシリコーンマクロマーの構造中に新規な親水性基を導入し特性を向上することや新しい機能を付与してゆくこと、コンタクトレンズのパッケージ中での長期保存安定性に寄与する構造を導入することが課題である。

6.4 繊維処理剤

▶ 6.4.1 緒言

　繊維処理剤は、繊維製品に柔軟性や撥水性、滑り性などの性能を与えるために使用されるものであり、シリコーンオイルが広く利用されている。

　旧来はメチルハイドロジェンポリシロキサンを主成分とする撥水剤用途が主であり、レインコートや傘の表面処理に用いられたが、この用途はフッ素樹脂が主流となっている。それに伴い、現在のシリコーン繊維処理剤では、シリコーンの代表的な特性である繊維間の摩擦の軽減、潤滑作用を生かした柔軟加工用途が主となっている。柔軟加工用途へは、アミノ変性、エポキシ変性に代表される変性シリコーンポリマーが広く使用されている。ゴム皮膜を繊維上に形成する防水加工剤、有機溶剤系で使用される防水用コーティング剤等へも、その柔軟な風合いを生かしてシリコーン繊維処理剤が使用されている。

　また、ポリエーテル基の導入による親水加工剤、第四級アンモニウム塩含有シリコーン化合物による耐久性抗菌加工剤等、有機化合物の特性とシリコーンの特性とを組み合わせることにより、種々の機能性繊維処理剤の開発が進められている。シリコーン繊維処理剤の用途とそれに用いられるシリコーンの構造を**表6-7**に示す。

　さらに、繊維製品の製造工程において、各種の繊維、あるいは紡績用の糸などが機械装置や治具などと接触する際の摩擦を軽減させ、作業効率を高める目的で潤滑用油剤が使用されており、シリコーン繊維処理剤の種類はきわめて多く、かつ用途も多岐にわたっている。繊維加工の各工程で使用されるシリコーン繊維処理剤を**図6-20**に示す。

　シリコーン繊維処理剤は多くの場合エマルションの形態で使用される。繊維に処理する際は、必要に応じてさらに添加剤が使用される。これを水で希釈し、シリコーンを数％以下にした処理液に布や糸、繊維を含浸させ、風乾

表 6-7 シリコーン繊維処理剤の用途とシリコーンの構造

用途	構造
撥水処理	メチルハイドロジェンポリシロキサン
	ポリジメチルシロキサン
柔軟処理	アミノ変性ポリジメチルシロキサン
	ポリジメチルシロキサン
	エポキシ変性ポリジメチルシロキサン
	カルボキシル変性ポリジメチルシロキサン
反撥処理	エポキシ変性ポリジメチルシロキサン
	メチルハイドロジェンポリシロキサン
	α、ω-ジヒドロキシジメチルポリシロキサン
防縮加工	架橋性ポリジメチルシロキサン
SR 加工	ポリエーテル変性ポリジメチルシロキサン
抗菌加工	4級アンモニウム塩変性ポリジメチルシロキサン

工程	用途
紡績、紡糸	原糸・原綿用油剤、紡績油剤、紡糸油剤
製織、編立	編立油剤、糊剤併用油剤
精錬	消泡剤
染色	消泡剤、柔軟剤
仕上げ加工	柔軟剤、平滑剤、撥水剤、防水剤、吸水加工剤、SR 加工剤、反発弾性加工剤、スリップ防止剤、抗菌防臭加工剤、防皺加工剤、濃色加工剤、防融加工剤、帯電防止剤、艶出し剤
縫製	可縫性向上剤、融着防止剤

図 6-20 繊維加工工程におけるシリコーン繊維処理剤の用途

または加熱乾燥させて処理をおこなう。

　エマルション型繊維処理剤を使用するときの注意点は、6.6.2 シリコーン離型剤（3）エマルション型シリコーン離型剤の使用上の注意、の部分に詳

述してあるので、参照されたし。

▶ 6.4.2　繊維用撥水剤

繊維用シリコーン撥水剤は、撥水性の付与に加えて、風合いの改良、縫製性の向上等も可能である点を活かして広く利用されている。

（1）製品の種類

繊維用撥水剤製品は、エマルション型、溶剤型の2種類に分類される。

①エマルション型撥水剤

反応性オルガノポリシロキサンを水中に乳化分散させたO/W型エマルションである。シリコーンの撥水機構は、ケイ素原子に結合しているメチル基に起因するものと考えられており、W. A. Zismanらの報告によれば、メチル基の臨界表面張力は、結晶状の場合は20～22 dyn/cm、単分子膜の場合でも22～24 dyn/cmと小さい。一方、シリコーン撥水剤を処理した繊維上の臨界表面張力は38～45 dyn/cmであり、これらはいずれも水の表面張力（72～75 dyn/cm）より小さいため、撥水性を示す。

使用されるシリコーンポリマーとして、以下の構造のものがあげられる。

(I) メチルハイドロジェンポリシロキサン

$$H_3C-\underset{\underset{CH_3}{|}}{\overset{\overset{CH_3}{|}}{Si}}-O-\left(\underset{\underset{CH_3}{|}}{\overset{\overset{H}{|}}{Si}}-O\right)_m-\underset{\underset{CH_3}{|}}{\overset{\overset{CH_3}{|}}{Si}}-CH_3$$

（Ⅰ）

(Ⅱ) 末端OH基型ジメチルポリシロキサン

$$HO-\underset{\underset{CH_3}{|}}{\overset{\overset{CH_3}{|}}{Si}}-O-\left(\underset{\underset{CH_3}{|}}{\overset{\overset{CH_3}{|}}{Si}}-O\right)_n-\underset{\underset{CH_3}{|}}{\overset{\overset{CH_3}{|}}{Si}}-OH$$

（Ⅱ）

(Ⅰ) 成分のみが使用される場合、Si-H基が加水分解してSi-OH基となり、これら同士が脱水縮合してSi-O-Si結合が生成する。この反応において形成する皮膜は、三次元架橋した硬い皮膜であり、処理によって得られる布の風合いも硬い感触となる。この反応によって繊維の一本一本の表面は疎水性のメチル基が外側を向いて配向した皮膜でおおわれ、撥水性と潤滑性の2つの

効果が発揮される。(II) 成分は両末端に Si-OH 基を持つ長鎖のポリジメチルシロキサンであり、風合いを改良する目的で (I)／(II) の両成分を組み合わせて使用する。(I) 成分の Si-H 基と (II) 成分の Si-OH 基が脱水素縮合し架橋皮膜を形成する。長鎖ポリジメチルシロキサンの効果で、形成する皮膜の滑り性を向上させ柔らかな風合いを得ることができる。この場合には洗濯耐久性の改善も期待できる。

この反応を促進するために、各種の金属の有機酸塩が触媒として使われる。スズ、亜鉛、ジルコニウム、チタンなどの金属触媒が有効である。触媒活性の点から、ジオクチルスズ化合物が広く使用されていたが、環境負荷の観点で亜鉛やジルコニウムの有機酸塩や、チタン系化合物が使用されるようになってきている。また、羊毛、絹のような高温で加熱できない繊維に対しては、低温硬化が可能なジルコニウム系の触媒が使われる。

シリコーンエマルションの調製については、6.6.2 (2) ②シリコーンエマルションの部分を参照されたし。

メチルハイドロジェンポリシロキサンの Si-H 結合はアルカリや、金属有機酸塩の共存下で、分解して水素ガスを発生する。これを避けるために、このタイプのエマルション型シリコーン撥水剤は、酢酸のような有機酸を添加し、液の pH が 3 前後となるよう調整する。

②溶剤型撥水剤

溶剤型撥水剤は、シリコーンレジンあるいはオイルを有機溶剤に溶かし、これに触媒を加えたものである。浸漬やスプレー塗布等の方法で処理することにより、繊維に撥水性を与える。代表的な組成は、エマルション型撥水剤と同様に反応性オルガノポリシロキサンを主成分とするものが多く、これに適当な触媒、例えば亜鉛有機酸塩、ジルコニウム有機酸塩、有機スズ化合物など縮合反応触媒を併用するのが一般的である。通常 30％程度の有機溶剤溶液として市販されているが、使用時にはさらに工業用ガソリン、トルエン等でシリコーン分が 0.5～3.0％程度となるよう希釈し、さらに触媒を加えた処理液に布をディップした後、乾燥、熱処理を行う。

シリコーンの組成及び触媒を選択することにより、風乾だけでも撥水性を得ることもできる。

エマルション型撥水剤とは異なり、乳化剤等の撥水性を低下させる成分を

含有しないため、溶剤型撥水剤の撥水性は高くなる。
（2）加工方法
　一般的なエマルション型シリコーン撥水剤を例にあげると、実際の加工においては、風合い調整及び洗濯耐久性を向上させる目的でメラミン、グリオキザール等の繊維用樹脂加工剤と併用される。例えば、前処理の終わった生地に対し浸漬、絞り、予備乾燥、加熱処理を行い、必要に応じ洗浄を行う。
　加熱処理はシリコーンの架橋、乳化剤の分解、及び併用される樹脂の架橋のために行われるものであるが、繊維の種類によって制限を受ける。通常、生地の水分を除いた後、綿のような高温に耐えるものでは140℃〜180℃で30秒から3分程度、アセテート、ナイロンのような熱に弱い繊維の場合は130℃〜150℃で30秒から4分程度、ウール、絹のような繊維の場合にはさらに低温の、100〜120℃で数分の加熱を行う。加熱処理によりシリコーンの皮膜が繊維表面に形成し定着するので、特に初期撥水性と洗濯耐久性に及ぼす影響は大きく、強い条件で処理されるのが望ましい。

▶ 6.4.3　繊維用柔軟剤

　シリコーン繊維処理剤の用途のうち、撥水剤に代わって主流となっているのが柔軟剤であり、高付加価値、差別化材料として用途を拡大している。使用されるベースポリマーも、初期のジメチルポリシロキサンを中心とするものから、アミノ基、エポキシ基、カルボキシ基、その他有機基を導入したいわゆる変性シリコーン系に移行し、さらに各種の変性基の導入あるいは複変性の検討などが行われている。より柔軟な風合いと、強いぬめり感を与える処理剤としてアミノ変性シリコーンが多く使用されている。
（1）アミノ変性シリコーン
①アミノ変性シリコーンの構造と特性
　代表的なアミノ変性シリコーンの構造を次式に示す。Rはメチル基、アルコキシ基、ヒドロキシ基のものがある。

$$\text{R-Si(CH}_3\text{)}_2\text{-O-[Si(CH}_3\text{)}_2\text{-O]}_m\text{-[Si(CH}_3\text{)(CH}_2\text{CH}_2\text{CH}_2\text{NHCH}_2\text{CH}_2\text{NH}_2\text{)-O]}_n\text{-Si(CH}_3\text{)}_2\text{-R}$$

$$\text{R-Si(CH}_3\text{)}_2\text{-O-[Si(CH}_3\text{)}_2\text{-O]}_m\text{-[Si(CH}_3\text{)(CH}_2\text{CH}_2\text{CH}_2\text{NH}_2\text{)-O]}_n\text{-Si(CH}_3\text{)}_2\text{-R}$$

アミノ基の導入方法は、一般的にはアルカリ平衡化法が用いられる。具体的には、アミノアルキルアルコキシシランの加水分解オリゴマーとオクタメチルシクロテトラシロキサンとをアルカリ性触媒の存在下で加熱し、重合させることでポリマーを合成する。平衡化法以外には、両末端に水酸基を有するポリジメチルシロキサンと、アミノアルキルジアルコキシシランとの脱アルコール反応によって合成する方法がある。ポリマーの重合度、変性率、末端基などを任意に設定することにより、柔軟性を調整することができる。アミノ変性シリコーンのアミノ基含有シロキサン単位の含有量（mol%）とポリエステルタフタ布に処理した時の処理布の静摩擦係数の関係を**図 6-21** に示す。この図からわかるように、変性率は数 mol%で静摩擦係数が下がり滑り性が良好となり、柔軟性が増す。

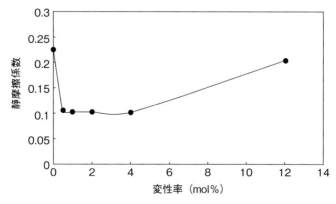

図 6-21 アミノ変性シリコーンの変性率と静摩擦係数

アミノ変性シリコーンがポリジメチルシロキサンに比較して繊維に柔軟性を強く付与することができるのは、極性のあるアミノ基によって繊維に効率よく吸着してシリコーン皮膜を形成し、摩擦抵抗を低下させているためと考えられる。また、このシリコーン皮膜の耐久性も高く、洗濯を繰返しても流失しにくい。アミノ変性シリコーンを布に処理した場合、弱い撥水性が認められること、及び洗濯耐久性が認められることから、ジメチルシリコーンとは異なり、何らかの架橋に近い状態にあり、ポリマーが繊維表面に吸着固定化されているものと推定される。

　アミノ変性シリコーンによる繊維処理の問題点として、処理布の黄色化と吸水性の低下があげられる。これらの対応策については後述する。

　アミノ変性シリコーンの繊維処理剤としての応用はきわめて広範囲にわたっており、各種の合成繊維、天然繊維織物の柔軟加工に使用されている。

②アミノ変性シリコーンマイクロエマルション

　アミノ変性シリコーンは、一般的には乳化したエマルションを水で希釈して繊維に処理される。アミノ変性シリコーンはジメチルポリシロキサンと異なり、極性基としてアミノ基を構造中に有しているため、有機酸で中和することによって、乳化分散性を向上させることができる。エマルションの粒子径が小さくなるにつれ、エマルションの外観は、白色→青白色→半透明→透明と変化していく。乳化剤の配合量を増やしてエマルション粒子を 100 nm 以下に極微細化したものは、マイクロエマルションと呼ばれ、透明性の高いものが得られる。これらは機械的あるいは熱的ストレスに対して安定性が高く、布処理時の処理浴中での分離によるトラブルの恐れが少ない。

③低黄変アミノ変性シリコーン

　前述のようにアミノ変性シリコーンは、柔軟性付与効果に優れたものであるが、アミノ基は加熱や日光の紫外線で変質し、淡色の布や繊維に処理したものが黄色く変色したようになることがある。この黄変傾向は1級アミノ基において顕著であり、アミノ基の熱酸化により、アゾ基（$-N=N-$）、ニトロ基（$-NO2$）、ニトロソ基（$-NO$）が形成することに起因すると考えられている。従来から、この改良には多くの研究がなされている。例えば、アミノ基の活性水素をアルキル基で置換したり、エポキシ化合物を付加して2級、または3級のアミノ基としたアミノシリコーンが開発されている。また、シ

クロヘキシルアミン型、ピペラジン型のアミノ変性シリコーンによる活性水素基の封鎖、酸無水物によるアミド化等も報告されている。

④高吸水アミノ変性シリコーン

　アミノ変性シリコーンで処理された布は撥水性を示すようになり、布が本来有していた吸水性が低下する。これを抑えるために、例えば、ポリオキシエチレン基（ポリエーテル基）とアミノ基の両変性タイプなどが提案されている。具体的には、シリコーンの主鎖にポリエーテル基をグラフトさせた構造や、ABA型のブロックポリマーとした構造がある。これらを用いると繊維製品に柔軟性と親水性を付与することができる。

（2）エポキシ変性シリコーン

　エポキシ変性シリコーンはそのすぐれた平滑性と非黄変性、及びエポキシ基の反応性により古くから使用されている。エポキシ変性シリコーンの合成には、Si-H基を含有するシリコーンポリマーと不飽和エポキシ化合物を白金を触媒として付加反応させる方法や、エポキシ基含有シロキサンオリゴマーとオクタメチルシクロテトラシロキサンとの平衡化反応で重合する方法がある。アニオン系乳化剤を用いた乳化重合でエポキシ変性ラテックスを製造することも可能であり、高重合度のエマルションが容易に得られる。

　エポキシ変性シリコーンの用途としては、その非黄変性を生かした白物生地の処理が最も一般的である。

（3）反応型（皮膜形成型）シリコーン繊維処理剤

　反応性（皮膜形成性）シリコーンエマルションを繊維上で架橋硬化させるタイプの繊維処理剤である。分岐構造を有し、末端に縮合反応性基を持つ高重合度のポリジメチルシロキサンをベースとし、これに架橋剤成分と反応性アルコキシシランを添加したエマルションが用いられる。さらにコロイダルシリカのような微粉末を配合することにより、ゴム物性などの皮膜特性が向上する。

　繊維上で形成される皮膜の比較的柔軟なゴム弾性体としての特性を利用し、繊維製品の風合い向上、あるいは撥水防水機能などの新しい機能を付与することができる。用途としては、ニット製品の反撥弾性加工、スポーツウェアの柔軟防水加工などがあり、いずれもシリコーン独特の風合い、弾性、撥水性等の特性が利用される。また、消臭剤、抗菌剤などを繊維に固定するため

のバインダーとしても使用されている。

　水溶性有機樹脂を添加することにより増粘させ、コーティング剤として使用することも可能である。このようなコーティング剤は繊維用のみならず無機系または木質系の建築外装材の吸水防止用、補修用としても使用される。

▶ 6.4.4　その他（特殊機能性）繊維処理剤
（1）濃色化剤
　架橋性を向上させたアミノ変性シリコーンで黒色の布を処理すると、繊維表面に低屈折率の皮膜が形成され、光線の反射を抑えられる。ポリエステル製の礼服などで黒色をより黒く見えるようにする効果がある．
（2）スリップ防止剤
　微粉末シリカの水性分散液を繊維製品に処理することにより繊維間の摩擦係数を高め、糸間のスリップによる目ずれを防止することが可能である。従来は無機性のコロイダルシリカを繊維表面に塗布する方法が最も一般的な手段として知られていたが、$[CH_3SiO_{1.5}]n$ で示されるポリメチルシルセスキオキサンの水性分散液を用いることで、布の風合いを柔軟に保ったままでスリップを防止することが可能となる。このような水性分散液はメチルトリメトキシシランをアルカリ触媒と乳化剤の存在下に乳化重合することによって得られる。
（3）吸水加工剤
　合成繊維を用いた不織布や繊維製品、あるいは綿製品でも樹脂加工がおこなわれた場合、その製品が強い疎水性を示すことがあるため、肌着、スポーツウェアなどを対象に吸水加工が行われる。

　吸水加工剤としては主にポリエーテル変性シリコーンが使用される。しかし、一般的なポリエーテル変性シリコーンでは洗濯に対する耐久性が不十分であり、これを改良する目的で、シリコーンの主鎖にアルコキシ基、Si-H基等の反応性基を共存させる方法が使用される。また、シリコーンとポリエーテルを組み合わせた AB ブロック型やその変性タイプも、吸水加工剤として使用される。

　また、これらの吸水加工剤では、処理物の風合いが不足する傾向があり、これを改良するために、例えばアミノ基／ポリエーテル基、あるいはエポキ

シ基／ポリエーテル基の共変性シリコーンが使用されている。

一連のポリエーテル共変性シリコーンは、同時に防汚加工剤（SR 加工剤）としても使用されている。

（4）詰め綿用柔軟剤

寝装具、防寒衣料、ぬいぐるみなどの詰め綿用としてのポリエステル、ナイロン、アクリルにたいする柔軟剤として、シリコーンがいわゆる羽毛様、カシミヤ様の風合いを付与する目的で使用される。シリコーンは、繊維同士の摩擦係数を下げ、滑り出しをスムーズにする効果がある。処理剤としては、アミノシリコーン／エポキシ化合物からなるもの、末端水酸基を有するジメチルシリコーンとアミノシランからなるものなどが知られており、必要に応じ帯電防止剤が併用されている。

（5）抗菌加工剤

第四級アンモニウム塩は、抗菌、殺菌作用を有する物質としてよく知られているが、これを反応性トリアルコキシシランに結合させることによって繊維用抗菌加工剤として使用されている。

$$[(CH_3O)_3Si(CH_2)_3N^+(CH_3)_2C_{18}H_{37}]Cl^-$$

上記化合物は、繊維製品に処理し容易に架橋硬化させることができる。一般に使われる抗菌剤と異なり、抗菌性を示す部分がアルコキシ基の反応によって繊維表面に固着されているため、安全性に優れているとの評価を得ている。

（6）ハウスホールド製品用柔軟剤

新たな用途として、衣料用液体柔軟剤、液体洗剤があげられる。高分子量ジメチルシリコーンオイルや、ポリエーテル変性シリコーン、アミノ変性シリコーンを滑り性向上剤、あるいはしわ抑制剤として配合された製品が開発・販売されている。ドラム型乾燥機等で乾かした後の繊維製品のしわ抑制効果があり、洗濯時の繊維へのシリコーンの吸着性を改善するために、カチオン性界面活性剤と併用するなどの改良が行われている。

（7）炭素繊維用油剤

スポーツ用品から、多くの産業資材、航空機に至るまで、近年の炭素繊維複合材料（炭素繊維強化プラスチック）の発展は目覚ましいものがある。炭素繊維の製造法のひとつに PAN 法があり、この方法では、ポリアクリロニ

トリルなどのアクリル繊維を前駆体とし、これを高温で処理し炭素化して炭素繊維束を得る。この炭素繊維束は優れた機械物性を有しており、エポキシ樹脂などを含浸させて炭素繊維強化プラスチックが作られる。

　炭素繊維束を製造するときの各工程で、繊維間の融着を防止する、繊維の破断や毛羽の生成を抑制する、搬送ローラーやガイドとの滑り性を向上させる、などの目的でアミノ変性シリコーン系の繊維処理剤が用いられている。

6.5 消泡剤

▶ 6.5.1 泡と消泡剤

　石鹸やビールの泡のように、泡は界面現象としてごく普通に見られるものである。近年では、発泡プラスチックや軽量気泡コンクリートのように、既存の材料へ緩衝性、断熱性や軽量性を付与するために、泡を積極的に利用する例が多く見られている。

　一方で、泡が発生することによる弊害も多くある。発泡の原因は主に気泡形成物質となる界面活性剤である。界面活性剤は植物に含まれるサポニンなど天然由来のものから、化学合成による合成品がある。特に合成による界面活性剤はその乳化性や可溶化性、ぬれ性などから家庭用洗剤、工業用洗剤、化粧品、日用品、塗料、繊維処理剤、金属加工油剤など幅広い分野で多岐にわたって利用されているが、その反面で起泡性の高さから、泡の発生が問題となる場面が多くある。泡による問題の発生事例を以下に示す。

【環境】
・水処理：合成洗剤を含む排水による下水道や河川の泡立ち。
　　　　　下水処理場の活性汚泥処理工程における曝気槽の溢れ出し。

【工業】
・食品工業：製造工程での泡混入による外観不良（豆腐）、
　　　　　　飲料を容器に充填する際の泡立ちによる歩留まり低下。
・石油・天然ガス：採掘、精製など各工程で生じる泡による生産効率の低下。
・塗料・インキ・染色：気泡によるピンホール、染めムラの発生。
・製紙：パルプから抄紙への各工程での処理液の泡による
　　　　作業効率の低下や紙の厚みの不均一化。

　このような背景から、泡を消す手段として、加熱や減圧、遠心力を加える

物理的消泡を行う例があるが、いずれも設備投資が必要であることと、大量の泡を処理する場合においては必ずしも効率的でないという問題がある。そのため、専用の設備を必要とせず、少量の添加量で広範囲を持続的に消泡可能な、消泡剤を使用する化学的消泡が選ばれるケースが多い。

▶ 6.5.2　消泡理論

消泡剤の作用として大きく2つに分けることができる。すなわち、既に生じている泡を即座に破壊する「破泡性」。対して、予め消泡剤を加えることにより泡の生成、安定化を抑制する「抑泡性」である。一般的にこの破泡性、抑泡性を有する物質を一括して消泡剤と呼称する。図6-22に循環式消泡性試験機での破泡性と抑泡性の違いを示す。(A) の消泡剤では消泡剤添加直後はあまり泡が減っていないが、長時間循環を続けても泡が堆積しないため、抑泡性に優れている消泡剤と言える。対して (B) の消泡剤はその逆で、一時的に泡を消失させる破泡性の点では優れているが、抑泡性に劣る消泡剤と評価することができる。

消泡剤が消泡性を発現する機構について、いくつか提唱されている理論を

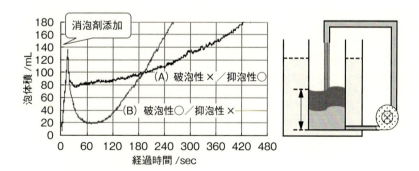

【循環式消泡試験方法】
1) 発泡液を循環させ、泡が一定の高さまで堆積したところで消泡剤を添加。
2) 一旦泡が消失した後（破泡性）、循環を続けて再び泡が一定の高さまで到達する時間を記録（抑泡性）。

図6-22　循環式消泡試験装置（右）と試験による破泡性と抑泡性の違い

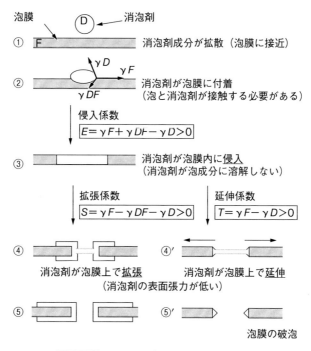

図 6-23 ROSS/ 佐々木による消泡機構

紹介する。ただし、実際は様々な要因が影響しており、したがってここに示されている機構のみで全ての消泡事象を完全に説明することは難しいのが現状である。

図 6-23 に示すのは ROSS/ 佐々木によって示された破泡機構である。これはすなわち、①→②消泡剤が泡膜に付着、②→③泡膜に侵入、③→④泡膜上で消泡剤が拡張され、④→⑤消泡剤が泡膜上で拡張、あるいは泡膜の張力により消泡剤が引き裂かれることで破泡することを説明している。

これを数値的に解析すると、消泡剤が破泡効果を発現するには次の条件が必要であることがわかる。まず、泡膜（発泡液）の表面張力を γF、消泡剤の表面張力を γD、そして泡膜（発泡液）と消泡剤の互いに対する界面張力を γDF としたとき、消泡剤が泡膜に付着した後、泡膜に侵入した場合の界面自由エネルギーの減少量を侵入係数 E、泡膜内で消泡剤が拡張する際の界面自由エネルギーの減少量を拡張係数 S と書ける。

$E = \gamma F + \gamma DF - \gamma D$
$S = \gamma F - \gamma DF - \gamma D$

ここで、$E>0$ であれば消泡剤は付着した泡膜内に侵入可能であり、その次に、$S>0$ であれば消泡剤が泡膜上で拡張され、次第に薄化し、最終的に破泡へ至る。しかし必ずしも上記条件に従うケースが全てではなく、例えば消泡剤が泡膜上に拡張しない場合（$S<0$）であっても、延伸定数 $T=\gamma F-\gamma D>0$ であれば、④′→⑤′のように消泡剤が引き延ばされることで薄化、同様に破泡へ至ることができるとも考えられる。このとき $T>S$ である。

また、抑泡性という観点では次のような説明がなされている。予め添加された消泡剤は、泡膜中で界面活性剤とともに界面に配向するが、消泡剤の配向した部分のみ他の界面よりも界面張力が低下する。その場合、界面張力の高い界面に引っ張られるようにして泡膜の薄化が起き、泡膜が不安定になることで泡の形成をさまたげる（図 6-24）。

以上の機構は消泡剤が液状のものに適用されるが、多くのシリコーン系消泡剤では、シリコーンオイルにシリカ微粉末を加えて混合したシリコーンオイルコンパウンドを使用しており、このシリカによる消泡機構についても幾つかの説が提唱されている。

ひとつはシリカ自体が消泡剤の主成分となり、泡膜へ直接干渉することで効果を発現するという説である。表面が疎水処理されたシリカが泡膜へ到達

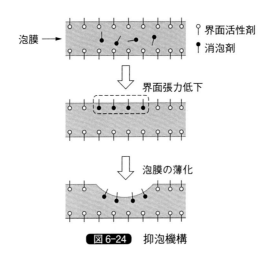

図 6-24　抑泡機構

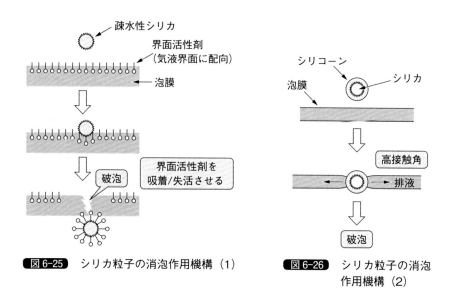

図6-25 シリカ粒子の消泡作用機構（1）

図6-26 シリカ粒子の消泡作用機構（2）

し、泡膜上に配列している界面活性剤の疎水基部分から吸着し、泡膜に界面活性剤の少ない部分が発生することで泡膜がそれ以上維持できなくなり破泡へと至る（図6-25）。

その他の説としては、シリカはあくまでシリコーンオイルの担体（キャリアー）であるとする考えで、こちらはシリコーンオイルを吸着したシリカが泡膜へ接触後、そのシリコーンオイルと泡膜の接触角が高いことから泡膜を構成する液の排液が進み、やがて破泡するという説明がなされている（図6-26）。

以上の消泡理論を総合して、消泡剤に必要な要件は下記3点に集約される。

①発泡系よりも低表面張力を有していること
②発泡系に対して拡張性（分散性）が大きいこと
③発泡系に対して溶解性が小さいこと

消泡剤を特に水に対する拡張性と溶解性により分類したものが表6-8である。Ⅱ類はフェノールが該当し、破泡性、抑泡性を共に示さない。Ⅰ類はアセトンやエタノールのような水に易溶の有機溶剤であり、破泡性に優れる

表6-8　拡張性・溶解性の違いによる消泡剤の分類

溶解性＼拡張性	大	小
大	I類：アセトン、エタノール （破泡性：大、抑泡性：小）	II類：フェノール （破泡性：小、抑泡性：小）
小	III類： （破泡性：大、抑泡性：大）	IV類：シリコーン （破泡性：小、抑泡性：大）

ものの、すぐさま水に分散してしまうため抑泡性を有さない。対極にあるIV類にはシリコーンが相当し、溶解性が低いために抑泡性は優れるものの破泡性は十分に満足のいくものではない。シリコーン系消泡剤では消泡剤に必要な要件①と③を満たすものの、②の点で劣っている。これを消泡剤として理想的な破泡性、抑泡性ともに優れるIII類の領域へ持っていくために、乳化剤によりO/Wエマルション型とするなど、分散性を向上させる工夫が必要となっている。

▶ 6.5.3　シリコーン系消泡剤

（1）シリコーン系消泡剤の特徴

　シリコーン消泡剤は、鉱物油系やポリエーテル系、あるいは他の非シリコーン系消泡剤と比較して次に示す特徴を有しているため、通常の有機系の消泡剤と比較して極めて低い添加量で消泡性能を発揮することが知られている。さらに、安全性が高いことからも、幅広い用途で使用されている。

①低い表面張力

　シリコーンの表面張力は21 dyn/cm程度と、フッ素化合物に次いで低い表面張力を持っており、ほとんどの発泡液よりも低い表面張力となり得るため、様々な発泡液に対して消泡効果が期待できる。添加量も数ppmとごく僅かな量から、多くても数100 ppm程度添加すれば十分な効果が得られる。そのため、添加量が少ないことから、シリコーン成分が製品に残留することによる不具合を抑えることができる。

②低い溶解性

　シリコーンはその構造的特徴から、ほとんどの有機化合物と溶解度パラメータ（SP値）に差があるため相溶性を示さない。なおかつ非極性であるか

ら水とも親和性がない。よって、発泡液に対して相溶性を示さないという消泡剤に必要な要件を十分に満たしている。

③化学的に不活性

シリコーンは強酸、アルカリ条件下を除けば比較的安定に存在するため、分解したり、他の物質と反応するなどの悪影響を与えにくい。耐熱性も良好であり、中性であれば150℃程度まで安定に存在している。また、揮発性がなく、凝固点が低いことから、物理的にも広い温度領域で使用することができる。

④生理的に不活性

シリコーンは生理的に不活性であるため、食品衛生法で定める「食品添加物などの規格基準」において食品添加物消泡剤として認められている。また、医薬品用、化粧品用途でも幅広く使用されている。

⑤各種変性基を比較的容易に導入できる

シリコーン系消泡剤では基本的にジメチルシリコーンをベースオイルとして用いるが、各種変性基（ポリエーテル、フッ素変性基など）を導入することで容易に物性が調節可能なため、様々な発泡液に細かく対応ができる。

（2）シリコーン系消泡剤の種類

シリコーン系消泡剤は、シリコーンオイルを基本原料として、各種成分の追加あるいは加工処理を経たいくつかの製品形態があり、それらは、大きく

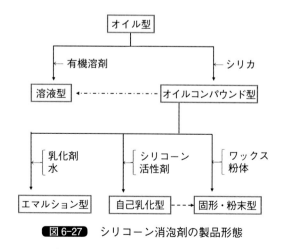

図 6-27 シリコーン消泡剤の製品形態

6種類に分類することができる（**図6-27**）。基本的に油系の発泡液に対しては、同じく非水系のオイル型、オイルコンパウンド型、溶液型が使用され、水系の発泡液に対してはエマルション型、自己乳化型が使用される。

①オイル型

　油性の発泡液に対しては一般的にジメチルシリコーン（Ⅰ）か、後述の微粉末シリカのような無機粉末を添加したシリコーンオイルコンパウンドが使用される。シリコーンオイルの粘度は特に決まったものはなく、取扱いに差し支えのない $100\sim100{,}000$ cS 程度が用いられる。

　一般的に、低粘度のオイルは分散性が良く破泡性に優れるが、発泡液中の界面活性剤により容易に系中へ均一分散してしまうため、持続性に乏しい。対して高粘度のオイルは逆に即効性こそ劣るものの、長く分散せずに系中へ留まるため持続性に優れる。

　シリコーンの側鎖にポリエーテル変性基を置換したもの（Ⅱ）は、極性基を有する樹脂・塗料などへの分散性が良く、ジメチルシリコーンより消泡性に優れる場合があるほか、消泡性とハジキの低減を両立する目的で選択される例がある。また、ポリエーテル変性シリコーンは曇点以上で発泡系に不溶となり消泡性が向上する。

　パーフルオロアルキル基で側鎖を変性したシリコーン（Ⅲ）は、ジメチルシリコーンよりも相溶性が低く、さらに表面張力も低いため、通常のシリコーンでは対処が難しい発泡液に有効である。例えば、シリコーン系界面活性剤が原因の泡に対する消泡剤には、シリコーンよりも低い表面張力が求められることになるが、その場合にフッ素変性シリコーンが有効である。その他、ジメチルシリコーンを溶解する炭化水素系溶剤中でも使用できる。

　Ⅰ）ジメチルシリコーン

$$CH_3-\underset{\underset{CH_3}{|}}{\overset{\overset{CH_3}{|}}{Si}}O-(\underset{\underset{CH_3}{|}}{\overset{\overset{CH_3}{|}}{Si}}O)_n-\underset{\underset{CH_3}{|}}{\overset{\overset{CH_3}{|}}{Si}}-CH_3$$

Ⅱ）ポリエーテル変性シリコーン（低 HLB）

$$\text{CH}_3-\underset{\underset{\text{CH}_3}{|}}{\overset{\overset{\text{CH}_3}{|}}{\text{SiO}}}-(\underset{\underset{\text{CH}_3}{|}}{\overset{\overset{\text{CH}_3}{|}}{\text{SiO}}})_n-(\underset{\underset{\text{CH}_3}{|}}{\overset{\overset{\text{CH}_2\text{CH}_2\text{CH}_2\text{O}-[(\text{C}_2\text{H}_4\text{O})_a(\text{C}_3\text{H}_6\text{O})_b\text{R}]}{|}}{\text{SiO}}})_m-\underset{\underset{\text{CH}_3}{|}}{\overset{\overset{\text{CH}_3}{|}}{\text{Si}}}-\text{CH}_3$$

親水基（ポリエーテル基）

Ⅲ）フッ素変性シリコーン

$$\text{CH}_3-\underset{\underset{\text{CH}_3}{|}}{\overset{\overset{\text{CH}_3}{|}}{\text{SiO}}}-(\underset{\underset{\text{CH}_3}{|}}{\overset{\overset{\text{CH}_3}{|}}{\text{SiO}}})_n-(\underset{\underset{\text{CH}_3}{|}}{\overset{\overset{\text{CH}_2\text{CH}_2-[(\text{CF}_2)_x\text{CF}_3]}{|}}{\text{SiO}}})_m-\underset{\underset{\text{CH}_3}{|}}{\overset{\overset{\text{CH}_3}{|}}{\text{Si}}}-\text{CH}_3$$

疎水基（パーフルオロアルキル基）

② 溶液型

　各種シリコーンオイルあるいはオイルコンパウンドを有機溶剤に溶かすことで作業性もしくは添加時の分散性を高めたものである。通常は添加の難しい数十万 cS を超える高重合度シリコーンなどが溶液型製品として扱われる。

③ オイルコンパウンド型

　シリコーンオイルに対し、一般的に微粉末シリカを混合、熱処理や添加剤を加えることでオイルとシリカの結合状態を高めたもので、シリコーンオイル単体より消泡性が格段に向上することから、基本的にこのコンパウンドを原料にしてエマルション型、自己乳化型の製品が開発されている。また、オイルとシリカの結合状態が強く、さらには表面疎水処理が高いほど過酷な条件でも持続して消泡性が得られることから、コンパウンド製造時には各種疎水化剤や触媒を加えて強固に疎水処理を行うものもある。図 6-28 にシリカ

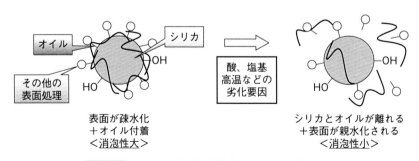

図 6-28　シリカ表面処理状態による消泡性の違い

の表面処理状態による消泡性の違いを示す。
④エマルション型

　オイルコンパウンドを主剤とし、乳化剤を用いてO/W型のエマルションとしたもので、本来非水溶性であるシリコーンの水分散性を改善した形態である。取り扱いが容易で、発泡液へすぐさま展開して消泡効果を発揮するため、水系の発泡液に対しては最も多く使用されている。また、使用する乳化剤や乳化条件により発泡系に最適な組成を得ることができるが、一方で消泡性と安定性を両立することが難しく、緻密な組成検討が必要であることが多い。その他、エマルションは熱力学的に不安定な系であることから、経時変化や熱、機械的シェアを受けることでエマルションが破壊され、シリコーンオイル成分が分離することがあり、取り扱いに注意が必要である。

⑤自己乳化型

　オイルコンパウンドを主にポリエーテル変性シリコーンと混合することで得られる製品形態である。ポリエーテル変性シリコーンはシリコーンオイルに対する乳化性が優れており、水で希釈することで、特別な乳化機器を使用しなくても乳化物を調製することが可能である。さらには低起泡性のポリエーテル変性シリコーンを使用することで、一般的な非シリコーン系界面活性剤を用いるよりも界面活性剤比率を多く配合可能な点から、エマルション型と比較して内添安定性や機械的シェア、温度、pHの影響を受けにくくすることができるため、消泡効果が持続しやすい。**図6-29**では自己乳化型消泡剤がアルカリ／高温条件下で持続性に優れていることがわかる。

⑥粉末型

　粉末消泡剤は、シリコーン消泡剤成分を吸油性の粉末担体に担持させることで粉末化したもので、担体としては多孔質の微粉末シリカ、炭酸カルシウムのような無機担体から、デキストリン、PVAなどの有機担体まで様々なものが使用される。粉末型とするメリットは、通常は液状のシリコーンを固体化することが可能なことから、セメント、粉末洗剤、粉末農薬など粉体製品に内添可能であることや、保存中に分離するといった変質が起きにくいことがあげられる。

⑦固形型

　シリコーン消泡剤を常温で固形の乳化剤、ワックス類と混ぜ込むことで、

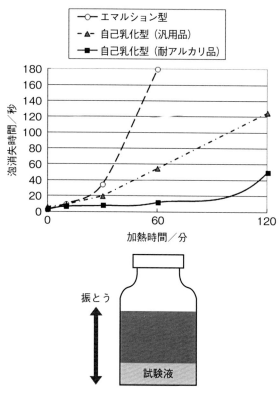

【振とう式消泡試験方法】
1) ガラス瓶にpH>12の発泡液と消泡剤を添加
2) 80℃で各時間加熱したサンプルを振とう器で撹拌、強制的に発泡させ、泡が完全に消失するまでの時間（秒）を記録した。

図6-29 振とう式消泡試験の図（下）と自己乳化型消泡剤のアルカリ／高温安定性（上）

固形状とすることができる。この固形型消泡剤は発泡液に対して吊り下げる、あるいは直接投げ込むことで、消泡成分が表面から徐々に溶け出し、長時間にわたって消泡効果を発現する。この徐放性を有するという点は一度設置すると暫く消泡効果が保たれるため、主に、排水処理設備、浄化槽など、メンテナンスフリーが求められる用途に使用される。消泡成分の放出速度、持続時間及び使用温度は固形化剤の配合により調整可能である。

▶ 6.5.4 シリコーン系消泡剤の応用

最後にシリコーン系消泡剤が使用される代表的な応用例を簡単に列挙する。シリコーン系消泡剤は安全性が高く、少量添加で性能を発揮することから、特に多くの応用例がある。ただし、食品、医療用など一部用途では法規により添加量などが決まっているため、使用に際しては注意が必要である。

表6-9 シリコーン系消泡剤の代表的な応用例

分野	応用例
食品工業	・豆腐（煮沸工程、容器充填工程） ・フライ油（揚げ物、ポテトチップス） ・清涼飲料（製造工程、充填工程） ・製糖（甜菜糖の糖分回収、精製）
発酵工業	・グルタミン酸Na製造（糖蜜発酵）・抗生物質の製造
化学工業	・ガス・石油化学 　……採掘工程、精製工程（脱硫工程、炭酸ガス吸収工程） ・合成樹脂の製造、成形（乳化重合を含む） ・廃溶剤の蒸留回収
繊維工業	・精錬工程、漂白工程、染色工程など
塗料・インキ	・水性/油性塗料・インキ（フレキソインキ、グラビアインキ） ・樹脂コーティング
製紙工業	・パルプ製造工程（洗浄工程）・抄紙工程・表面サイズ工程
各種油剤	・切削油・潤滑油・不凍液
医薬用	・胃腸薬・胃カメラ用バリウム液
排水処理	・工業排水・生活排水・下水処理場
その他	・洗濯用洗剤（液体・粉末）・農薬

6.6 離型剤

▶ 6.6.1 剥離紙用シリコーン
（1）剥離紙用シリコーン
①剥離紙の構成

　剥離紙は紙やフィルムに離型剤をコーティングしたもので、粘着製品の粘着剤面の保護や各種粘性樹脂の成型加工などに使用されている。離型剤としてはシリコーンが最も多く使われているが、他に長鎖アルキル基含有共重合体、フッ素樹脂がある。シリコーンは多くの樹脂に対し相溶性が低く、表面張力が低いため、シリコーン皮膜上に塗工された樹脂との間に離型性が発現する。

（2）剥離紙用シリコーンの分類と特徴
①剥離紙用シリコーンの分類

　剥離紙用シリコーンは溶剤型（熱硬化付加型、縮合型）、エマルション型（熱硬化付加型、縮合型）、無溶剤型（熱硬化付加型、UV硬化型、EB（電子線）硬化型）に分類される。

②溶剤型

　シリコーンを全量に対して30質量％となるように溶解させたタイプが主である。トルエン、MEK、ヘキサンやヘプタンといった有機溶剤でさらにシリコーン濃度を1～10％まで希釈し、紙やプラスチックフィルムなどの基材に塗工して使用される。溶剤型の大きな特徴は、高分子量のベースポリマーを溶剤に溶かした処理液を塗工できるため、薄く平滑ですべり性と光沢のある塗膜を作り出せることである。また、有機溶剤を用いることによりフィルムに密着できるものが多い。

・付加型と縮合型

　基材に塗工された剥離紙用シリコーンは加熱硬化ののちエージングされることで離型性のある皮膜を形成する。硬化反応には付加反応と縮合反応があ

表6-10 剥離紙用シリコーンの分類と特徴

	溶剤		エマルション		無溶剤				
	熱		熱		熱	UV			EB
	付加	縮合	付加	縮合	付加	ラジカル付加	ラジカル重合	カチオン重合	
低温硬化性	△	×	×	△	○	◎	◎	○	◎
触媒毒	×	◎	×	◎	×	◎	◎	△	◎
低速軽剥離化	◎	△	○	△	○	△	△○	△○	△
高速軽剥離化	△	×	○	×	◎	△	△	△	△
ポットライフ	△	△	△	△	△	○	△	△	◎
塗工精度	○	×	○△	×	△	△	△	△	△
基材選択性	△	○	△	○	△	△	△	△	△
使用エネルギー量	△	△	×	×	△	○	○	○	○
酸素阻害性	◎	◎	◎	◎	◎	○	×	◎	×
装置コスト	△	△	○	○	○	○	△○	○	×
安全衛生	×	×	○	○	○	○	○	○	△
環境への影響	×	×	○△	○△	○	○	○	○	○
高速塗工性	×	×	×	×	◎	△	○△	△	◎

る。付加型は剥離紙用シリコーンでは最も使われている硬化方式である。ベースポリマーであるメチルビニルポリシロキサンと架橋剤であるメチルハイドロジェンポリシロキサンを白金触媒を用いて加熱硬化させる。ビニル基の代わりにヘキセニル基を持つベースポリマーも用いられている。また白金触媒の活性を抑制してポットライフを調節するために制御剤が併用される。

　縮合型は両末端シラノール基含有ポリジメチルシロキサンとメチルハイドロジェンポリシロキサンもしくはメトキシ基含有メチルポリシロキサンをスズ触媒で反応させるものである。近年、スズの代替触媒の開発が行われ、ビスマス、アルミニウムや鉄の錯体に触媒効果を見出し展開が図られている。縮合型は付加型に比べて反応が遅く、高温長時間の硬化を必要とする。皮膜は柔らかで高速剥離力が大きい。長所は触媒毒や大気暴露の影響を受けない点で、現在は限られた用途に使用されている。

表6-11 硬化方式と硬化機構

硬化方式	硬化機構
付加型	白金触媒 $\equiv$Si$-$CH$=$CH$_2$$+H-Si\equiv$ $\xrightarrow{熱}$ $\equiv$Si$-$CH$_2$$-CH_2$$-Si\equiv$
脱水素縮合型	スズ触媒等 $\equiv$Si$-$OH$+$H$-$Si$\equiv$ $\xrightarrow{熱}$ $\equiv$Si$-$O$-$Si$\equiv$ $+$H$_2$
脱メタノール縮合型	スズ触媒等 $\equiv$Si$-$OH$+$CH$_3$O$-$Si$\equiv$ $\xrightarrow{熱}$ $\equiv$Si$-$O$-$Si$\equiv$ $+$CH$_3$OH

③エマルション型

エマルション型は界面活性剤を用いて水に剥離紙用シリコーンを乳化分散させたものである。近年は環境負荷の低減、作業環境の向上を目的にエマルション型が伸びている。食品用に適したグレードも開発されている。

硬化機構としては付加型のものが多く、剥離特性も優れている。しかし、水による希釈と乳化剤を含有することにより硬化性、基材への濡れ性、密着性など溶剤型に及ばない面があり、乳化剤の影響を減らしたものが開発されている。

エマルション型の長所は、①帯電しにくく静電気の悪影響を受けない、②耐暴露性に優れる、③帯電防止剤を併用しやすい、④フィルムの延伸製造時にインラインでの塗工工程を組み込める、ことがあげられ、長所を生かした製品開発がなされている。

④無溶剤型

・付加型

日本においては環境への配慮から溶剤型から無溶剤型へ移行するケースが多かった。一方、海外では日本よりも無溶剤付加型の使用割合が高いが、これは無溶剤型が高速塗工が可能なためで、大量生産により安価に剥離紙を生産しているためである。近年は塗工速度の高速化が進んでいるが、塗工速度が300 m/分を超える位から塗工ロールにおいてシリコーンがミストとして発生する。ミスト量は塗工速度に比例して増え、壁面に付着したミストは経

時でゲル化し、排気してもダクト内やフィルターにゲルが堆積する。

ミストを防止するため3次元架橋したシリコーン架橋物がミスト防止剤として使われている。

無溶剤型シリコーンは硬化皮膜がもろいためフィルムに十分密着させることができないが、特殊な多分岐末端ビニルシロキサンを用いることによりフィルム基材に密着できるものがある。

・UV硬化型

UV硬化型にはラジカル付加、ラジカル重合、カチオン重合がある。ポリエチレンラミネート紙やOPPフィルムなどの耐熱性の低い基材に剥離紙用シリコーンを塗工する場合、熱硬化型では基材の発泡、塗工面の光沢低下、収縮、変形が起こる場合がある。UV硬化型は基材の温度上昇が少ないため発泡や収縮が起こらず、高光沢な皮膜形成が可能である。

ラジカル付加型はビニル基含有ポリシロキサンをベースポリマーとしメルカプト基含有ポリシロキサンと光重合開始剤を加えたものである。ベースポリマーの重合度の制御が容易で高粘度タイプは部分塗工に適している。

ラジカル重合型はアクリル基を含有するポリシロキサンに光重合開始剤を加えたものである。酸素障害があるため空気中では1μm以下の薄膜だと硬化しにくい。近年は窒素置換が可能な塗工機を用いて薄膜での硬化が行われている。

カチオン重合型はエポキシ基を含有するポリシロキサンにヨードニウム塩光開始剤を加えたもので、UV照射により開始剤が分解し酸を生成すること

表6-12 硬化方式と硬化機構

硬化方式	硬化機構
ラジカル付加型	$\equiv$Si–C$_3$H$_6$SH+CH$_2$=CH–Si$\equiv$ $\xrightarrow[\text{UV}]{\text{光重合開始剤}}$ $\equiv$Si–C$_3$H$_6$S–CH$_2$–CH$_2$–Si$\equiv$
ラジカル重合型	2$\equiv$Si–C$_3$H$_6$OCOCH=CH$_2$ $\xrightarrow[\text{UV}]{\text{光重合開始剤}}$ $\equiv$Si–C$_3$H$_6$OCOCH–CH$_2$–R 　　　　　　　　　　　　　　　　　　　　　　　　　CH$_2$–CHCOOC$_3$H$_6$–Si$\equiv$
カチオン重合型	2$\equiv$Si–C$_2$H$_4$–[エポキシシクロヘキサン] $\xrightarrow[\text{UV}]{\text{Onium Salt}}$ $\equiv$Si–C$_2$H$_4$–[シクロヘキサン]–OH 　　　　　　　　　　　　　　　　　　　　　　　　　　　　　O–[シクロヘキサン]–C$_2$H$_4$Si$\equiv$

によりエポキシ基がカチオン重合する。酸素障害はなく、薄膜で良好に硬化するが、水分の影響や基材中に塩基性物質があると硬化不良になる場合がある。

・EB（電子線）硬化型

UVラジカル重合型と同様にアクリル基含有ポリシロキサンが用いられる。光重合開始剤が無くてもEB照射によりラジカルが生成し架橋が進行する。一般にUVラジカル重合型よりも重剥離となる。EB硬化型は熱やUVと比較してエネルギー密度が大きく、高速塗工による生産性向上、低温キュアーによる耐熱性の低いプラスチックフィルムへの塗工が期待されてきたが、この方式で生産している剥離紙メーカーは少ないと思われる。

（3）用途

剥離紙は広く粘着加工製品に使われている。粘着ラベル、粘着テープの粘着面の保護以外にも、合成皮革、セラミックシート、炭素繊維複合材料など、種々の先端素材の製造加工で、工程紙、工程フィルムとして使用される。このような分野では高機能品の開発が進んでいる。

表6-13 剥離紙、剥離フィルムの用途

粘着加工製品	ラベル・シール	表示ラベル、ステッカー、一般シール、POSラベル
	粘着テープ	包装用クラフト粘着テープ、マスキングテープ、両面粘着テープ、OPPフィルム粘着テープ
	建築資材	発泡ウレタン防音材、壁紙・ゴムアスファルトルーフィング等の防水材、自動車内装用発泡シート、粘着化粧板
	衛生用品	医療用絆創膏、サージカルテープ、貼り薬、生理用品、
非粘着加工品	食品工業	ベーキングトレイ、クッキングシート、饅頭の台紙、飴・チョコレートの製造・包装用
	工程紙・工程フィルム	塩ビやウレタン等合成皮革製造用、セラミックシート製造用、炭素繊維プリプレグ用
微粘着材料	微粘着フィルム	保護フィルム、ポスター
その他		アスファルト類、ゴム類の包装紙、転写印刷関連製品用離型剤、各種成形品の製造用離型剤

(4) 剥離特性の調整

各種用途や粘着剤に対し、様々な剥離力のシリコーンが開発されている。この剥離力の調整は、架橋密度、コントロール剤の添加、架橋剤量、官能基の種類、塗工量などによって行われる。ただし、基材の種類、シリコーンの組成、粘着剤の種類、剥離紙の塗工後のエージング、などによって、異なる現象を示すことも多く、事前に十分に検証して組成や加工条件を決める必要がある。

剥離紙用シリコーンに用いられる成分や使用条件と、それらから得られる剥離特性の関係について以下に記す。

①ベースポリマーの架橋密度

付加反応型のベースポリマーとしてはアルケニル基をもつジメチルポリシロキサンが用いられる。アルケニル基としては一般にビニル基が用いられる。ヘキセニル基も使用されており、硬化が速いと言われている。

またアルケニル基はポリマーの側鎖に存在するタイプよりも末端に存在するタイプの方が反応性が高い。ポリマーの主鎖に分岐構造を有し各末端にアルケニル基のあるタイプはさらに反応性に優れる。

ベースポリマーは溶剤型の場合、重合度1,500〜8,000程度の直鎖状ポリジメチルシロキサンが用いられる。無溶剤型では重合度50〜300の直鎖状や分岐状のポリジメチルシロキサンが用いられる。分岐状のものは直鎖状のものと同じ重合度でも粘度は大幅に低くなる。

ベースポリマーの架橋密度により剥離力は大きく変わってくる。低速剥離(0.3 m/分)[1]における剥離力で見た場合、架橋密度が低いと剥離力は小さく、架橋密度が高いと剥離力は大きくなる。高速剥離（150 m/分)[2]では傾向は逆転し、架橋密度が低いものほど剥離力は大きくなり、架橋密度が高いほど剥離力は小さくなる（**図6-30**）。

②架橋剤

架橋剤としてメチルハイドロジェンポリシロキサンが用いられる。全シロキサン単位が[$(CH_3)HSiO$]単位からなるホモポリマーや、[$(CH_3)HSiO$]単位と[$(CH_3)_2SiO$]単位を持つコポリマーがある。ホモポリマー型は基材密着性が向上し、コポリマー型は硬化性が向上する傾向がある。架橋剤量を硬化に必要な量よりも過剰に使用すると、皮膜中のSiH量が増加し

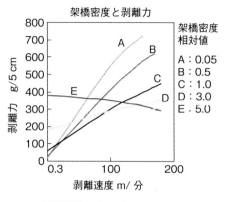

図6-30 架橋密度と剥離力

重剥離となる。

③滑り成分

　溶剤型シリコーンはシリコーン皮膜の滑り性が高いのに対し、無溶剤型シリコーンは架橋密度が高いため皮膜が硬く滑りにくい。無溶剤型では滑り性の改善のため高分子量のポリジメチルシロキサンが併用される。

④軽剥離コントロール剤

　滑り成分と同じ高分子量のポリジメチルシロキサンやフェニル基を含有するポリジメチルシロキサンが軽剥離コントロール剤として用いられる。シリコーン皮膜の表面にブリードして粘着剤層との界面に移行することにより軽剥離となる。軽剥離コントロール剤の官能基や分子量を変更することで軽剥離効果を調整できる。残留接着力は低下傾向となる。

⑤重剥離コントロール剤

　剥離力を重くするために用いられるのが重剥離コントロール剤であり、MQレジン（$[(CH_3)_3SiO_{1/2}]$ 単位と $[SiO_{4/2}]$ 単位からなるポリシロキサン）が用いられることが多い。このポリシロキサンは非反応性であるため残留接着力を低下させることがある。これを防ぐために $[(CH_2=CH)(CH_3)_2SiO_{1/2}]$ 単位を含有する反応性MQレジンも用いられる。

　また、MQレジンと末端にSiOH基を持つポリジメチルシロキサンを縮合させたものも用いられる。

⑥塗工量

塗工量の増量は剥離力を小さくする。この理由ははっきりしていないが表面が平滑になること、塗工量が多くなるほど硬化に関与するSiH基が増えキュアー性が向上するためと思われる。

塗工量は、通常、溶剤型が$0.1〜0.5\,g/m^2$（μm)、無溶剤型が$0.5〜2.0\,g/m^2$（μm）である。日本ではコストを抑えるため$1\,g/m^2$以下で塗工されているが、中国等では$1〜2\,g/m^2$で塗工されている場合が多い。塗工量が多くなると使用するシリコーン量が増えコストアップするが、メリットとして、①剥離力を小さくできること、②基材の触媒毒の影響が少なくなるため低品質の基材が使えるようになること、があげられる。

塗工量が少なくなるほどピンホールや塗工皮膜の欠陥ができる危険性が高くなり、硬化性も低下する。逆に塗工量が$2\,g/m^2$を超えると、表面の滑り性が低下する。

⑦硬化

シリコーンの硬化を十分におこなうと皮膜中のSiH量が減少し軽剥離になる傾向がある。逆に、不十分であると皮膜中にSiH量が多く残留し重剥離になる傾向がある。また、未反応成分が残るので、ロールに巻取ったときに基材の背面にシリコーンが移行したり、残留接着力が低下する（貼り合わせた粘着剤の粘着力を低下させること）。

⑧ 経時変化（エージング）

シリコーン皮膜中のSiH量は剥離力とも関係があり、SiH量が多いと剥離は重く、少ないと軽くなる傾向がある。粘着加工せずに剥離紙の状態でエージングさせること（セパエージング）により剥離力は経時で軽くなる。この原因としてSi-H基の減少があげられる。図6-31に示すように、塗工後に一定の温度と時間で剥離紙をエージングさせることで、剥離力を下げ安定化させることができる。逆に、粘着剤を貼り合わせた後のエージング（貼り合わせエージング）により剥離力は経時で重くなる。これは粘着剤とシリコーン面との濡れが進行すること、Si-H基などの残存官能基と粘着剤の反応性官能基との反応が要因としてあげられる。

（5）硬化について

①触媒

付加型シリコーンには白金触媒が使われている。白金触媒は非常に高価で

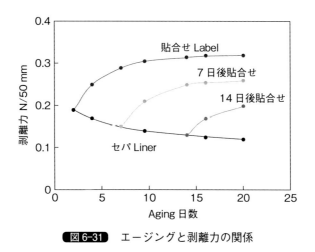

図 6-31 エージングと剥離力の関係

あり、コストダウンのためには白金触媒量をできるだけ少なくすることが望まれる。最近は低白金処方が開発され無溶剤型では 50〜100 ppm の白金量で硬化を行うケースが増えている。ロジウム触媒はダウコーニング社の無溶剤型で使われている。白金触媒と比べると硬化速度は遅いが触媒毒による影響が少ないため基材による影響が小さく粘着剤に対しても不活性と言われている。また付加反応触媒として鉄、亜鉛といった安価な金属錯体の特許が公開されているが、硬化性は白金に遠く及ばない。

②制御剤

処理浴中の剥離紙用シリコーンが塗工前の作業中や塗工ロール上で硬化しないように、白金触媒の活性を抑えるために制御剤が配合されている。制御剤はアセチレン化合物やマレイン酸系化合物が用いられている。また溶剤型に比べ無溶剤型は抑制効果の強い制御剤でないとポットライフが確保できない。制御剤量が多すぎると硬化性が低下することになる。特に低温硬化や短時間硬化が必要となる場合、硬化性とポットライフを両立させるために、制御剤量は慎重に決める必要がある。

③基材

ポリエチレンラミネート紙、グラシン紙、クレーコート紙などが多く使われる。プラスチックフィルムではポリエステル、ポリプロピレンが多い。白金触媒を用いる付加型シリコーンの硬化反応は基材中にイオウ、リン、スズ、

窒素系化合物が存在することにより強く阻害され硬化不良となる。またクレーコート紙の目止め剤、帯電防止剤や多くのインクも触媒毒である。水や水酸基、カルボキシ基含有化合物も弱い触媒毒作用を持つと言われていて、グラシン紙やポバールコート紙の硬化性がポリエチレンラミネート紙よりも劣るのは OH 基の影響と考えられている。硬化不良により剥離は一般に重くなる場合が多い。

（6）応用特性
①耐暴露性
　暴露は空気中にセパレーターを放置すると経時で剥離力が大きくなる現象である。複数の間接的な証拠から、大気中の帯電粒子の付着によるものと考えられている。エマルション型や無溶剤型あるいは移行成分を配合したものは耐暴露性が良いものが多いが、大半の溶剤型は耐暴露性に劣る。このため特定のベースオイルを用いた耐暴露性に優れた製品が開発されている。
②ペインタブル
　荷造り用クラフトテープなどペインタブル性を求められるものがある。しかし剥離紙用シリコーンの硬化皮膜はインクをはじいてしまうため筆記や印刷はできない。このためシリコーンと有機樹脂の混合物に海島構造を形成させて硬化することにより筆記性（ペインタブル性）と剥離性の両立を達成している。なお縮合型と付加型の2つの硬化方式で製品化されている。
③基材密着性
　ポリエステルフィルムなどのプラスチックフィルム基材に対しては、剥離紙用シリコーンの密着性は不十分であることが多い。エポキシ基や水酸基を有するシリコーンオリゴマーが密着向上剤として添加される。ベースポリマーの置換基やビニル基含有量によってフィルム密着性を改良した製品がある。フィルム自体も、触媒毒を含まないもの、易接着処理されたもの、コロナ処理されたものなどを用いることで基材密着性を改善できる。

▶ 6.6.2　シリコーン離型剤

（1）シリコーン離型剤の特徴
　加圧成型、射出成型などによって各種ゴムや樹脂製品を成型する工程で、これらの成形品が母型に膠着する場合がある。膠着を防ぎ、成形品を取り出

しやすくするためには母型に適当な離型剤、潤滑剤を塗布する必要がある。

従来、離型剤、潤滑剤として鉱物油、ワックス、脂肪酸、石ケン、グリコール、フッ素化合物のような有機化合物、あるいはタルクのような無機化合物が使用されてきた。

①従来の離型剤

鉱物油やワックスは離型剤や潤滑剤としてゴム加工やタイヤ加工、プラスチック加工等の製造工程で広く使用されている。そのような炭化水素系化合物の離型剤は熱履歴により炭化分解して型や成形品の表面を汚すため、頻繁に型を掃除する必要があり、そのため能率の低下や、高価な型の破損の恐れがある。また離型性も劣るため、緻密な型から離型するような精密さを要求される工程では使用が制限される。

フッ素化合物を主成分とする離型剤は型汚れが生じにくく、離型性も良好であるため、プラスチック加工やゴム加工等の製造工程で広く使用されている。一方で、フッ素化合物の離型剤は高価であり、また環境負荷等で問題になるケースがある。

これに対してシリコーン化合物は以下に示すような優れた特徴を有しており、離型剤として有用性が高い。

②シリコーン離型剤

(a) シリコーンの溶解パラメーター (SP値) は他の化合物と比較して小さく、値が離れているため、多くの有機化合物に対して非混和性であり、適用範囲が広く、優れた離型性を示す。

(b) 耐熱性が優れており、化学的にも不活性であることから、成型材料と化学反応を起こさない。生理的にも不活性であることから、食品包装容器成型用の離型剤としても使用できる。

(c) 沸点、引火点が高く安全である。

(d) ジメチルポリシロキサンの表面張力は 20〜21.5 dyn/cm と非常に低いため、複雑な型の凹凸にも入り込むことができる。

(e) 成形品の表面が汚れず、優れた光沢が得られる。

(f) 一般の有機系離型剤より持続性に優れており、また低濃度でも優れた離型性を示す。

一方で、ジメチルシリコーンオイルの離型剤を使用すると、成形品の表面

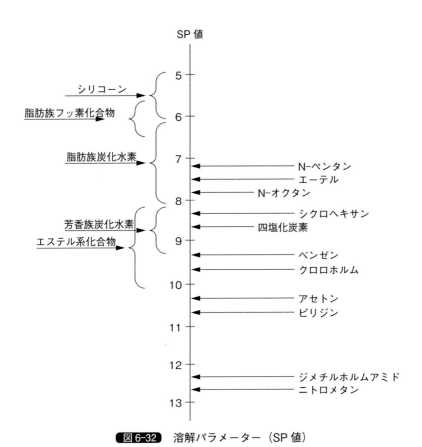

図 6-32 溶解パラメーター（SP 値）

にオイルが移行し残留するため、成形品への表面塗装や印字、あるいは接着剤や粘着剤の使用ができないという欠点がある。これらの対策として、フェニル変性シリコーンオイルや長鎖アルキル変性シリコーンオイル等のペインタブル性の離型剤が使用されている。

また、電子部品と近接した箇所で使用されるシリコーン離型剤では、揮発性の低分子シリコーンが熱により揮発し、接点障害を起こす場合がある。そのような場合は、あらかじめ揮発性低分子シリコーンを留去したものを使用する。

（2）シリコーン離型剤の種類

シリコーン離型剤にはそのベースポリマーのタイプとして、オイル、硬化

性オイル、及びワニスがあり、さらに製品形態としてベースポリマーをそのまま使用するもの、有機溶剤に希釈したもの、さらに乳化してエマルションにしたものがある。用途や目的によって、ベースポリマーの種類や製品形態、使用濃度、使用方法、処理条件を選択する。

①シリコーンオイル

ゴムやプラスチックなどの各種樹脂の成型、シェルモールド、鋳物などの離型に最もよく用いられるものである。

・シリコーンオイル

離型剤としてジメチルシリコーンオイルを単独で使用することができる。この場合、高粘度のシリコーンオイルを使用すると型汚れが生じる可能性があり、持続性と離型性の観点から $100 \sim 10,000$ mm^2/s の粘度のものが汎用的に使用されている。また、耐熱性が要求される用途ではフェニル変性シリコーンオイルを使用するとよい。布やはけなどを用いて型材に塗布する。

・シリコーンオイルの溶剤希釈品

シリコーンオイルを希釈しないでそのまま型材に塗布するとシリコーンオイルの塗布量が多くなり、成形品の表面への移行が懸念される場合がある。その場合はシリコーンオイルをトルエン、キシレン、イソパラフィン等の揮発性の溶剤に溶解させ、塗布することで、塗布量を下げる。一般的にはシリコーン濃度を $0.2 \sim 5.0$ %に希釈して、布やはけまたはスプレー等で塗布する。容易に使用できるタイプとして、シリコーンオイルの希釈液をスプレー缶で吹き付ける製品があり、特に小さいスケールでの使用には便利である。

・硬化型シリコーン

（a）シリコーンワニス

シリコーンレジンの溶液を型材上に塗布し加熱することで、フィルム状の皮膜をつくり、持続性のある離型作用を示す。離型剤の成分が製品に付着あるいは吸収することがないので、成形後、塗装作業などを行うことができる。通常、スプレー、はけ塗りなどで塗布し、$150 \sim 250$ ℃で数十分〜数時間の焼付けで離型皮膜を形成する。

（b）架橋型シリコーン

型材表面でシリコーン化合物の架橋反応を行うことにより、離型性の皮膜を形成することも可能である。例えば次の式に示されるシロキサンシラザン

ポリマーの有機溶剤溶液を型材の表面に塗布すれば、型材の表面において空気中の水分と反応して高分子化し、離型性のある硬化皮膜が得られる。この皮膜はxとyの比を変えることにより適当な硬さに設定することが可能であり、1μm程度のきわめて薄い膜でありながら離型耐久性と精密性、塗工性が要求される用途に使用される。硬化皮膜を形成するために加熱する必要はなく、室温でも硬化皮膜が得られる。このタイプの架橋型シリコーンはスプレーの容器で販売されている。

$$\left(\!\!\begin{array}{c}CH_3\\|\\-Si-O-\\|\\CH_3\end{array}\!\!\right)_x \!\!\left(\!\!\begin{array}{c}CH_3\\|\\-Si-N-\\|\quad|\\CH_3\ H\end{array}\!\!\right) \!\!\left(\!\!\begin{array}{c}NH\\|\ H\\-Si-N-\\|\\NH\end{array}\!\!\right)_y \xrightarrow{H_2O} \left(\!\!\begin{array}{c}CH_3\\|\\-Si-O-\\|\\CH_3\end{array}\!\!\right)_x \!\!\left(\!\!\begin{array}{c}CH_3\\|\\-Si-O-\\|\\CH_3\end{array}\!\!\right) \!\!\left(\!\!\begin{array}{c}O\\|\\-Si-O-\\|\\O\end{array}\!\!\right)_y$$

②シリコーンエマルション

　有機溶剤の引火性などの危険性、毒性などの有害性、環境負荷の観点から、シリコーン離型剤の製品形態の主流は、溶剤型からエマルション型へ移っている。ノニオン界面活性剤、アニオン界面活性剤、カチオン界面活性剤のいずれかを乳化剤として使用し種々の構造のシリコーンを乳化することによりO/W型シリコーンエマルションを製造している。乳化の装置（乳化機）としては、ホモミキサーに代表される外周に設置されたステーター内部でタービン翼が高速回転する装置や、ディスパーに代表される円形ディスクの外周にのこぎり歯形の羽根を有する回転翼からなる装置があげられる。また、エマルションの製造はバッチ式だけでなく連続式が可能なため、生産量の多いエマルション製品は高圧式乳化機やコロイドミル、パイプラインミキサー等により連続式で製造したほうが効率的である。

　乳化方法には乳化重合法と機械乳化法の2通りがある。

　乳化重合法とはオクタメチルシクロテトラシロキサンのような環状シロキサンや低粘度の両末端ヒドロキシ変性シリコーンを原料として、ラウリル硫酸ナトリウムやラウリル硫酸のようなアニオン乳化剤で乳化した後に、必要に応じてドデシルベンゼンスルホン酸等の酸触媒を加えることによりエマルション粒子中でジメチルシリコーンを重合する方法である。また、塩化セチルトリメチルアンモニウムのようなカチオン乳化剤で乳化した後に水酸化カ

リウム等のアルカリ触媒を加えることでもエマルション粒子中で重合ができる。このような乳化重合によるエマルションは乳化剤のイオン性が限定されるものの粒径の小さいエマルションを形成することが容易であり、安定性が極めて良好である。生成するジメチルシリコーンポリマーの重合度に対する制限がほとんどなく、ジメチルシリコーンオイルとしての粘度が 100 mm^2/s から高重合度ガムまで容易に調整できる。特に高重合度ガムは皮膜形成性が向上するため、耐久性のある離型剤を得ることが可能である。

　また、シリコーンエマルションの乳化重合時にトリアルコキシシラン等を配合して、ジメチルシリコーンポリマーに分岐単位を導入することも可能である。シリコーンポリマーに分岐単位を導入することで得られる皮膜はさらに耐久性が向上し、型材から成形物へのシリコーン移行を抑えられるといった効果が得られる。

　さらに、分岐シリコーンポリマーのエマルションに反応性のトリアルコキシシラン等と架橋剤成分とコロイダルシリカを配合することにより、室温で良好な皮膜を形成するエマルションが得られる。より強固な皮膜を形成するためには、金属触媒を配合する。このタイプのエマルションは、紙のブロッキング防止剤、建築材料の防水剤や表面保護材等のコーティング剤としても使用されている。

　一方で、機械乳化法とは、ジメチルシリコーンオイル、変性シリコーンオイルまたはシリコーンレジン等をノニオン乳化剤、アニオン乳化剤、カチオン乳化剤のいずれかを使用し乳化する方法である。乳化剤のイオン性は限定されず、シリコーンオイルは数十 mm^2/s から高重合度ガムの粘度のものまで使用できる。ただ、高重合度ガムの乳化では、低粘度のシリコーンオイルなどで希釈してベースオイルの粘度を下げてから乳化すると効率良く製造することができる。乳化重合法と比較して重合する工程がないため、短時間でエマルションを製造することが可能である。ベースオイルは、ポリジメチルシロキサン、フェニル変性、アミノ変性、エポキシ変性、ポリエーテル変性、アルキル変性、などの種々のシリコーンが目的に応じて使用される。

（3）エマルション型シリコーン離型剤の使用上の注意

　エマルション型のシリコーン離型剤の使用上の注意すべき事項として次の点があげられる。

① 水で希釈するため乾燥性が悪い
② 型材に対する濡れ性が悪い
③ エマルションの破壊

　②の濡れ性については、ノニオン乳化剤やアセチレン化合物、ポリエーテル変性シリコーン等の濡れ性向上剤の配合により解決できる場合がある。ただし、エマルションの安定性、耐熱性や離型性の低下を招く恐れがあるので、注意が必要である。③については、エマルションの安定性が悪いと粒子の合一が起こりオイルが分離してくる。エマルションの粒径を小さくすることで安定性は向上する。攪拌や移送ポンプによる高せん断や硬水による希釈は、エマルションの安定性が低下しシリコーンオイルが分離するため留意する必要がある。希釈には軟水を使用することが望ましい。また、型材にシリコーンが堆積する場合は、ベースオイルの重合度を下げることでゲル等の発生を防ぎ、汚染を抑制できる。

（4）シリコーン離型剤の応用
① ゴム工業

　ゴム成型用のシリコーン離型剤はエマルション型製品がもっとも広く使用されている分野である。成型サイクルの関係で乾燥時間が問題になる場合、あるいは型材への濡れ性や成分的な制限からエマルション型の使用が困難な場合は溶剤型が使用される。

（a）タイヤ用離型剤

　タイヤ成型時の離型用にエマルション型シリコーン離型剤が多く使用されている。

　以下にタイヤの製造工程を示す。

　タイヤの製造では金型の内面、生タイヤの内面、ブラダーの表面にそれぞれ離型剤が塗布される。金型用の離型剤は数百～数十万 mm^2/s のジメチルシリコーンエマルションが使用されている。

　従来、ブチルゴム等からなるブラダー用の離型剤は、高粘度のジメチルシリコーンを主成分とするエマルションが使用されてきた。タイヤ加硫時の加硫剤の分解残渣などによる離型剤の劣化を防止し離型を容易にする目的で、マイカ、タルクのような無機粉体を配合するのが一般的であった。これらの無機粉体を配合する際の作業上の煩雑さやタイヤの内面に離型剤からマイカ

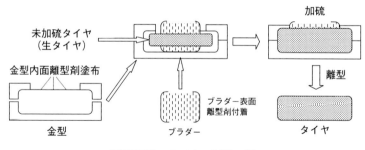

図 6-33 タイヤの製造工程

粉などが移行して白化することを避けるため、無機粉体を配合しない離型剤の開発が望まれてきた。近年、高重合度の両末端ヒドロキシ変性シリコーンとメチルハイドロジェンシリコーンの硬化型シリコーンエマルション等を使用する方法が開発されている。そのような硬化型のエマルションにはブラダーを数百回繰り返し使用してタイヤを製造しても離型性が持続するものもある。タイヤの成型では、160℃以上の高温、スチーム加圧による高温高圧の水蒸気、タイヤやブラダーに含まれる種々の化学物質などが離型剤に影響する恐れがあり、それらに耐えられるものが求められる。

(b) ウェザーストリップゴム用コーティング剤

ウェザーストリップとは自動車のドアの周囲や、トランクリッド、窓ガラスまわりの車体の隙間から風雨、挨、騒音が浸入するのを防ぐために装着する帯状のシール部品であり、ゴムとスポンジで構成されている。ウェザーストリップゴムには EPDM ゴムなどが用いられるが、単体ではゴム同士の滑り性の不足によるきしみが発生し、ゴム同士の摩擦により寿命が低下する。これを防ぐ目的で、ウェザーストリップゴムの表面にシリコーンをコーティングし、滑り性のある耐久皮膜を形成する。ウェザーストリップゴム用コーティング剤の主な要求特性は滑り性、密着性、耐摩耗性、つや消し性であり、それらの特性を満たすために高重合度のシリコーンやアルコキシシラン等の密着向上剤及び有機樹脂パウダーを配合したシリコーンエマルションが用いられている。溶剤希釈型のコーティング剤もあり、一般には溶剤希釈型の方が密着性や耐摩耗性に優れる。

②プラスチック工業
(a) プラスチック成型

　ポリスチレン、ポリエステル、ポリ塩化ビニル、アクリル樹脂、ウレタン樹脂、メラミン樹脂等の各種プラスチックのプレス成型、射出成型、積層成型等において、金型表面、またはプラスチック表面にシリコーン離型剤が塗布されている。

　プラスチックの成型には、射出成型のように金型内に溶融した樹脂を注入して成型する方法、プレス成型のようにシート状の樹脂を金型で挟んで成型する方法などがある。射出成型では成形前に金型内に離型剤を塗布する。プレス成型ではシート状の樹脂の表面に離型剤を塗布し、金型で成形する。

　プラスチック成型の金型用シリコーン離型剤の多くはエマルション型であり、持続性が要求されない用途には数百～数千 mm^2/s のジメチルシリコーンのエマルションが使用され、持続性が要求される用途には数万 mm^2/s のジメチルシリコーンのエマルションが使用される。

　プラスチック表面にシリコーン離型剤を塗工する場合、通常0.5％～2.0％のシリコーン濃度に希釈し、ローターダンプニング、グラビア方式もしくはスプレー方式等で塗工する。ローターダンプニングのような強い撹拌を伴うような塗工方法ではシリコーンエマルションは破壊されやすくゲル等が生じてくる恐れがあるので、注意が必要である。

　通常、シートやフィルムを成型したケースやトレイ、カップなどの成形品は積み重ねて保管されるが、シリコーン離型剤が塗工されていると、ブロッキングすることなくひとつひとつをスムーズに取り外すことができる。成型以外の用途として、シート状、フィルム状のプラスチック同士のブロッキング防止や滑り性向上のためにシリコーン離型剤が表面に塗布されることがある。

　また、ポリスチレンにシリコーンエマルションを塗工すると界面活性剤がポリスチレンに含浸することでクラックが生じ、成形体にひびが入る場合がある。そのような場合には界面活性剤の種類や配合量を変更したクラックが生じにくいタイプのエマルションを使用すればよい。

(b) 食品包装容器用離型剤

　ケース、トレイ、カップなどの食品や飲料用の容器として使用される食品

用プラスチックの成型では、ポリ衛協の自主基準（ポリオレフィン等衛生協議会によるポリオレフィン等合成樹脂製食品容器に関する自主規制基準）に適合したシリコーンエマルションを使用することが推奨されている。耐熱性やペインタブル性が必要な場合はフェニル変性シリコーンのエマルションを使用するとよい。

(c) 樹脂添加剤

ウレタン樹脂やアクリル樹脂などの塗料や合成皮革では、塗膜や樹脂表面への滑り性付与、可撓性付与のためにシリコーン離型剤が添加される場合がある。溶剤系（油性）、エマルション系（水性）のいずれの塗料にも添加できるようなシリコーンエマルションや分散物が使用されている。添加量は1％程度またはそれ以下で、少量の添加でも効果が得られるようなジメチルシリコーンの乳化物が用いられている。

③金属加工

ダイカスト用離型剤

溶かしたアルミ合金、マグネシウム合金などの金属を金型に流し込んで冷却し固める鋳造法をダイカストという。機械部品などに用いられるアルミやアルミ合金をダイカスト法で鋳造するときに、金属製の鋳型とアルミ成形体との離型には、種々のワックスや油脂などをベースとするダイカスト用離型剤が用いられる。高温になる鋳型にスプレー塗布されるので、溶剤型の離型剤では引火の危険があり、エマルション型の離型剤が主に使用されている。シリコーンでは、高温での鋳型への付着性、濡れ性の点で、アルキル変性シリコーンやアラルキル変性シリコーンなどのエマルションが用いられる。

④製紙工業

抄紙工程ロール用離型剤

木材パルプを原料として抄紙する工程には、パルプ分散液から湿紙を形成し、これをプレスロールにより押圧させて水分を除去する工程や、これを通過した湿紙を加熱されたドラムに接触させて乾燥させる工程、カレンダーロールにより紙の厚み（坪量）や表面平滑性を調整する工程がある。抄紙工程では何度も紙とロールやドラムが接触するが、その離型がうまくできないと、断紙、しわや変形、欠陥の発生、異物の付着の原因となる。これらを抑制するために紙とロールの離型にシリコーン離型剤が用いられる。

離型剤の金属ロールへの付着性、ロールと紙との離型性、紙への汚染防止性などの点からアミノ変性シリコーンのエマルションが多く使用されている。

⑤木材加工（撥水、吸水防止コーティング）

　建築材や工芸品等の材料として広く用いられている木材の耐水性、寸法安定性、耐汚染性、耐腐朽性、防犠牲等の諸性質を改良する目的で、木材に様々な高分子化合物や、薬剤、無機物質等の処理剤を塗布または含浸させている。これらの処理剤の中で、安全性が高く、撥水性、耐汚染性に優れる点からシリコーンエマルションが用いられている。さらにシリコーンエマルションは水系であるため、耐腐朽性、防犠牲を付与できるホウ酸化合物を添加することも可能である。

6.7 シリコーン粘着剤

シリコーン粘着剤は他の有機系粘着剤とは大きく異なる特性を有するがこれは主骨格が Si-O 結合からなるためである。化学的には Si-O 結合の結合エネルギーは 444 kJ/mol であり、他の有機系粘着剤の主骨格である C-C 結合の 356 kJ/mol に比べて大きい。このような結合は熱や酸化に対して安定である。反面、Si-O 結合はイオン結合性を約 50 % 有しているために特にアルカリに対して耐性が低いという欠点がある。

シリコーン粘着剤中のシリコーンガム分子は上述のイオン結合性によってらせん構造となっており、Si に結合するメチル基はらせんの外側に配向している。このためシリコーン粘着剤はらせん構造による伸縮と有機基の振動による低い分子間力により低温でも柔軟であり、また、様々な被着体に対して粘着力を発揮する。分子間力が小さく機械的強度が低いため、耐熱性、凝集性を得るには架橋が必要となる。このような化学的、力学的特性からシリコーン粘着剤は主に耐熱、耐寒、耐候、耐電気特性、再剥離性、難粘着樹脂への粘着性等が要求される用途に使用されている[52]。

▶ 6.7.1 用途

シリコーン粘着剤は、以下の特徴から様々な用途に用いられてきた。
・耐熱性が高い：耐熱粘着テープ、はんだ・塗装用マスキングテープ
・難粘着樹脂への粘着性：各種樹脂（シリコーン、ポリオレフィン、フッ素樹脂等）用粘着テープ、シリコーンゴム固定用テープ、剥離紙用スプライシングテープ
・高絶縁性：電気絶縁テープ、マイカテープ用バインダー
・生体に対する低刺激性：皮膚貼り付け用途

近年、部品の加工温度、処理温度の高温化に伴ない、より高温下で使用可能な耐熱テープや、部品の微細化により加熱後でも再剥離が容易なマスキン

グテープ等の要求も多い。また再剥離性及び高透明性を生かし液晶画面保護フィルム用微粘着シリコーンとしても使用され、さらに弱・微粘着シリコーンを厚く塗工することにより衝撃吸収性を持たせることも可能である。

▶ 6.7.2 シリコーン粘着剤の構成

シリコーン粘着剤の構成は、シリコーンガム（以後ガム）とシリコーンレジン（以後 MQ レジン）と有機溶剤からなっている。

シリコーン粘着剤と一般的な有機粘着剤との関係を**表 6-14** に示す。シリコーン粘着剤は、ベース成分がガムであり、タッキファイヤー成分が MQ レジンとなる。

(1) ガムの構造、MQ レジンの構造

ガムは**図 6-34** に示す D 単位の直鎖重合体であり、一般には R は有機基であり、主にメチル基であるが、特性付与及び架橋点としてフェニル基、ビニル基を導入する場合がある。分子量は数十万であり、一見したところ固体だが、形を自由に変形させることができ、放置すると徐々に流動するので、超高粘度の液体であるとも言える。ガム単体では離型性があり、接触する相手から界面で剥がすことができる。

MQ レジンは図 6-34 の M 単位と Q 単位からなる 3 次元構造をもつポリ

表 6-14 シリコーン粘着剤と一般的な有機粘着剤

	シリコーン粘着剤	アクリル粘着剤	ゴム粘着剤
ベース	高重合度ポリジメチルシロキサン（ガム）	ポリアクリレート	天然ゴム、合成ゴム
タッキファイヤー	MQ レジン	（ロジン、テルペン、石油樹脂など）	ロジン、テルペン、石油樹脂など

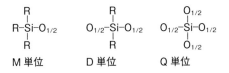

図 6-34 シリコーンの構成単位

マーである。有機基はメチル基がほとんどであるが、付加型の場合、架橋剤としてビニル基を有するMQレジンを用いる場合がある。分子量は数千である。単体では固体だが、通常、トルエン溶液として取り扱う。溶媒を蒸発させると無色のもろい樹脂が得られる。

両者を単純に混ぜただけでは十分な特性を持つ粘着剤にはならない。ガムの分子末端のSiOH基とMQレジンが有するSiOH基とを脱水縮合させることにより凝集力を向上させる。ガムとMQレジンのモル比はMQレジンが大過剰であり、縮合させた後でもほとんどのMQレジンはガムと結合していない[52]。

▶ 6.7.3　過酸化物硬化型と付加硬化型の比較

シリコーン粘着剤は溶剤を除去するだけで粘着性が得られるが、そのままでは機械的強度が低い。通常、シリコーン粘着剤を使用する際には機械的強度を上げるために硬化が必要となる。シリコーン粘着剤の硬化反応は過酸化物硬化型と付加反応硬化型の2種類があげられ、それぞれの特徴を**表6-15**に示す。

過酸化物硬化型は、有機過酸化物が分解して発生するラジカルによりシリコーンのメチル基からメチルラジカルが生成し、これらが結合して架橋が進行する。硬化温度は有機過酸化物の分解温度に影響されるため、150℃以上の高温が必要とされる。そのため、基材に耐熱性が必要となる。一方、ポットライフが長いことや硬化阻害物質の影響を受けにくいことが利点としてあ

表6-15　過酸化物硬化型と付加反応硬化型の特徴

	過酸化物硬化型	付加反応硬化型
反応	$2Si-CH_3 \rightarrow 2Si-CH_2\cdot \rightarrow Si-CH_2-CH_2-Si$	$Si-CH=CH_2+H-Si \rightarrow Si-CH_2-CH_2-Si$
特徴	高硬化温度（150〜180℃、2分以上）、耐熱性基材使用（PI、ガラスクロスなど）	低温短時間硬化（90〜130℃、30秒以上）、低耐熱性基材可（PETなど）
	硬化阻害物質の影響を受けない	硬化阻害物質の影響を受けやすい
粘着力	4〜6 N/25 mm	0.01〜8 N/25 mm

（粘着力はポリイミド基材（25μm厚）

げられる。また、硬化条件によっては過酸化物の分解残渣である安息香酸が粘着剤中に残る場合がある。

　付加反応硬化型は、ビニル基とSi-H基を白金系触媒で付加反応させることにより硬化を行う。低温短時間で硬化可能であり、耐熱性の低いフィルムでも使用可能である。一方、硬化阻害物質による影響を受けやすいため、イオウ化合物、リン化合物、アミン化合物を含む基材を避け、縮合型シリコーンの触媒である有機スズ化合物や、アクリル粘着剤の架橋剤であるイソシアネート化合物などの混入に注意する必要がある[52]。

▶ 6.7.4　粘着特性の調整

　シリコーン粘着剤は、ガムとMQレジンの比率（以後G/R）、架橋密度、MQレジンの種類を調整することにより、対象となる被着体に適切な粘着特性を持つシリコーン粘着剤を選択することが可能となる。

（1）G/Rによる調整

　G/Rを調整することによる粘着特性の変化を図6-35に示す。粘着力はMQレジンの増加とともに増大し、ある時点で極大値を示す。MQレジンは

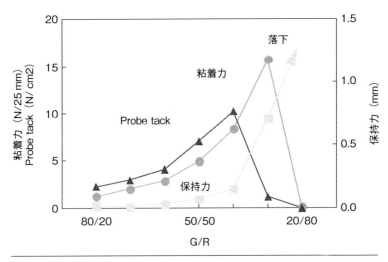

＊基材：PI 25 μm　保持力：25×25 mm, 1 kg, 200 ℃/1h

図6-35　G/Rと粘着特性

シリコーン粘着剤のタッキファイヤーであり、タッキファイヤーの増加により粘着力は上昇するが、表面に存在するMQレジンが過剰となるとタックが減少し、さらには粘着力を示さなくなる。また、架橋成分であるガムの減少により保持力が得られなくなる[52]。

(2) 架橋密度による調整

架橋密度の調整は、過酸化物硬化型と付加反応硬化型では異なるアプローチで行う。過酸化物硬化型はラジカルによりメチル基同士を結合するため、架橋密度はラジカルの発生量（過酸化物の種類、添加量、硬化温度）により変化する。これらの条件が異なると粘着特性が変化する。過酸化物硬化型シリコーン粘着剤では添加する過酸化物硬化剤（ベンゾイルパーオキサイド：BPO）の量と反応温度・時間をコントロールすることで架橋密度を調整することが可能である。粘着剤の固形分100部に対してBPO（有効成分）の添加量は2部前後とされることが多い。硬化温度は、前乾燥により溶剤を揮発させた後、150℃から180℃、時間は2分から5分とされる。粘着力に幅広いバラエティーを持たせることには限界があるものの、その粘着剤の性質を用途に応じて調整することが可能である。BPO添加量を少なくし硬化温度を低くすると、タックや粘着力は強くなり凝集力は弱くなる。しかし使用可能な機械的強度を得るためには一定以上の架橋密度が必要であり、得られる粘着力には上限がある。BPO添加量を多く硬化温度を高くすると、凝集力が上がりタックや粘着力は低くなる。これも架橋が進むにつれてガムの自由な運動が妨げられるため、粘着力の低減にも限界がある[50]。

一方、付加反応硬化型の場合は、ベースガムに存在するビニル基と架橋剤であるSi-H基を白金系触媒により付加させて硬化を行う。そのため、ガムに含まれるビニル基量を調整することにより架橋密度の調整が可能である。反応は100℃から130℃、1分から2分でほぼ完結するが、逆に、反応温度や触媒添加量で硬化の程度を調節することは難しい。G/Rとあわせて架橋密度を調整することにより、強粘着から微粘着まで幅広い粘着力を得ることができる。また、反応に必要な温度が低いためPETなどの耐熱性の低いフィルムにも適応できることから、近年その応用範囲が広がっている[52]。

(3) MQレジンの種類

MQレジンのM単位とQ単位の比率（M/Q）が異なると、シリコーン粘

表6-16 MQレジンによる粘着特性

M/Q	粘着力（N/25 mm）		200 ℃/1 h保持力（mm）	ボールタック（No.）
	SUS	シリコーンゴム		
高	6.0	0.5	0.01	38
中	5.0	1.9	0.01	34
低	2.5	2.4	0.01	30

（シリコーンゴム：KE-951U、過酸化物硬化型、硬度50）

着剤は異なる粘着特性を示す。

　MQレジンはQ単位の縮合物の末端をM単位で封止した構造である。そのためM単位が少ない組成ではゲル化が起きやすいために製造が困難となる。M単位が多い場合は、M/Qが0.9までは軟化点を持たない樹脂であるが、1.0以上では熱軟化性樹脂となる。このような高M/Q組成のシリコーン粘着剤は被着面へのなじみが良い反面、凝集力が低く一般用途には適さない。よって現在上市されている多くのシリコーン粘着剤は用途から要求される粘着特性に合わせてM/Qが0.6～0.9のMQレジンが使用されている。

　一般にM/Qが高いほどMQレジンは柔らかくなるため、被着体（SUS等）に対する粘着力は高くなりタックも増大する。そのかわり、加熱した際にMQレジンが溶解しやすくなり、一般に耐熱性は低下する。一方、M/Qが低いほどMQレジンは硬くなり柔軟性が失われる。そのため、SUS等の硬い被着体に対して粘着力は低下するが、シリコーンゴムのように柔らかい被着体に対して良好な粘着力を有する[54]。

▶ 6.7.5　過酸化物硬化型シリコーン粘着剤

　代表的な過酸化物硬化型を**表6-17**に示す。

▶ 6.7.6　付加硬化型シリコーン粘着剤

　近年、粘着特性をコントロールしやすく、硬化温度が低いため様々な基材に適応できる付加硬化型シリコーン粘着剤の需要が増えている。必要とされる特性に応じて種々開発されている。代表的な付加硬化型シリコーン粘着剤を**表6-18**に示す。

表6-17 過酸化物硬化型シリコーン粘着剤

製品名	特徴	粘着力 (N/25 mm)	200℃/1 h 保持力 (mm)	ボールタック (No.)
KR-100	強粘着・高タック	7.6	0.5	38
KR-101-10	標準・シリコーンゴム	6.2	0.1	34
KR-130	高タック	6.8	0.01	38
KR-3600	加熱後糊残り少	6.2	0.1	38

表6-18 付加硬化型シリコーン粘着剤

製品名	特徴	SUS粘着力 (N/25 mm)	200℃/1 h 保持力 (mm)	ボールタック (No.)
KR-3704	微粘着標準	0.08	0.01	4
KR-3700	強粘着標準	8.7	0.01	38
KR-3701	強粘着・ずれ	8.5	0.1	40
X-40-3237	加熱中強粘着	4.0	0.01	25
X-40-3291-1	対シリコーンゴム	4.5	0.1	25
X-40-3240	加熱後再剥離強粘着	6.5	0.01	34

▶ **6.7.7 シリコーン粘着剤の耐熱性**

シリコーン粘着剤に求められる耐熱性は大きく分けて以下の4つがある。
①加熱時に粘着剤が分解しない

シリコーン粘着剤は、高温でも分解しにくく200℃を超える温度で使用されている。シリコーン粘着剤を空気中で熱重量分析すると、270℃付近から重量減少が始まり、350℃付近から急激な重量減少及び発熱を伴う。270℃からの重量減少は軟化劣化であり、ガムの主鎖がゆっくりと分解し環状低分子シロキサンとして揮発することに起因している。350℃からの重量減少は、熱酸化劣化によりシリコーンのメチル基が酸素ラジカルにより脱水縮合を繰り返しシリカへと変化していくことに起因し、急速に重量減少していく。シリコーン粘着剤の耐熱性は一般的に、250～260℃付近であり、耐熱グレードでは270℃、短時間であれば280～300℃に耐える。
②保持力−加熱時のせん断力に対して抵抗できる

硬化させたシリコーン粘着剤は、200℃以上でも優れた耐せん断性（保持力）を示す。これは高温でもガム成分が分解することなく被着体にしっかりと貼り付いているためである。一方、2種類の被着体を重ねて固定したり、貼り合わせたりする場合は、両者の膨張係数が異なると、温度変化に伴ない接合部分に歪みが発生する。高温、低温のサイクルが繰り返されるうちに、剥がれや糊浮きが生じてしまう。このような場合、保持力は強いほど良いというわけではなく、粘着剤と被着体が界面でずれることによって両被着体の寸法変化を吸収しながら接合することが可能となる。付加型粘着剤に比べ過酸化物硬化型は保持力のずれがやや大きい。過酸化物硬化型粘着剤を低BPO量で硬化させるとずれは大きくなるが、テープ端部からの粘着剤のしみ出しも発生するため注意が必要となる。ずれるシリコーン粘着剤は設計段階でも調整可能だが、付加硬化型シリコーン粘着剤に過酸化物硬化型シリコーン粘着剤を混合し付加硬化を行うことでも得ることができる[50]。

③再剥離性−加熱後に被着体から粘着剤を残さずにきれいに剥離できる

　250℃を超える温度に長時間置かれると、シリコーン粘着剤でも徐々に分解・劣化が進行し、再剥離時には凝集破壊する、あるいは粘着力が大きく増大する現象が確認できる。この現象はどのような被着体でも発生するが、とくに電子・電気部品に用いられる銅製や銅合金製の部品では凝集破壊になりやすい。SUSに比べ銅は空気中で加熱されると急速に酸化が進行する。銅が酸化される過程で、シリコーンの解重合反応が促進され凝集破壊となる。これを防ぐため酸化防止剤を配合した高耐熱型シリコーン粘着剤が開発されている[50]。

④加熱中での高粘着力

　シリコーン粘着剤は、加熱雰囲気中で粘着力を測定してみると、必ずしも室温と同じ粘着力を維持しているわけではない。シリコーン粘着剤も他の有機樹脂粘着剤と同様、高温中では粘着力は低下している。粘着剤自体が熱劣化しているのではなく、タッキファイヤーであるMQレジンが流動状態となり、十分な粘着力が得られないためである。例えば、電線などの被着体に粘着テープを巻き付けた状態では、たとえ高温でも保持力（せん断接着力）は十分なので、基材の力で固定できる。ところが、加熱時の粘着力が小さいとテープの端部が浮いたりめくれたりする問題があり、高温中での粘着力が

必要になってくる。また、回路を樹脂封止する際、樹脂が不必要な部分に回りこまないように、マスキングテープに加熱時の粘着力が必要な場合もある[50]。

このような場合には、M/Qの低いMQレジンを使用することで、加熱時粘着力を高くすることが可能となる。

▶ 6.7.8 微粘着シリコーン

マスキングテープを剥がすときに、粘着力が大きいことが不都合になることもある。部品が微細化、微小化すると、再剥離時の被着体へのダメージが問題になる。また、広い面積をマスクする場合、強粘着では簡単に剥がせないしリワーク性にも劣る。粘着力を抑えた弱粘着タイプ、または微粘着タイプが必要になる。弱・微粘着テープは、より粘着力を下げるために、糊厚を薄くすることが多い。糊厚を下げるだけでも粘着力は下がるが、過酸化物硬化型の粘着剤は糊厚を下げすぎると硬化性が低下する。発生したラジカルが酸素障害を受け、硬化が進行しないためである。そのため、弱・微粘着タイプは付加型で設計される。MQレジンの配合量を少なくし、さらに、ビニル基量を増やし架橋密度を高くする。このため、粘着力は低くても十分な凝集力があり、高温でも保持力は優れている。ただ、単純に架橋密度を高くするだけでは硬くなってしまい、被着体に凹凸があれば追随できずに浮いてしまうことがあるので、柔軟さも備えた、弱・微粘着性が必要とされる[50]。シリコーンの硬化皮膜には自己吸着性があり、これをうまく利用すれば極端に粘着力を低くしても、被着体にはしっかり接着（密着）できるシリコーン粘着剤をつくることが可能となった。このような微粘着シリコーンの粘着力は0.05 N/25 mm という微粘着である。特殊なシリコーン粘着剤を除き、微粘着タイプと強粘着タイプはブレンドが可能である。配合比を変えることで粘着特性をコントロールすることができる（**図 6-36**）。

このような微粘着タイプは、保護フィルムやマスキングフィルム用に使用されている。液晶ディスプレイに代表されるフラットパネルディスプレイの表面には反射防止や傷つき防止などの機能を持った表面保護フィルムを貼り付けられることが多い。従来はアクリル系の微粘着型粘着剤をフィルムに塗工して使用されていたが、貼り付け時に気泡を巻き込む問題があった。特に

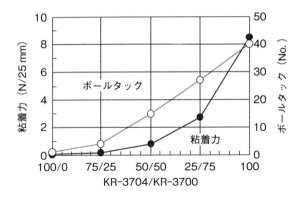

図 6-36 微粘着シリコーン KR-3704 と強粘着シリコーン粘着剤 KR-3700 のブレンドの一例

貼り付け面積が大きくなると作業効率に影響するし、一般の消費者が直接手で貼る場合もあり、簡単できれいに貼れるものが望まれている。微粘着シリコーンを塗工したフィルムは気泡の巻き込みがなく、良好な評価を得ている[51]。

▶ 6.7.9 無溶剤型シリコーン粘着剤

高透明であり耐候性の良いシリコーン粘着剤は光学用粘着剤として有用であるが、通常はトルエン・キシレンなどの芳香族炭化水素溶剤に希釈された形で提供されている。シリコーン粘着剤は溶剤を含まない場合、非常に高粘度な粘着性のある取扱いの困難な液体となるためである。

高透明性を維持しながら溶剤を含まない無溶剤型付加反応硬化型シリコーン粘着剤が開発されている。超微粘着型、弱粘着型があり VOC を放散することなく塗工可能である。強粘着型は MQ レジン含有量が多く無溶剤型組成を作ることが困難である。

これらの無溶剤型粘着剤は加熱硬化の際に、溶剤の揮発が無いため厚く塗工することが可能であり、厚さ 10 mm 以上のバルク成型も製造可能である。シリコーンの特徴である、透明性、耐熱性に加え衝撃吸収性を兼ね備えており、FPD などのガラスとパネルの間の隙間を埋めるのに適している。

また、希釈して塗工することも可能であり、適切な溶剤で希釈すれば、ト

ルエンなど芳香族炭化水素溶剤への耐溶剤性が低い樹脂への塗工も可能である。

これらを粘着テープとして塗工する場合は、必要に応じて基材密着性を得るためにプライマー処理を行う必要があるが、プライマーにもトルエン非含有のものがある。

▶ 6.7.10　その他
（1）基材密着
　ガム成分は剥離剤としても使用される成分であり、一般的にシリコーン粘着剤の基材密着性は良くない。シリコーン粘着剤と基材を密着させるには通常はプライマーを使用する必要がある。プライマーを用いることでカット性（糊切れ性）が向上し、テープを剥離する際の基材からの糊浮きを防止できる。シリコーン粘着剤用プライマーには縮合硬化型と付加硬化型の2種類ある。付加硬化型は付加硬化型シリコーン粘着剤専用であり、縮合硬化型は付加硬化型、過酸化物硬化型の両方に使用できる。ただ、縮合硬化型の触媒として有機スズ触媒を用いており、付加硬化型に使用する際は、塗工量が多いと硬化阻害の原因となるため、塗工量を $0.1～0.3\ g/m^2$ に管理する必要がある。過酸化物硬化型の場合は塗工量を $0.3～1.2\ g/m^2$ とする場合が多い。

（2）シリコーン粘着剤からの発生ガス
　硬化後のシリコーン粘着剤を加熱すると微量のガス発生がある。シリコーン粘着剤の高温下での発生ガス成分を GC 及び GC-MS により分析した。

　加熱温度 100℃では発生ガスはないが、150℃を越えると徐々に増加し、300℃では粘着剤の分解により低分子ガスが多く発生している。シロキサンガスだけでなく有機ガスも発生しており、塗工に用いた溶剤も検出された。発生ガスのうち、アルコール類、トリメチルシラン類は成分の MQ レジンに由来し、環状シロキサン（$(Me_2SiO)_n$）はガムに由来するものである。シラン、シロキサン系の発生ガスでは MQ レジン由来のもののほうが多い。

　また、シリコーン粘着剤の硬化反応のちがいを比較すると、過酸化物硬化型に比べて付加反応型では 150～200℃の温度でシロキサンの発生ガスが多い。これは過酸化物硬化型のほうが硬化温度が高いので、低分子成分が乾燥炉内で揮発してしまうためである。付加反応型シリコーン粘着剤でも高温で硬化

させると発生ガスを抑えることができる。

　発生ガス量は、糊厚、基材の種類や厚み、基材のガス透過性の有無によっても違ってくる[51]。

（3）シリコーン粘着剤から被着体への残留シロキサン

　被着体に貼りつけられたシリコーン粘着剤を剥がすと、被着体表面にはごく微量だがシロキサンが残留する。マスキングテープを再剥離するときの被着体上への残留シロキサンを調べたところ、加熱温度が高くなるほど被着体上に残留するケイ素量が増えている。被着体の種類、また、粘着剤の種類によってシロキサン残留量の傾向がやや異なる。被着体によっては、300℃でテープ剥離時に凝集破壊するものもあった。この残留ケイ素量をシロキサン量に換算すると、数〜数十 mg/m^2 であり、その成分はMQレジンと未反応のガムが主成分であることがわかっている。高温に加熱される場合や被着体表面上に酸化防止処理剤や表面処理剤などが存在する場合、凹凸が存在する場合、また、被着体の種類によっては、シロキサンの劣化（酸化劣化）が促進され、残留シロキサン量が顕著に多くなったり、凝集破壊することがある。特にプリント配線板など電子回路基板の表面は種々の加工が施されていることがあり、注意が必要である。逆に、窒素雰囲気下や、粘着テープの基材がガスバリア性のある場合は、酸化劣化は抑えられる[51]。

6.8 シリコーンパウダー

シリコーンパウダーは、シリコーンの優れた特性である、耐熱・耐寒性、耐候性、耐衝撃性、電気絶縁性、撥水性、滑り性、光透過性などをもつ高性能球状粉体である。本項では、シリコーンレジンパウダー、シリコーンゴムパウダー、及びシリコーンゴムパウダーをシリコーンレジンで被覆したシリコーン複合パウダー、さらにはゾルゲルシリカについて述べる。

▶ 6.8.1　シリコーンレジンパウダー

シリコーンレジンパウダーは、シロキサン結合が三次元網目状に架橋した構造をもつ、式（$CH_3SiO_{3/2}$）nで表される、いわゆるポリメチルシルセスキオキサンの球状微粉末である（**図 6-37**）。

メチルトリメトキシシランをアルカリ水中で加水分解、縮合反応させることによって、シロキサン結合を成長させながら粒子を形成させる[55]。ついで乾燥、解砕などの工程を経て粉末化される。粒径はおよそ0.5～20μmの範囲で調整可能であり、粒度分布の狭い球状の粒子を得ることができる。

シロキサン結合が高度に三次元網目状に架橋した構造であるため、有機溶

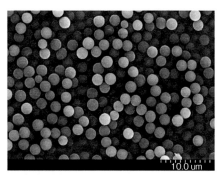

図 6-37　シリコーンレジンパウダー

剤に不溶で膨潤もしない。また、一般の有機系ポリマーに比較して、耐熱性に優れ、熱重量分析では400℃でも重量変化はほとんどなく、熱溶融もしない。硬い材質であるが、シリカ（SiO_2）に比較すると硬度は低い。

　粒子は凝集しにくく、油や樹脂等の材料に添加したときの分散性が良好である。撥水性であるため、水に分散させるためには界面活性剤を添加する必要がある。水や一般の有機溶剤に比較し真比重が高い（真比重＝1.3）ため、経時で沈降することを留意する必要がある。

　シリコーンレジンパウダーは、見かけは白色の粉末であるが、シリコーンレジン自体は透明な物質であり、その屈折率は一般の有機系ポリマーに比較して低く、1.43である。その特性を利用して、液晶ディスプレイのバックライト用光拡散板やシートの光拡散剤として、またLED照明用光拡散カバーの光拡散剤として使用されている。光拡散板、シートは、その基材にはポリカーボネート樹脂、ポリスチレン樹脂、ポリメタクリル酸メチル樹脂等の透明樹脂が用いられており、そこに光拡散剤と呼ばれる透明樹脂と屈折率が異なる粒子が分散されている。基材と粒子の屈折率が異なると光の屈折が起こり光が拡散され、光源が見えなくなり照らす範囲を広げる。光拡散性は粒子径によっても変化し、最適な粒子径は2〜3μmである。樹脂に対する配合量は数%である。

　同じく光学特性を利用して、塗料の艶消し剤として使用されている。

　硬い材質で滑り性があることから、ポリプロピレンフィルムやポリエチレンフィルムのブロッキング防止剤、紙のブロッキング防止剤・滑り剤、及び自動車ボディ用洗浄剤や家具用洗浄シートの研磨剤として使用されている。フィルムのブロッキング防止剤としては、フィルムの透明性を損なわないよう、その配合量は数百〜数千ppmである。

　なめらかな塗布感、さらさら感、伸びのよさが得られることから、メークアップ化粧料、クリーム、整髪料やヘアリンス、制汗剤、マニキュア等の各種化粧品に使用されている。

▶ **6.8.2　シリコーンゴムパウダー**

　シリコーンゴムパウダーは、直鎖状のジメチルポリシロキサンを架橋した構造をもつ、シリコーンゴムの球状微粉末である（**図6-38**）。

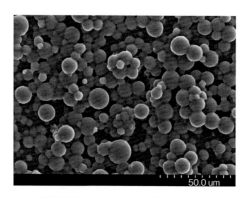

図6-38 シリコーンゴムパウダー

　一般には、ビニル基含有ジメチルポリシロキサンとメチルハイドロジェンポリシロキサンの付加重合物である。球状のシリコーンゴムパウダーは、前記の反応前のポリシロキサンを乳化剤を用いて水に乳化し、その乳化した状態で付加反応させることで硬化させ、ついで噴霧乾燥等の方法により水を除去することにより製造される[56]。平均粒径はおよそ1〜30μmの範囲で調製可能である。

　ジメチルポリシロキサンが架橋した構造であるため有機溶剤に不溶であるが、シリコーンレジンパウダーのように高度に架橋した構造ではないため、ジメチルシリコーンオイルを溶解する溶剤に対して膨潤する。シリコーンゴムは、一般のゴムに比較し、耐熱性及び耐寒性に優れ－40℃〜250℃の広い範囲でゴム弾性を有する。

　粒子は凝集性があるため、一次粒子にまで分散させるには高いシェアのかけられる撹拌機による分散や、高粘度状態のコンパウンディングとして練り込む等の方法が必要である。水に分散させることは極めて困難であるが、水分散液として市販されているのでそれを用いるとよい。

　柔軟性に富み、耐熱性があることから、電子部品の封止材料の熱硬化性エポキシ樹脂の内部応力低減剤として使用されている。配合量が多いと成形物の応力低減効果は向上するが、強度が低下するため、配合量は数%から十数%である。

　耐摩耗性付与の目的で、複写機用のゴムロールやゴム物品のコーティング

剤に使用されている。ゴム物品のコーティング剤においては、艶消し性も付与できる。

なめらかな塗擦感、しっとり感、伸びのよさが得られることから、メークアップ化粧料、クリーム、整髪料、制汗剤等の各種化粧料に使用されている。シリコーンレジンパウダーは堅い感触が欠点であるが、これに対して、シリコーンゴムパウダーは柔らかい感触が特徴である。

▶ 6.8.3　シリコーン複合パウダー

シリコーン複合パウダーは、球状のシリコーンゴムパウダーの粒子表面をシリコーンレジンで被覆した微粉末である（**図6-39**、**図6-40**）。

粒子表面に付着している粒状物がシリコーンレジンであり、他の材料に添加、さらには混練しても脱落することはない。

シリコーンゴムパウダーは、凝集性が強く、分散性が悪いことが欠点となっており、特に粒子径が小さいほど凝集性が強くなる傾向にある。一方、シリコーンレジンパウダーは、非凝集性、分散性に優れている。ただし、柔軟性はないため、応力低減効果はなく、感触は硬い。シリコーン複合パウダーは、シリコーンゴムパウダーとシリコーンレジンパウダーの特徴を併せ持ち、それらの欠点を解消した製品である。

被覆されているシリコーンレジン量は、シリコーンゴムパウダー100質量部に対し数質量部〜十数質量部と少ないが、凝集性及び分散性は大幅に改善されている。ドライパウダーのメッシュパス試験を行うと、シリコーンゴム

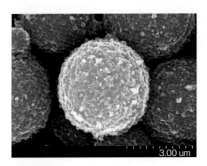

図6-39　シリコーン複合パウダー

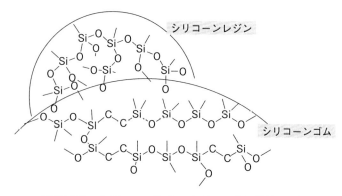

図6-40 シリコーン複合パウダーの分子構造モデル

パウダーはメッシュパス量が少なく凝集性が高いのに対し、シリコーン複合パウダーはメッシュパス量が多く、シリコーンレジンパウダーと同程度に凝集性が低いことがわかる（**図6-41**）。

また、液状エポキシ樹脂中の分散状態を観察すると、ゴムパウダーは一次粒子まで解しても時間の経過とともに凝集してくるが、シリコーン複合パウダーでは高い分散が維持される（**図6-42**）。

シリコーンゴムパウダーを水に分散させることは極めて困難であるのに対し、シリコーンレジンパウダーと同様にシリコーン複合パウダーは界面活性

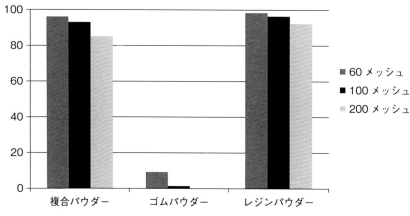

図6-41 メッシュパス試験（振動篩で篩った時のメッシュパス量）

シリコーン複合パウダー 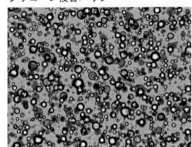　　　シリコーンゴムパウダー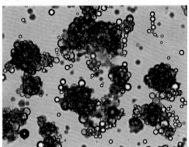

図 6-42　液状エポキシ樹脂への分散性

剤を用いれば容易に水に分散させることができる。以上のように、シリコーン複合パウダーは、凝集性が低いため、樹脂、塗料、化粧品等に容易に均一に分散させることができる。

　シリコーンレジンの被覆量が少ないためゴムパウダーと同じ応用特性が期待でき、電子部品の封止材やプリント基板用の熱硬化性エポキシ樹脂の内部応力低減剤・耐衝撃剤として使用されている。同様に、塗料に柔らかな感触を付与する目的で使用されている。

　化粧品用途においては、シリコーンレジンのサラサラとした滑らかさとシリコーンゴムの柔らかな感触を付与することができる。さらには、次の特性が付与できる。

(1) 光拡散性、ソフトフォーカス効果

　化粧品に配合されるパウダーは種々の光学特性を有する。例えば、光を散乱させ、しわ、毛穴などの肌のトラブルをぼかし、また過度の光沢を抑制して自然な仕上がり演出するソフトフォーカス効果等の特性である。

　シリコーン複合パウダーは、このソフトフォーカス効果が高い。図 6-43 にシリコーンゲルに配合したときの、全光透過率と Haze 値を示す。Haze 値は、全光透過光中の散乱光の割合を示す値で、数値が高いほど光散乱性が高いことを意味するが、シリコーン複合パウダーを配合するとその値が高くなっていることがわかる。これは、前記した粒子表面のレジンが、光散乱性能を効率よく高めているためと考えられる。また、シリコーン複合パウダーは、光の透過性を低下させることなく、透明感のある自然な仕上がりも実現

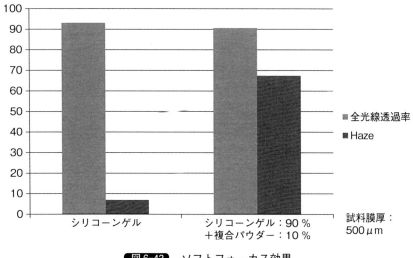

図6-43 ソフトフォーカス効果

できる。

（2）吸油性

　シリコーン複合パウダーは、相性がよい油を多く吸収する。これは、粒子内部のシリコーンゴムパウダーに高い吸油能があるためである。シリコーンレジンはシリコーンゴムパウダー表面を膜状ではなく、前記したように粒状で被覆しているため、その隙間からパウダー内部に油が浸入していく。シリコーンレジンには吸油性はない。

　化粧品の設計において、パウダーに求められる吸油性能は様々である。使用されるパウダーの違いによって吸油される油の種類や量が異なるため、化粧品の製剤タイプ、使用感触、光学特性、化粧効果の持続性等の制御が可能となる。ゴムがジメチルシリコーンである場合は、ジメチルシリコーンオイル（ジメチコン）やこのオイルと相性の良い油をよく吸収する。この特徴を利用して、例えば、オイリーな使用感をパウダリーな使用感に変えることができる。ゴムの部分のメチル基をフェニル基としたタイプは、逆にジメチコンとの親和性を下げ、ジメチコンの吸油量は少なくなる。また、ゴムの部分のメチル基を長鎖のアルキル基としたタイプは、有機系油の吸収性が高くなる。高吸油タイプは、一般のパウダーに見られない非常に高い吸油性能を有

しており、高い油増粘効果を示す。

6.8.4 ゾルゲルシリカ

　ゾルゲルシリカは名前の通り、ゾル-ゲル法[57]により合成される。ゾル-ゲル法とは一般的に溶液から出発する。溶液は酸化物の原料として金属アルコキシドを含んでいる。これら原料化合物に加水分解用の水、溶媒としてアルコール類、触媒（酸または塩基）を加え、溶液中で加水分解・縮合（重合）を行い、金属酸化物または水酸化物の微粒子が溶解したゾルとした後、さらに反応を進行させゲル化させて乾燥することにより得ることができる。

　溶液のゲル化は多くの場合、加水分解と縮合（重合）によって起こる。ゾルゲルシリカを製造する場合、テトラアルコキシシラン $Si(OR)_4$（R= アルキル基）からシリカ（SiO_2）を製造する時の反応を考えると、その物質収支は次のようになる。

加水分解：$Si(OR)_4 + 4H_2O \rightarrow Si(OH)_4 + 4ROH$ ・・・(1)
縮重合：$Si(OH)_4 \rightarrow SiO_2 + 2H_2O$ ・・・(2)
これらをまとめると、次の反応式が得られる。
$Si(OCH_3)_4 + 2H_2O \rightarrow SiO_2 + 4ROH$ ・・・(3)

　すなわち、テトラアルコキシシラン1モルが2モルの水と反応して1モルのシリカができる計算になる。この反応は通常触媒が存在しないと進行しない。よく用いられる触媒として塩酸のような酸性触媒、あるいはアンモニアのような塩基性触媒があげられる。加水分解機構は、酸性溶液と塩基性溶液では異なる。酸性溶液では、ヒドロニウムイオンのプロトン H^+ がアルコキシ基のO原子を攻撃する求電子機構によっておこり、塩基性溶液ではOH$^-$ が $Si(OR)_4$ のSi位置に結合し、ORが$(OR)^-$としてSiから遊離する求核機構によって起こるとされている[58]。それゆえ酸性溶液下では、最初の加水分解（$Si(OR)_4 \rightarrow HOSi(OR)_3$）は非常に早いが、残されたOR基の反応性は落ちるため、加水分解が起こる前に分子間でのシラノール同士の縮合が進行しやすく、生成する重合体は線状重合体になりやすい。それに比べ、塩基性溶液下では1個の $Si(OR)_4$ に対する最初の加水分解は比較的起こりにくいが、一旦1個のOR基がOH基に置換されると、加水分解を受けやすくなり、残りのOR基は急速にOH基に変わる。したがって加水分解が完了した $Si(OH)$

4が生成するため、重縮合は三次元的に進行しやすくなり、生成する重合体は球状になりやすい。以上のような理由から、パウダー状（真球状）のシリカ粒子を製造する場合は、塩基性条件下が好ましいことがわかる。

好ましい真球状のゾルゲルシリカ微粒子を製造する場合、触媒の種類、溶液の濃度、反応温度などの条件によって、加水分解と縮重合の結果生成するシリカ粒子の大きさは異なってくる。シリカ原料としてはSi(OCH$_3$)$_4$あるいはSi(OCH$_2$CH$_3$)$_4$を使用し、触媒としてはアンモニアを使用、溶媒としてはアルコールを使用し、その狙う粒子径により種々溶液濃度、反応温度を変化させることで、10〜300 nm程度の真球状で粒度分布のシャープなゾルゲルシリカ微粒子を製造することができる。しかし表面が親水性のままだと乾燥する際に凝集が発生し、取り出すことが困難となる。そこで、生成した親水性シリカ粒子ゾル液に疎水化処理剤を作用させることで、高疎水化処理されたゾルゲルシリカ微粒子としたのち、乾燥工程を経ることでパウダー状のゾルゲルシリカ微粒子を得ることができる。疎水化処理剤としては一般的にヘキサメチルジシラザンを使用する。疎水化処理はパウダーとして凝集させずに取り出す場合には必須なことである。

代表的なゾルゲルシリカ微粒子であるQSG-100の電子顕微鏡写真を図6-44に、QSG-100の粒度分布グラフを図6-45に示す。

ゾルゲルシリカは粒度分布がシャープ、高度な疎水性、真球状という特徴があるため、凝集しやすい固体粉体の流動化剤としての使用が期待できる。

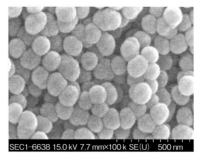

図6-44　ゾルゲルシリカ（QSG-100）

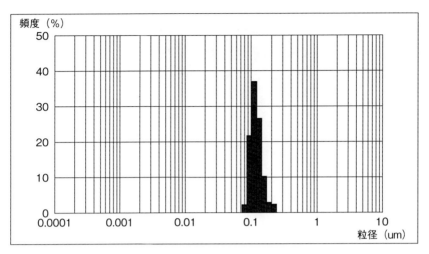

図6-45 粒度分布グラフ（QSG-100）

期待できる効果としては、粉体同士の付着・凝集防止（スペーサ効果）、高度な流動性付与（一種のコロ効果）があげられる。

このような効果によりトナー用外添剤としての応用がなされている。トナー自身の小粒径化によって、単位重量当たりのトナー粒子数は増加しており、トナー同士あるいはキャリアとの接触によって、トナー粒子の凝集、キャリア汚染、現像ロールへの移行などが問題となってきている。さらに出力の高速化、低融点レジン採用により顕著に問題化している。そのため、50 nm以上のシリカの添加は必須である。スペーサー効果及び一種のコロ効果により流動性も良好に維持できると推定される。またトナー保存時にトナー同士が融着する、いわゆるブロッキング現象が低融点ポリエステル樹脂では顕著に観察されるが、ゾルゲルシリカを用いることで、保存安定性向上にも寄与していると考えられる。

▶ 6.8.5　シリコーンと他の粒子の複合化粒子

シリコーン複合パウダーの製造技術を利用すると、他の粒子とシリコーンレジンの複合化が可能である。すなわち、酸化チタン、アルミナ、アクリル樹脂等の粒子表面をシリコーンレジンで被覆した粒子を製造することができ

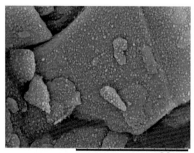

図6-46 マイカの表面にシリコーンゴム粒子を付着させた複合パウダー

る。

　また、シリコーンゴムパウダーとそれより粒径が小さいシリカ、酸化チタン、アルミナ等の無機粉体との水分散混合液を噴霧乾燥することにより、コアがシリコーンゴムパウダーで、被覆粒子を無機粉体とした複合粒子を製造することができる。

　さらには逆に、コアが有機粉体や無機粉体でその表面にシリコーンゴムを付着させた粒子を製造することも可能である。**図6-46**は、マイカの表面にシリコーンゴム粒子を付着させた複合粒子である。化粧品用途において、マイカに柔らかな感触やソフトフォーカス効果を付与することができる。

6.9 放熱材料

▶ 6.9.1 放熱材料の役割

　最近の電気・電子機器の急速な高性能化や小型化に伴って、半導体を中心とする各種素子からの発熱量、発熱密度が急激に増加している。この熱を外部に放出しないと、素子の温度が上昇し、誤動作、能力低下、短寿命化、故障などを引き起こす。素子から発生した熱は、ヒートシンクなどの冷却部材に移動した後、多くの場合、最終的には、大気に放出されることになる。放熱材料は、発熱素子から冷却部材に伝導伝熱により熱を移動するときに使用される極めて重要な材料である。

　図 6-47 は、発熱部材と冷却部材の接触面の断面を拡大した模式図である。この図を用いて、放熱材料の役割を説明する。発熱素子などの発熱部材と、冷却部材の表面は、マクロ的にはフラットに見えても、ミクロ的に見ると両者の表面には凹凸が存在し、両者が直接接触している面積は部分的である。直接接触していない部分には、通常、熱伝導率が非常に小さい空気（0.026 W/mK@23℃）が存在しており、発熱部材から冷却部材へ熱が十分に伝わらない。放熱材料の役割は、発熱部材と冷却部材の界面に介在し、発熱部材と冷却部材の接触面積を間接的に増大させ、発熱部材からの熱を冷却部材へ効率良く伝えることである。放熱材料が Thermal Interface Material（TIM）とも呼ばれる由縁である。したがって、放熱部材には、高い熱伝導

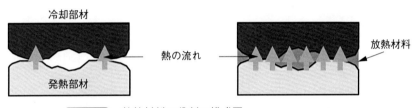

図 6-47 放熱材料の役割の模式図
（発熱部材と冷却部材の接触部分の拡大断面図）

率とミクロな凹凸に追従して接触を保つための流動性や柔軟性が要求される。

▶ 6.9.2　放熱材料の種類、用途、特徴

　一般に、放熱材料は、ポリマー中に熱伝導性フィラーを高度に充填した複合材料であり、用途、必要特性に合わせて、種々形状、特性のものが存在する。**表6-19**に放熱材料の種類を示す。その用途は、当初、発熱密度の大きいパソコンのCPUなどが主体であったが、家電、照明、産業機器、自動車などの電子化に伴って、あらゆる分野に広がっている。代表的な用途を**表6-20**に、特徴を**表6-21**に示す。

　放熱材料のポリマーマトリックスには、実装される部材面への追従性を確保するため、流動性や柔軟性が必要である。寒冷地の最低温度である−40℃付近、用途によっては−60℃付近の低温から、発熱部材の温度150℃以上、用途によっては200℃以上の高温までの長期信頼性が要求されるため、耐寒性、耐熱性も重要である。また、難燃性、電機絶縁性などの特性が要求される場合も多く、これらの特性をすべて満たすものとしてシリコーンが好適であり、多用されている。シリコーンには、種々形態があり、用途、必要性能に応じて、最適なものを選ぶことが可能である。この点でも、放熱材料のポ

表6-19　放熱材料の種類

分類	供給時の形状	使用時硬化工程	保存	硬化タイプ	硬化時加熱	硬さ・接着
放熱グリース（放熱オイルコンパウンド）	ペースト状	不要	室温	−	−	−
液状硬化型放熱材料（放熱ゲル、放熱接着剤）	ペースト状	必要	冷蔵・冷凍	付加1液	必要	低硬度
						高硬度・接着
			室温	付加2液	必要	低硬度
						高硬度・接着
				縮合1液	不要	低硬度
						高硬度・接着
高硬度放熱ゴムシート	シート状	不要	室温	−	−	−
低硬度放熱パッド						
フェイズチェンジシート						
両面粘着テープ						

表6-20 放熱材料の用途

分類	主な用途
放熱グリース (放熱オイルコンパウンド)	CPU、LSI等の半導体デバイスの放熱 電源用パワートランジスタ、パワーモジュールの放熱 LEDパッケージ、モジュールの放熱
液状硬化型放熱材料 (放熱ゲル、放熱接着剤)	CPU、LSI等の半導体デバイスの放熱 電源用パワートランジスタ、パワーモジュールの放熱 LEDパッケージ、モジュールの放熱 電気・電子部品の放熱・接着固定 ヒートシンク、ヒートパイプの接着固定 電気・電子部品の保護・ポッティング
高硬度放熱ゴムシート	電源用パワートランジスタ、パワーモジュールの放熱、絶縁
低硬度放熱パッド	CPU、LSI等の半導体デバイスの放熱 LEDモジュールの放熱、蓄電池の均熱
フェイズチェンジシート	CPU、LSI等の半導体デバイスの放熱 LEDモジュールの放熱
両面粘着テープ	電源用パワートランジスタ、パワーモジュールの放熱、固定 LEDモジュールの放熱、固定

表6-21 放熱材料の特徴

分類	長所	短所
放熱グリース (放熱オイルコンパウンド)	接触熱抵抗小 薄膜化可能	ポンプアウトの懸念
液状硬化型放熱材料 (放熱ゲル、放熱接着剤)	接触熱抵抗小 薄膜化可能 経時安定性良好	硬化工程必要 リワーク困難
高硬度放熱ゴムシート	取扱い性良好 電気絶縁確保 経時安定性良好	接触熱抵抗大 薄膜化困難
低硬度放熱パッド	取扱い性良好 応力緩和可能 寸法公差吸収、スペース補償可能 経時安定性良好	接触熱抵抗中 薄膜化困難
フェイズチェンジシート	取扱い性良好 接触熱抵抗小 薄膜化可能	ポンプアウトの可能性 リワーク困難
両面粘着テープ	取扱い性良好 粘着固定可能	高熱伝導率化困難 リワーク困難

リマーマトリックスとしてシリコーンを適用する利点がある。

熱伝導性フィラーとしては、シリカ（結晶性二酸化ケイ素）、酸化亜鉛、アルミナ（酸化アルミニウム）、窒化ホウ素、窒化アルミニウムなどの電気絶縁性のセラミックス粉末、アルミニウム、銅、銀などの金属粉末、炭素繊維、グラファイト粒子などの炭素系粉末などが使用される。これらは、電気絶縁性の要否、伝熱特性のレベルなどに応じて使い分けられている。

▶ 6.9.3 放熱材料の伝熱特性

伝導伝熱の特性の指標として、熱伝導率λと熱抵抗Rがある。熱伝導率は、フーリエの法則に従い定義される物質固有の物性値であり、**図6-48**に示したように、物質の温度勾配による熱の流れにより、(1) 式で定義される。放熱材料自体の熱抵抗R_0は、熱の伝わり難さを表す状態値であり、(2) 式で定義される。両式から、熱抵抗R_0は (3) としても定義できる。

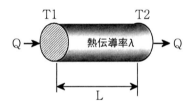

Q：電熱量、L：厚さ、A：接触面積、
T1：高温側温度、T2：低温側温度

図6-48 温度勾配による熱伝導の説明図

$$Q = \lambda \frac{(T1-T2)A}{L} \tag{1}$$

$$R_0 = \frac{T1-T2}{Q} \tag{2}$$

$$R_0 = \frac{L}{\lambda A} \tag{3}$$

さらに実装時の伝導伝熱の性能を最もよく表す指標として、放熱材料自体の熱抵抗に、放熱材料と発熱部材間、放熱部材と冷却部材間の接触状態に依存する接触熱抵抗を加えた総熱抵抗を (4) 式で表すことができる。実装時

の伝熱特性を向上させることは、この総熱抵抗を小さくすることと等価である。総熱抵抗低減方法を**表 6-22** にまとめた。

$$R = R_0 + R_c = \frac{L}{\lambda A} + R_c \tag{4}$$

R：総熱抵抗、R_0：放熱材料自体の熱抵抗、R_c：接触熱抵抗、
L：放熱材料の厚さ、λ：放熱材料の熱伝導率、A：放熱材料の接触面積

表6-22 熱抵抗低減方法

項目	方向性	具体的方策
熱伝導率 λ	大きく	熱伝導性フィラーの高充填化
接触熱抵抗 R_c	小さく	部材への追従性向上→低硬度化、流動性向上
厚さ L	薄く	薄膜化
接触面積 A	大きく	伝熱面積の増加

▶ 6.9.4 放熱材料の高性能化

　伝熱特性の高性能化には、実装時の熱抵抗を小さくすることが必要となるが、その方法の一つとして放熱材料の高熱伝導率化があげられる。放熱材料は、ポリマーと熱伝導性フィラーから成る複合材料であるが、その熱伝導率は、ポリマー及び熱伝導性フィラーの熱伝導率と、熱伝導性フィラーの充填率に依存する。シリコーンの熱伝導率は、0.16 W/mK と他のポリマーと同等レベルである。代表的な熱伝導性フィラーの熱伝導率を**図 6-49** に示す。

　複合材料の熱伝導率については、いくつかの理論式が提案されており、ある程度、計算により推定することができる。Maxwell-Eucken の理論式[59] は、連続相中に球状粒子が比較的低密度で分散したモデルを用いて導かれたものであり、(5) 式で示される。Bruggeman の理論式[60] (6) は、Maxwell-Eucken の式を拡張し、粒子同士の相互作用を考慮して、比較的高充填系まで適用できるようにしたものである。

$$\lambda_c = \frac{\lambda + 2\lambda_0 + 2\phi(\lambda - \lambda_0)}{\lambda + 2\lambda_0 - \phi(\lambda - \lambda_0)} \lambda_0 \quad \text{Maxwell-Eucken の理論式} \tag{5}$$

　　λ_c 複合材料の熱伝導率、λ_0：ポリマーの熱伝導率
　　λ：熱伝導性フィラーの熱伝導率、φ：熱伝導性充填剤の容積分率

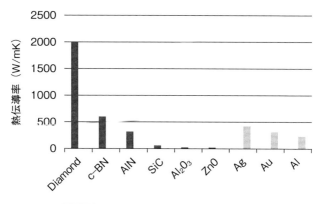

図 6-49 熱伝導性フィラーの熱伝導率

$$1 - \phi = \frac{\lambda_c - \lambda}{\lambda_0 - \lambda} \left(\frac{\lambda_0}{\lambda_c} \right)^{\frac{1}{3}} \qquad \text{Bruggeman の理論式} \qquad (6)$$

λ_c：複合材料の熱伝導率、λ_0：ポリマーの熱伝導率

λ：熱伝導性フィラーの熱伝導率、ϕ：熱伝導性充填剤の容積分率

熱伝導率の異なる熱伝導性フィラーを用いたときの、フィラーの容積分率に対する複合材料の熱伝導率を Bruggeman の式を使って計算した結果を**図 6-50** に示す。どの熱伝導率のフィラーを使用しても、容積分率 0.5 程度までは、複合材料の熱伝導率はあまり高くならないが、容積分率が 0.6 を超えると加速度的に熱伝導率が高くなる。また、容積分率が 0.6 程度までは、熱伝導性フィラーの熱伝導率は複合材料の熱伝導率にあまり反映されないが、容積分率が 0.6 を超えて複合材料の熱伝導率が 2 W/mK を超えてくると熱伝導性フィラーの熱伝導率が反映されてくるようになり、その傾向は容積分率が大きくなるほど顕著になる。これらのことから、放熱材料の高熱伝導率化には、何よりもまず、熱伝導性フィラーの高充填化が必要である。高充填化には、最密充填の観点から、**図 6-51** に示すように、大粒径と小粒径のフィラーの組み合わせが有効である。さらに、放熱材料の熱伝導率が高いレベルになると、高熱伝導率のフィラーを用いることが放熱材料の高熱伝導率化に効果的であり、放熱材料の熱伝導率が高ければ高いほど顕著である。

実際の放熱材料の作製においてもこの傾向はおおよそ当てはまるが、充填

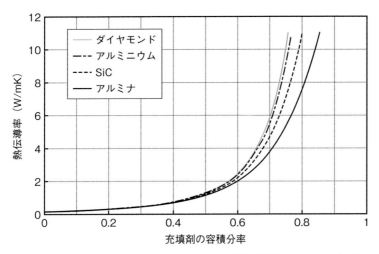

図6-50 Bruggemanの理論式による各種熱伝導性フィラーの容積分率における熱伝導率計算値

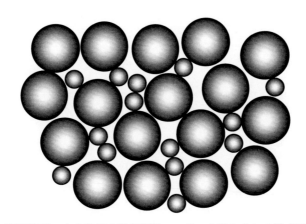

図6-51 大小粒径の熱伝導性フィラーの組み合わせ模式図

性は熱伝導性フィラーの粒径、形状、シリコーンへの濡れ性（親和性）などが大きく影響し、放熱材料の熱伝導率には、熱伝導性フィラーの熱伝導率以外にも、その粒径、形状、異方性がある場合には配向状態などが大きく影響するため、複雑である。

　伝熱特性の高性能化には、表6-22に示したように、接触熱抵抗の低減も

有効である。接触熱抵抗を低減するためには、発熱部材と冷却部材の表面のミクロな凹凸への追従性が必要となる。シート状の放熱材料では低硬度化が、ペースト状の製品では高流動化が有効である。接触熱抵抗は、放熱材料の種類により大きく異なる。放熱材料の種類と、ミクロな凹凸への追従性、接触熱抵抗の大小について、図 6-52 に示した。

分類	種類	ミクロな凹凸表面への追従状態模式図	接触熱抵抗
シート状	高硬度放熱シート	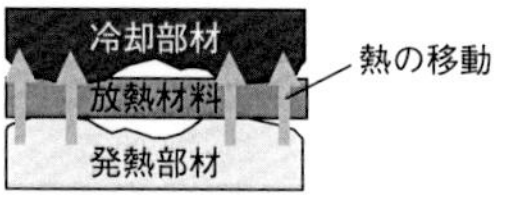	大
	低硬度放熱パッド	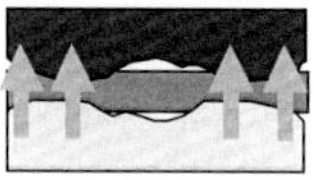	中
	フェイズチェンジシート	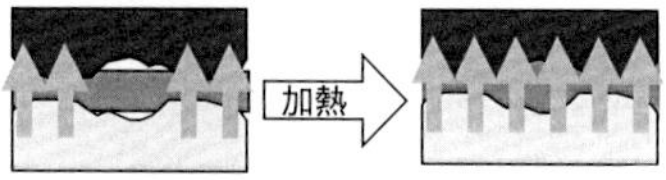	小
ペースト状	放熱グリース 液状硬化型放熱材料	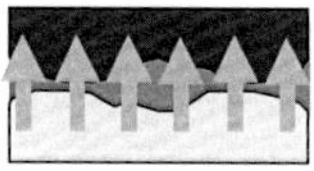	極小～小

図 6-52 各種放熱材料のミクロな凹凸への追従性と接触熱抵抗

　伝熱特性の高性能化として、放熱材料独自に対応できることの最後の項目は、表 6-22 に示したように、薄膜化である。(4) 式からわかるように、放熱材料自体の熱抵抗は、放熱材料の厚さ（BLT：Bond Line Thickness と呼ばれる）に比例するため、薄膜化の低熱抵抗化への効果は大きい。例えば、放熱材料の厚さを半分にすることは、熱伝導率を 2 倍にすることと同じだけの熱抵抗低減効果に匹敵する。薄膜化には、熱伝導性フィラーの粒子径のコントロールが必要である。ペースト状の放熱材料では、実装時の流動性確保も必要となる。ただし、放熱材料を薄くし過ぎると、接触部材面の初期のそり及び熱サイクルによるそりの変化への追従ができず、放熱材料と発熱部材及び冷却部材との接触が保てず、接触熱抵抗が急激に増大する場合があるので注意を要する。放熱材料の厚さは、実装される機器側の制限により決定さ

れる場合には、放熱材料独自では対応できない。

▶ 6.9.5　放熱材料各論
（1）放熱グリース（放熱オイルコンパウンド）[61]

　充填剤と液状ポリマーを混練してペースト状にしたものをオイルコンパウンドと称するが、充填剤に熱伝導性フィラーを使用して放熱用に製造されたオイルコンパウンドを便宜上放熱グリースと呼んでいる。シリコーンオイルは熱安定性が高く、温度に対する粘度変化が小さいので、放熱グリースのポリマーマトリックスとして好適である。熱伝導性フィラーとしては、酸化亜鉛粉を使用した熱伝導率1 W/mK 程度のものが古くから使われてきたが、近年、高熱伝導率タイプとして、アルミナ粉、窒化ホウ素粉、窒化アルミ粉、アルミ粉などを使用した6 W/mK 程度までの製品が種々開発されている。

　シリコーン放熱グリースはペースト状の製品であり、実装部材の表面への濡れ性が良好でミクロな凹凸への追従性が良好なため、接触熱抵抗を小さくできる（図6-52）。また、流動性があり、圧力をかけて押し潰すと、グリース層の厚さを薄くすることができるためグリース層自体の熱抵抗も小さくできる。したがって、総熱抵抗を小さくできるため、放熱材料としての伝熱性能は高い。

　放熱グリースの使用方法としては、実験などではスパチュラ等で塗布すればよいが、量産では、自動ディスペンスやスクリーン印刷法が用いられる。これらの設備を導入すれば、安定的に放熱グリースの実装が可能であり、硬化工程も必要ないため生産性は高い。

　放熱グリースは、基本的に液状ポリマーと熱伝導性フィラーの単純混合物であるため、発熱部材の発熱・温度サイクルにより、グリースが実装された発熱部材と冷却部材が熱膨張・収縮してその間隔が増減したり、グリース層自体が熱膨張・収縮したりすることで、グリースが実装部分から流れ出してしまう（ポンピングアウト現象）場合がある。また、車載用途などで、振動により経時でグリース層が重力方向に移動してしまう（ずれ現象）懸念もある。これらの現象が発生すると、放熱材料が機能しなくなり、熱抵抗が急激に上昇してしまう。一般に、粘度が高いグリースのほうがポンピングアウトし難くずれ難いが、塗布性などの観点から限度がある。しかしながら、最近、

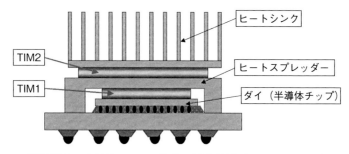

図 6-53 高性能 CPU の構造と放熱材料（TIM-1、TIM-2）

使用可能な粘度範囲でもポンピングアウトやずれが発生し難い製品が開発されている。ポンピングアウトやずれ対策として、装着部位の表面粗さを大きくすることは有効である。

　放熱グリースは、ポンピングアウトやずれの懸念はあるものの、適切な用途、部位に使用すれば問題はなく、長期にわたってその機能を発揮し、その高性能、簡便さから、CPU の TIM-2、車載、家電、LED 照明などに広く使用されている。**図 6-53** に高性能 CPU の構造模式図を示す。

（2）液状硬化型放熱材料

　放熱グリースは、ポンピングアウトやずれの問題が発生する懸念があり、長期信頼性に不安を残す場合がある。この懸念点を解決したものが、液状硬化型放熱材料である。使用前は、放熱グリースと同じペースト状であるが、実装部位にセットした後、架橋反応により硬化するものである。液状硬化型放熱材料は、主として硬化後柔軟性を保つことで長期信頼性を確保することを重視した放熱ゲル（キュアラブルグリース）と、硬化後強接着とすることで長期信頼性を確保したり部材同士の接着固定をも目的にしたりする放熱接着剤に分けられるが、両者の境界は明確ではない。

① 放熱ゲル

　シリコーン放熱ゲルは、放熱グリースのポリマーマトリックスを液状のシリコーン硬化組成物としたものである。硬化後に低硬度・柔軟性を付与することが重要であり、この低硬度・柔軟性により、発熱部材からの発熱による実装部位の反りや、寸法変化に追従して密着を保つことが可能となり、長期信頼性の確保が可能となる。放熱ゲルには、1液付加硬化型、2液付加硬化型、

1液縮合硬化型がある。
　放熱ゲルは、放熱グリースと同様に使用前はペースト状であるため接触熱抵抗は小さく、層厚も薄くできることから、高い伝熱性能が実現できる。
　実装方法は放熱グリースと同様、自動ディスペンスやスクリーン印刷法が用いられる。1液付加硬化型、2液付加硬化型では、一般的には100～150℃程度の加熱硬化工程が必要となるが、比較的短時間で均一な硬化が可能である。付加硬化型においては、触媒として使用される白金触媒が、硫黄、リン、窒素原子を含む一部の化合物と接触すると触媒として機能しなくなり、硬化阻害を引き起こすことがあるので注意が必要である。1液縮合硬化型では、空気中の湿気により硬化が進行するため加熱不要であるが、芯部まで硬化するのに時間がかかる。縮合硬化型は、被毒に強いため硬化阻害が発生し難い。保存、輸送に関しては、付加硬化は室温でも進行するため1液付加硬化型は冷凍または冷蔵が必要であるが、2液付加硬化型、1液縮合硬化型は室温保存、室温輸送が可能である。
　放熱ゲルの用途としては、図6-53に示すようなCPUのTIM-1用の1液付加硬化型が代表的なものであるが、最近では、車載、通信などの分野を中心として、高度な長期信頼性を必要とする部位への適用が急速に広がっている。
② 放熱接着剤
　シリコーン放熱接着剤は、放熱グリースのポリマーマトリックスを液状のシリコーン接着剤組成物としたものである。接着性の発現には接着付与剤が使われ、被着体によって最適化が必要となる。放熱接着剤の硬化後は、高硬度・強接着となるものが多い。発熱部材からの発熱による実装部位の反りや、寸法変化が発生しても強固な接着力により接触を保つことが可能となり、長期信頼性の確保が可能となる。さらに、接着性を利用して部品間の固定をも目的として使用される。放熱接着剤には、放熱ゲルと同様に、1液付加硬化型、2液付加硬化型、1液縮合硬化型がある。
　放熱接着剤も、放熱グリースと同様に使用前はペースト状であるため接触熱抵抗は小さく、層厚も薄くできることから、高い伝熱性能が実現できる。
　実装方法は放熱グリースと同様、自動ディスペンスやスクリーン印刷法が用いられる。硬化、保存、輸送は、放熱ゲルと同様の取扱いとなるが、最近、

2液付加硬化型で、室温あるいは比較的低温、短時間で硬化する製品が開発されている。

放熱接着剤の用途としては、放熱ゲルの用途と重なる部分が多いが、部材同士の接着固定を兼ねる用途にも使用される。

硬化型の熱伝導性材料としては、放熱ゲル、放熱接着剤の用途以外に、低粘度・高流動性であるポッティング剤の用途がある。これには、2液付加硬化型などのものがあるが、必ずしも接着性が必須となるものではない。基本的には、部品の保護を目的としたものであり、所定の部位に流し込んだ後に硬化させて使用する。通常の熱伝導性でないポッティング剤に比較して、発熱部位からの熱を外気に放出しやすくする機能を発揮する。最近では、部品の保護と部品間の放熱材料（TIM）の役割を両立するポッティング剤も開発されている。

（3）高硬度熱伝導性ゴムシート

高硬度熱伝導性シリコーンゴムシートは、熱伝導性フィラーを高度に充填したシリコーンゴムを、シート状に成形・硬化させた放熱材料である。ガラスクロスを中間補強層としたものが多く、ポリイミドフィルムを補強と電気絶縁強化材（2重絶縁）の目的で、中間層としたものもある。電源のパワートランジスタや、ハイブリッド車、電気自動車のパワーモジュールなどの用途に多用され、伝熱機能とともに電気絶縁確保の機能を有することから、熱伝導性フィラーには、電気絶縁性のアルミナ、窒化ホウ素、窒化アルミニウムなどが使われ、熱伝導率8 W/mK程度までの製品が開発されている。熱伝導率に異方性のあるフィラーの配向を利用して、シート厚さ方向を高熱伝導率にしたシートも開発されている。ポリマーマトリックスを架橋済みのゴムとしていることで、長期信頼性も高く、リワークも容易である。

高硬度熱伝導性ゴムシートは、硬いゴム状であることから比較的接触熱抵抗が大きく伝熱性能自体は犠牲になっているが、シート強度は強く、実装時のトランジスタなどのねじ締め固定の圧力にも耐えて電気絶縁確保を可能とする。シート表面のタックがほとんどなく、高硬度・高強度であることから、取扱い性が良好で、手作業での実装も可能であるし、片面に粘着剤を積層したシートを用いて仮固定できることから、自動実装も可能である。

第6章 シリコーンの応用

(4) 低硬度放熱パッド

　低硬度放熱シリコーンパッドは、熱伝導性フィラーを高度に充填した低硬度シリコーンゲルあるいはゴムを、シート状に成形・硬化させた放熱材料である。電気絶縁性が要求される用途が多いことから、熱伝導性フィラーには、アルミナ、窒化ホウ素、窒化アルミニウムなどが使われ、熱伝導率 10 W/mK 程度までの製品が開発されているが、絶縁不要の用途では、金属系、炭素系の導電性のフィラーが使用されることもある。

　低硬度で柔軟性があることから実装面のミクロの凹凸に対してある程度の追従が可能であり、また、低硬度であるためシート表面にタックがあり密着性が良いことから、高硬度放熱シートよりは接触熱抵抗が小さく、伝熱性能は高い。

　比較的低圧力で圧縮変形可能であることから、発熱部材と冷却部材間の寸法公差をある程度吸収することができ、シートの圧縮率が多少高い状態で実装された場合であってもシートによる応力緩和が可能であり、シートに接触している発熱素子などに大きな応力を残さない。硬化済みのシートであることから、実装スペースが、例えば 5 mm、10 mm、それ以上などと広くて多少の寸法公差がある場合でも、公差を吸収して流れ出すことなく確実に実装可能であり、伝熱の役割を果たすことができる。

　低硬度放熱シリコーンパッドは、硬化済みのシートであるため取扱い性が良好で、手作業での実装が可能である。シートが柔軟であり変形しやすくタックがあるため工夫が必要ではあるが、自動実装も可能である。高硬度放熱シートと低硬度放熱パッドを積層して、両者の特性を兼ね備えた放熱シートも実用化されている。

　低硬度放熱パッドの用途は、CPU、各種 LSI、家電、車載、LED と多岐分野にわたる。良好な柔軟性と圧縮性を生かして、高さの異なる複数の発熱素子を1枚のシートで冷却部材に繋ぐ用途は、低硬度放熱パッドに特徴的な使用方法である。

(5) フェイズチェンジシート

　シリコーンフェイズチェンジシートは、室温では固体であるが、実装箇所の素子からの発熱・温度上昇により相変化（熱軟化）して低粘度化するシリコーンマトリックスに熱伝導性フィラーを高充填した材料を、50〜200 μm

程度のシート状に成形した放熱材料である。通常、フェイズチェンジシートの両面には、離型フィルムが積層されておりシートとして取り扱えるため、放熱グリースやゲルのようにディスペンス装置などの量産機器なしで、手作業で実装が可能である。実装は片面のフィルムを剥がした後、転写方式で行う。また、実装後は、素子からの発熱・温度上昇により相変化（熱軟化）して低粘度化するため、実装面のミクロな凹凸に対して放熱グリース並みに追従して接触熱抵抗を小さくできるし、圧縮して薄膜化も可能であることから、伝熱性能は、放熱グリースに匹敵するレベルである。すなわち、フェイズチェンジシートは、放熱シート並の取扱い性と放熱グリース並みの伝熱性能を両立したものである。

　フェイズチェンジシートは、架橋済みのシートではないため、用途、用法が適切でないと、放熱グリースのようにポンピングアウト現象やずれ現象が懸念されるが、その度合いは放熱グリースほどではない。また、実装後は強い密着状態となるため、一般に、リワークには向いていない。

　フェイズチェンジシートの用途は、CPU、各種 LSI、LED などで、特に高い伝熱性能が必要な部位に適用される。

（6）熱伝導性両面粘着テープ

　シリコーン熱伝導性両面粘着テープは、粘着性のシリコーンマトリックスに熱伝導性フィラーを高度に充填した材料を、50～200μm 程度のシート状に成形・硬化した放熱材料である。粘着テープの両面には、離型フィルムが積層されており、実装は片面のフィルムを剥がした後、転写方式で行う。熱伝導性フィラーの高充填による粘着テープの高熱伝導率化と、粘着強度とはトレードオフの関係にあるため、ある程度の粘着力を確保したい場合、あまり熱伝導率は高くできない。1 W/mK 程度の製品が実用化されている。

　熱伝導性両面粘着テープの機能は、伝熱と粘着力による部材間の固定である。用途は、パワートランジスタや LED モジュールなどのヒートシンクへの伝熱・固定などがあげられる。熱伝導性両面粘着テープでの固定により、従来のネジによる固定が不要となり、工程削減による合理化が可能となる。

6.10 LED用シリコーン材料

近年、LED（発光ダイオード）の技術の進歩はめざましく、その性能は飛躍的に向上している。1960年代には赤色LED、1970年代には黄色や緑色LED、さらに1990年代に入って青色LEDが開発された。

白色LEDに関しては、これらの光三原色のLEDを同時に発光させることにより白色光とすることが可能となったが、異なる手法として青色LEDと蛍光体を組み合わせることにより、擬似的な白色光とする方法も見出されている。この方法はLEDとして青色LEDのみを使用することで白色光を発光させることが可能であることから、多くの用途に利用されている。また、紫外LEDと赤色、緑色、青色の3種類の蛍光体を用いて、演色性の優れた白色光を発光させる方法がある（図6-54）。

LEDの用途としては開発当初、低出力のLEDを用いた表示パネル、インジケーター、フルカラーディスプレーなどの表示機能を持つ製品が主であったが、LEDの高効率化及び高輝度化によって、携帯電話用フラッシュ、液晶バックライト、照明などの照らす機能を持つ製品に応用が広がっている。

▶ 6.10.1 透明封止材料

こうした背景のもと透明封止材料に着目してみると、低出力のLEDには

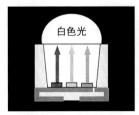  

RGB LED（3in1方式）　　青色LED＋黄色蛍光体　　紫外LED＋RGB蛍光体

図6-54　白色LEDの種類

エポキシ樹脂が使用されているが、高エネルギーの青色LEDや白色LEDの場合、高出力化に伴った光エネルギー及びLEDから放出される熱により、エポキシ樹脂が黄変しLED出力を低下させる問題が指摘されている。原因としては、エポキシ樹脂自体の変色によると考えられている（**図6-55**）。

近年、耐久性の要求される液晶バックライト用途や照明用途の白色LEDに関して、エポキシ樹脂に代わる透明封止材料として、耐熱性、耐光性の優れたシリコーン樹脂封止材が使用されている。

LED用シリコーン封止樹脂としては、2液型の熱硬化性シリコーン材料が主流であり、ヒドロシリル化触媒を用いて炭素-炭素二重結合と珪素-水素結合の付加反応により硬化する（**図6-56**）。この反応は副生物が生成しないこと、及び、硬化時間が短いことから電子材料用途に適した硬化機構である。

さらに、シリコーン樹脂材料の骨格として、鎖状及び分岐状の材料（**図6-57**）を設計することができ、その構造を選択することにより、硬化後においてゲル状の材料、ゴム状の材料、レジン状の材料とすることが可能である

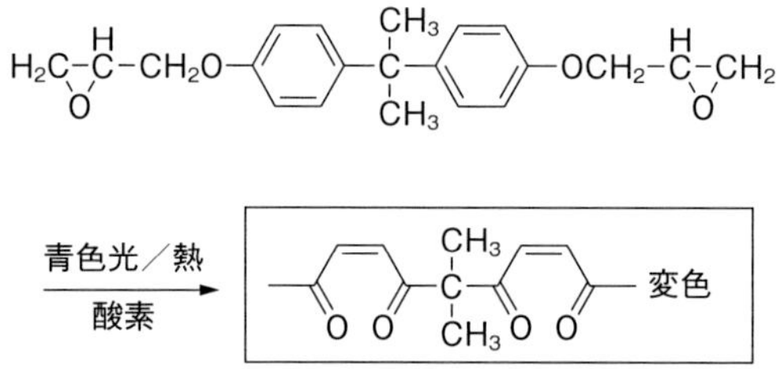

図6-55 エポキシ樹脂の光と熱による着色メカニズム

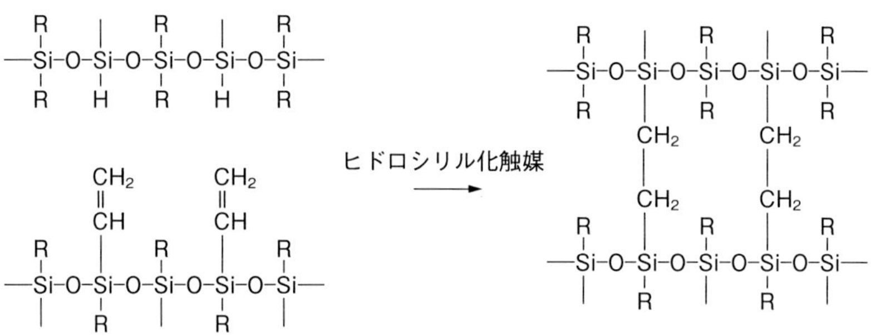

図6-56 熱硬化性シリコーン樹脂の硬化反応

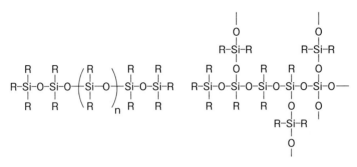

図 6-57 シリコーン樹脂の基本構造

ことから、様々な形状の LED デバイスへの応用が可能である。硬化した封止材料は可視光領域における透過率が非常に高く、LED 用材料として好適な材料である。

▶ 6.10.2 白色 LED の封止工程について

青色 LED と蛍光体を組み合わせた白色 LED の封止工程として、2 液型熱硬化性シリコーン材料と蛍光体を用いた一例を紹介する。工程として (1) シリコーン封止材料 A 液、B 液及び蛍光体の計量、(2) 材料の混合、(3) LED パッケージへの充填、(4) 加熱硬化　を行い、LED チップ及び電極配線部を保護する方法が一般的である（**図 6-58**）。

留意すべき点として、シリコーン樹脂の硬化反応に使用される触媒はヒドロシリル化触媒（白金化合物等）であり、硫黄化合物、リン化合物、窒素含有化合物などと接触すると触媒活性が低下し、硬化が阻害されることである。

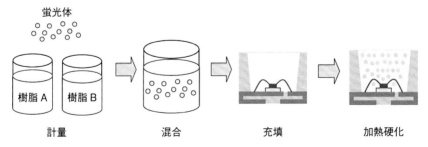

図 6-58 2 液型熱硬化性シリコーン樹脂を用いた白色 LED の封止工程

硬化阻害の症状としては、極端な場合は樹脂が硬化せず、弱い場合は一見硬化したように見えるが接着性が得られない現象が現れる。封止工程作業中において、触媒毒との接触やLEDパッケージの洗浄に注意を払う必要がある。

また、封止材の加熱硬化においては、硬化収縮による応力集中を低減するために100℃程度の1次キュアを行った後、続いて十分な硬化と接着性を発現させるために150℃程度の2次キュアからなるステップキュアが有効である。

▶ 6.10.3 白色LED用封止材料に求められる特性

樹脂封止材料を用いた代表的な表面実装型LEDの構造を示す（**図6-59**）。
白色LEDの形状や用途により必要特性のレベルが異なるが、封止材に求められる特性をまとめる（**表6-23**）。
（1）光透過性：LEDからの光を効率よく外部へ出力するために重要な特性である。材料が透明性に劣る場合、出力低下やLED性能にバラツキが発生

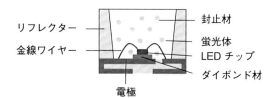

図6-59 表面実装型LEDの構造例

表6-23 白色LED用封止材料に求められる特性

項目	内容
光透過性	可視領域の透明性が高いこと
耐光性	LED光により着色や変質が無いこと
耐熱性	LEDからの熱や環境温度により変色や変質が無いこと
接着性	リフレクター材料や電極材料との接着性が優れていること
耐クラック性	使用環境温度においてクラックが発生しないこと
耐半田リフロー性	表面実装する際にクラックや剥離がないこと
ガスバリア性	電極材料を変色させるガスを遮蔽すること

してしまう。また、封止樹脂の屈折率も重要であり、LEDチップの屈折率との相関により光取り出し効率が異なる。
（2）耐光性：ハイパワーLEDの光エネルギーは非常に大きく、樹脂の変色や樹脂特性の変化がないことが必要である。耐久性の要求される用途においては非常に重要な特性である。
（3）耐熱性：LEDに入力される電気エネルギーは、光エネルギーへ変換されるとともに熱エネルギーへも変換される。この熱エネルギーによってLEDチップは100℃以上になる場合があり、こうした温度条件下、変色や樹脂特性変化がないことが要求される。
（4）接着性：ポリフタルアミド樹脂を代表とするリフレクター材料、及び、銀メッキ電極や金メッキ電極との接着性が必要である。リフレクター材料、電極材料との剥離が発生した場合は、光出力の低下となってしまう。
（5）耐クラック性：LEDへの通電によりLEDチップの温度は変化する。また、様々な使用環境を想定した低温から高温における熱衝撃において、封止樹脂にクラックが発生しないことが必要である。
（6）耐半田リフロー性：LEDデバイスを回路基板に実装する際に260℃程度の半田リフローを実施するが、この製造工程で樹脂に異常が発生しないことが必要とされる。
（7）ガスバリア性：電極材料として銀メッキ材料が光反射、導電性の観点で使用されるが、ガス状硫黄化合物やハロゲン化合物等により変色してしまう問題がある。この変色を防止するためにガスバリア性が必要とされる。

その他の要求特性として、蛍光体の分散性や封止樹脂表面の非付着性等が上げられる。蛍光体の分散状態が不均一な場合、個々のLED製品の光特性にバラツキが生じ、また、封止樹脂表面にタックがある場合、埃などの異物の付着や、製造工程時にLED製品どうしが付着してしまうなどの問題が発生し、生産性を妨げる。

▶ 6.10.4　LED用封止材料の種類

シリコーン封止材料はゲル状の柔らかい材料からゴム状材料、高硬度のレジン材料まで様々な種類の材料があり、LEDの設計に合わせて最適の封止樹脂を選択して用いる必要がある。

平面基板上に多数の LED チップを搭載した封止面積の大きなハイパワーモデル（COB）等に関しては、耐クラック性、接着性に優れた軟質のシリコーンエラストマー封止材料が適している。シリコーンエラストマー封止材は適度なゴム弾性があるため、熱衝撃による封止材の膨張や収縮が発生してもクラックが入りにくいといった大きな特徴がある。

　一方、樹脂で全方位を覆う砲弾タイプや、マウンターが直接に樹脂に触れるトップビュータイプ（SMD）に関しては、硬質のフェニルシリコーンレジン、及び、有機変性シリコーンレジン封止材料が用いられる。硬質材料は、ダイシング工程を経るチップタイプ用の封止材料としても使用可能である。

　また、シリコーン封止材料の種類としては、有機基の種類によりメチルシリコーンとフェニルシリコーンの2つに大別される。

▶ 6.10.5　メチルシリコーンエラストマー封止材料

　メチルシリコーンエラストマー材料は、基材に対する接着性が良好であるだけでなく耐熱性に優れ、高温環境下に長期間暴露しても光透過率の変化がほとんど無い。180℃環境下、厚さ 2 mm の硬化物を用いて試験を実施した場合、400 nm と 600 nm の光透過率は 10,000 時間後においても初期と同等であり、変色が無く透明性を保持する非常に優れた特性を持つ（図 6-60）。

　メチルシリコーンエラストマー封止材料は耐熱変色性に優れることから、

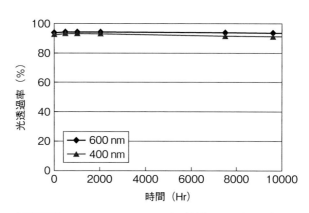

図 6-60　メチルシリコーンゴム材料の 180℃環境下における光透過率の変化（厚み 2 mm）

表6-24 メチルシリコーンエラストマー封止材料

硬化前物性/Before cure	単位/Unit	メチルゴム A	メチルゴム B	メチルゴム C
外観/Appearance		Colorless to pail yellow	Colorless to pail yellow	Colorless to pail yellow
配合比/Mixing Ratio		1:1	1:1	1:1
混合粘度/Viscosity (BH-viscometer)	mPa・s@25℃	4,000	6,000	4,400
A/B材粘度/A/B Viscosity	mPa・s@25℃	8,300/2,700	6,500/5,500	4,800/4,000
混合液屈折率/Refractive Index	589 nm@25℃	1.41	1.41	1.41
標準硬化条件/Cure condition		100℃×1 hrs＋150℃×2 hrs		
硬化後物性/After cure	単位/Unit	Value	Value	Value
硬化後密度/Density after cure	g/m3@25℃	1.06	1.02	1.02
硬度/Hardness	Shore D or A	A70	A50	A30
光透過率/Transparency	%@400 nm/2 mm	92	92	92
線膨張係数/CTE (α1/α2)	ppm	-/250	-/390	-/380
ガラス転移点/Tg	℃	Below-100℃	Below-100℃	Below-100℃
伸び/Elongation	%	100	150	270
引っ張り強さ/Tensile strength	MPa	10.0	6.0	4.1
酸素透過性/O2 Gas permeability	cc/m². day/1 mm	31,000	31,000	35,000

LEDチップのジャンクション温度が非常に高いLEDデバイスに適した材料であり、LED製品の設計に応じて硬さの異なる材料を使用する（表6-24）。

▶ 6.10.6 フェニルシリコーンエラストマー封止材料

フェニルシリコーンゴム材料の高温暴露試験の結果を示すが、耐熱変色性

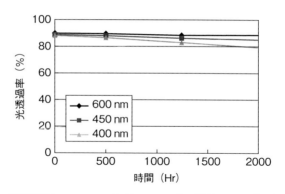

図 6-61 フェニルシリコーンゴム材料の 150 ℃環境下における光透過率の変化(厚み 2 mm)

という点ではメチルシリコーン材料にやや劣るものの、高いレベルの耐熱変色性を示し(図 6-61)、さらに高屈折率を有する特徴がある。

　高屈折率を有する封止材は、チップと封止材の界面の反射を低減させるため、パッケージの設計により光取り出し効率が率向上する。フェニルシリコーン封止材料もメチルシリコーン封止材料と同様に、硬度の異なる材料があり、LED デバイスの設計に合わせて適切な材料を使用する。

▶ 6.10.7　フェニルシリコーンレジン封止材料

　シリコーン封止材の中でも、ショア D 硬度で表される硬質の材料としてシリコーンレジン封止材料がある。

　高硬度材料となるシリコーンレジンは、主鎖骨格に分岐構造を持つシロキサンを用いた材料である。柔軟なエラストマー材料と比較して、硬いレジン材料はクラックが発生しやすいが、フェニル基を導入したシリコーンを使用し、ハードセグメントの分子材料とソフトセグメントの分子材料を用いることにより、熱衝撃時のクラック耐性を向上させている。また、フェニルシリコーン材料はメチルシリコーン材料に比較してガス透過性が低い特徴があり、シリコーンの置換基、及び、構造を最適化することにより、低ガス透過性シリコーン封止材料とすることができる(表 6-25)。

　メチルシリコーンの酸素ガス透過性が 10,000～40,000 cc/m^{2}day であるのに比較して、低ガス透過性フェニルレジンは 500 cc/m^{2}day 以下であり、ガ

表 6-25　低ガス透過性フェニルレジン材料

硬化前物性 /Before cure	単位 /Unit	低ガス透過性フェニルレジン A	低ガス透過性フェニルレジン B
外観 /Appearance		Colorless to pail yellow	Translucent
配合比 /Mixing Ratio		1：4	1：9
混合粘度 /Viscosity（BH-viscometer）	mPa・s@25℃	2,300	3,800
A/B 材粘度 /A/B Viscosity	mPa・s@25℃	2,000/2,500	10,000/3,600
混合液屈折率 /Refractive Index	589 nm@25℃	1.57	1.55
標準硬化条件 /Cure condition		150℃×4 hrs	80℃×1 hrs＋150℃×4 hrs
硬化後物性 /After cure	単位 /Unit	Value	Value
硬化後密度 /Density after cure	g/m3@25℃	1.19	1.19
硬度 /Hardness	Shore D or A	D55	D35/A75
光透過率 /Transparency	% @400 nm/2 mm	90	90
線膨張係数 /CTE（α1/α2）	ppm	65/410	70/280
ガラス転移点 /Tg	℃	20	10
伸び /Elongation	%	120	60
引っ張り強さ /Tensile strength	MPa	6.2	3.3
酸素透過性 /O2 Gas permeability	cc/m^2.day/1 mm	190	450

ス透過性は非常に低いことがわかる。

▶ 6.10.8　有機変性シリコーンレジン封止材料

　一方、高硬度の封止材料が求められる用途に関して、上述のフェニルシリコーンレジンを用いた場合、パッケージ形状によってはクラックが発生する場合があるため、フェニル基以外の特殊な有機基をベースポリマーに導入した、エポキシ樹脂のような高い弾性率と曲げ強度を有する有機変性シリコーンレジンがある（**表 6-26**）。

表6-26 有機変性シリコーンレジン

硬化前物性/Before cure	単位/Unit	有機変性レジン	耐熱性有機変性レジン
外観/Appearance		Colorless to pail yellow	Colorless to pail yellow
配合比/Mixing ratio		1:1	1:1
混合粘度/Viscosity (BH-viscometer)	mPa・s @ 25 ℃	3,000	350
A/B材粘度/A/B Viscosity	mPa・s @ 25 ℃	10,000/1,000	10,000/50
混合液屈折率/Refractive Index	589nm @ 25 ℃	1.50	1.52
標準硬化条件/Cure condition		100 ℃×1 hrs+150 ℃×5 hrs	
硬化後物性/After cure	単位/Unit	Value	Value
硬化後密度/Density after cure	g/m3 @ 25 ℃	1.06	1.06
硬度/Hardness	Shore D or A	D75	D70
光透過率/Transparency	% @ 400 nm	88.0	88.0
線膨張係数/CTE (α1/α2)	ppm	72/190	70/220
ガラス転移点/Tg	℃	75	40
せん断接着力/Lap shear strength (Ag)	MPa	5.1	10.0
せん断接着力/Lap shear strength (PPA)	MPa	5.5	5.6
酸素透過性/O2 Gas permeability	cc/m²・day/1 mm	250	130

　有機変性シリコーンレジンの特徴としては、耐クラック性に優れることに加え、酸素や水蒸気などのガスバリア性に優れる特徴があるため、適用範囲の広い封止材料である。さらに、高い弾性率を有するとともに、基板上に薄く成形した際に基板の硬化反りが無いことから、基板をダイシングする成形方法のチップタイプLEDに適応可能である。耐熱性有機変性レジンの120℃環境下における耐熱変色性を示すが（**図6-62**）、LEDのジャンクション温度が120℃程度以下であれば、使用可能なレベルである。

　低ガス透過性シリコーン材料、及び、有機変性シリコーン材料はどちらも

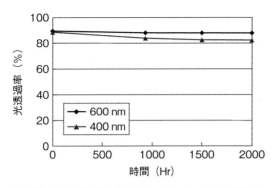

図 6-62 耐熱性有機変性レジンの 120 ℃環境下における光透過率の変化（厚み 2 mm）

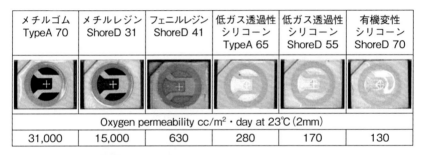

図 6-63 硫黄暴露試験による銀メッキ電極の変色

　低ガス透過性の材料であるが、実際の LED 銀メッキ電極の変色防止効果を確認するために、LED パッケージに各種封止材を充填し、加熱硬化させた後、70 ℃の環境下において 20 時間、硫黄暴露した際の外観を示す（**図 6-63**）。

　写真からわかるように、メチルシリコーンやフェニルシリコーンで封止した LED は銀電極が黒色に変色しているのに対し、低ガス透過性封止材料及び有機変性シリコーンレジン材料で封止した LED は変色しておらず、硫化防止に大きな効果があることが理解できる。実使用の際には、硫化水素や有機物といった気体の進入による変色も防止でき、LED の信頼性が飛躍的に向上することがわかっている。

▶ 6.10.9 シリコーンダイボンド材料

　従来、LEDチップの固定に用いられるダイボンド材料はエポキシレジンであった。その最も大きな特徴は高い弾性率と接着力である。しかしながら、LEDチップに直接触れるダイボンド材料は、高い温度と強い光に曝されるため、最も変質しやすい部位であり、白色LEDにエポキシ系ダイボンド材量を使用した場合、変色あるいは分解してしまう事例がある。こうした場合はLEDの輝度劣化や異常発熱を導いてしまう。

　こうした背景のもと、熱及び光に対して安定なシリコーンダイボンド材料が開発されている。一般的に知られているシリコーン接着材料は、その弾性率が低いことが大きな課題であったが、シリコーンレジン構造を最適化することにより弾性率を高めた、透明タイプ、白色タイプ、放熱タイプのLEDチップ用ダイボンド材料がある（**表6-27**）。

表6-27 シリコーンダイボンド材料の種類

硬化前物性/Before cure	単位/Unit	透明タイプ	白色タイプ	放熱性タイプ
外観/Appearance		Translucent to white	White	White
粘度/Viscosity（BH-viscometer）	Pa・s @ 25℃	40	20	50
不揮発分/Non-volatile matter	Wt %	99	97	95
保管条件/storage condition		−10℃〜10℃		
標準硬化条件/Cure condition		150℃×2h		
硬化後物性/After cure	単位/Unit	Value	Value	Value
硬化後密度/Density after cure	g/m3 @ 25℃	1.15	2.04	2.45
硬度/Hardness	ショアD	56	68	80
線膨張係数/CTE	ppm	220	130	140
熱伝導率/Thermal conductivity	W/mK	0.2	0.6	1.0
熱抵抗/Thermal resistance（BLT）	mm2℃/W	14.8 (4μm)	35 (20μm)	9 (9μm)
せん断接着力（Al/Al）/Lap shear strength	MPa	3.9	3.9	3.8
ダイシェア/Die shear	MPa	10.0	9.5	9.1

透明ダイボンド材料はほぼ無色であり、主としてLEDパッケージの電極部が銀メッキであるものについて使用される。LEDチップから発生した光がダイボンド材を透過し、銀メッキ電極で反射させることで光の取り出し効率を上げるパッケージに適している。

　一方、金メッキなどの可視光を吸収する電極を使用するLEDに関しては、ダイボンド材で光を反射するとの概念から、白色のダイボンド材料が使用される。光反射性フィラーを含有した材料であり、薄膜状態でも光反射性に優れることが特徴である。

　また、近年のLEDチップの高輝度化によって、チップの発熱量が増大しており、LEDの輝度を保つためにはチップからの放熱が大きな課題となっている。一般的なLEDでは樹脂材料を経由した放熱量は非常に僅かであることから、チップからリードフレームへ効率良く放熱する必要がある。放熱性ダイボンド材は熱伝導性の良好なフィラーを含有し、熱抵抗を下げたものである。

▶ 6.10.10　その他のLED周辺材料へのシリコーンの応用

　ここに記載した封止材料、ダイボンド材料以外にも、LED関連材料としてシリコーンが使用される用途が多くある。例えば、リフレクター材料、シリコーンレンズ、パッケージ周辺の接着剤、放熱シート、LEDを外界の影響から遮断するためのポッティング剤、屋外に放置されるLED回路保護のためのコーティング剤などに幅広くシリコーン材料の使用が進んでいる。

6.11 太陽電池用シリコーン

　地球環境にやさしく、クリーンなエネルギーとして世界規模で普及している太陽光発電に使用される太陽電池モジュールは、10年、20年と安定した品質が要求される。長期信頼性が大変重要であり、使用される部材には、耐候性と電気絶縁性に優れたシリコーン材料が用いられている。本項では、太陽電池モジュールで使用されているシリコーン材料について解説する。

▶ 6.11.1　シリコーン材料が使用されている個所

　シリコーン材料が使用されている太陽電池モジュールの箇所を、図6-64に示した。パネルとアルミフレームの固定に必要なエッジシール材や、端子ボックスとバックシートとの接着には、1成分系もしくは2成分系の縮合硬化型シリコーン系シーリング材が使用されている。また、端子ボックスの充填には、速硬化性、深部硬化性に優れる2成分系の縮合硬化型シリコーンゴムポッティング材が使用されている。一方で、モジュールの透明封止材として、現在EVAが使用されているが、メガソーラーなどの太陽光発電システムの大型化に伴い、長期信頼性に優れるシリコーンゴムが改めて注目を浴びている。

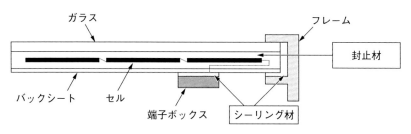

図6-64　太陽電池モジュールの構造模式図

▶ 6.11.2 シーリング材

　パネルとアルミフレームのエッジシール材や端子ボックスとバックシートとの接着には、建築用シーリング材として広く用いられている1成分系の縮合硬化型のシリコーンゴムが使用されてきた。建築用シリコーン系シーリング材には、酢酸タイプ、オキシムタイプ、アルコールタイプがあるが、太陽電池モジュール用としては、金属腐食性の副生成物を発生しないオキシムタイプもしくは、アルコールタイプが使用されている。生産性の向上を目的に、第5章縮合硬化型シリコーンゴムの節で説明した、深部硬化性、短時間接着発現性に優れるFCS（Fast Cure Silicone）システムを採用した2成分系縮合硬化型シリコーン系シーリング材も使用されている（**表6-28**）。

　パネルとアルミフレームとのエッジシール材にシリコーン系シーリング材を使用すると、太陽電池モジュールのPID耐性を改善する効果があることが確認されている。PID（Potential induced degradation）とは、特定の条件下において、太陽電池モジュールに高電圧が加わり、出力が大幅に低下する現象である。モジュールやシステムの構成部材の種類、温度、湿度、モジュール表面での水の存在、システム電圧などの条件が影響していると考えられている。エッジシール材として、ブチルゴムやアクリルテープも使用されているが、縮合硬化型のシリコーンゴムが最も耐候性に優れるとともに、PID耐性も優れている。**図6-65**に示した実験結果は、シリコーンゴム系シーリング材またはブチルゴム系シーリング材、アクリルテープを用い、EVAを封止材として太陽電池モジュールを作製し、PID試験を実施した際の結果である。試験用モジュールとしては、多結晶p型シリコン太陽電池セルを用い、透明封止材にはスタンダードキュアタイプのEVAを使用し、TPT製バックシートからなる4直のモジュールを使用した。ガラス、フレームには同一の素材の部材を使用した。PIDの試験条件としては、60℃ 85%の環境下、セル側に-1000 Vを印加し、96時間後の出力を測定した。PID試験後の出力比の変化を示した。シリコーン系シーリング材を使用することにより、モジュールのPID耐性を改善することが可能である。

　端子ボックスとバックシートとの接着には、フッ素系樹脂シートであるバックシートとの接着性とともに、作業性と工程の合理化から、短時間で端子ボックスを固定することが可能な、速硬化性を有する1成分系縮合化型シリ

表6-28 太陽電池用シーリング材の特性

タイプ	1成分系					2成分系
硬化系	オキシム			アルコール		アルコール
混合比	−	−	−	−	−	100:10
硬化前物性						
タックフリー（分）	6	3	2	6	2	10
流動停止時間（分）	−	−	−	−	−	20
硬化後物性						
密度・23℃ (g/cm3)	1.05	1.47	1.26	1.40	1.06	1.43
硬度（タイプA）	30	56	42	35	33	54
引張り強度(MPa)	2.0	2.6	1.9	1.6	1.5	1.7
破断時伸び（%）	350	320	230	350	440	160
体積抵抗率 (TΩ・m)	5	4	22	1	10	1
絶縁破壊強さ (kV/mm)	23	28	25	27	25	28
せん断接着力 (MPa)	1.0 (Al/Al)	2.4 (GL/GL)	1.4 (Al/Al)	1.0 (Al/Al)	1.6 (Al/AL)	1.3 (GL/GL)
難燃性 UL94	HB	HB	HB	HB	HB	HB
特徴	一般建築用	太陽電池シール用	太陽電池シール用・速硬化	太陽電池シール用	太陽電池シール用・速硬化	深部硬化性

硬化条件　1成分系：23±2℃/50±5％RHx7days　2成分系：23±2℃/50±5％RHx3days

コーン系シーリング材（表6-28）も開発されている。**図6-66**に、端子ボックスとバックシートとの接着発現の速度を比較した結果を示した。試験方法として、所定時間放置後の接着力を、プッシュプルゲージを使用し、端子ボックスを動かすのに必要な強度を測定した。従来品と比較して、施工後60分での固定力が約7倍と優れた速硬化性、接着性を有するシーリング材である。

▶ 6.11.3　端子ボックス用ポッティング材料

端子ケーブルとバイパスダイオードを内部に装備した端子ボックスの絶

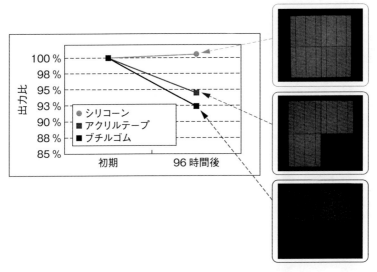

図 6-65 PID 試験後の出力比と EL 画像

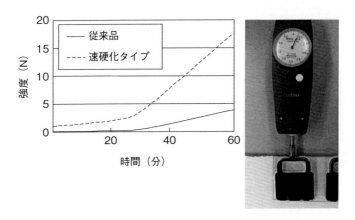

図 6-66 1 成分系縮合硬化型シーリング材のプッシュテスト比較
（写真：プッシュテストの方法）

縁・防水には、2 液タイプの縮合硬化型液状シリコーンゴムがポッティング材料として使用されている。電気・電子関連機器の充填あるいは注型用の液状シリコーンゴムとして、付加硬化型シリコーンゴムが使用されているが、ハンダフラックス等がヒドロシリル化反応の硬化阻害物質となるために、縮

合硬化タイプの製品が広く用いられている。電子部品のポッティング用途の縮合硬化型材料には、深部硬化性も要求されることから、アルコールタイプで2成分系速硬化型の液状シリコーンゴムが使用されてきたが、系内に残存する触媒とアルコールによりシロキサン鎖が、クラッキングを生じてしまうことから、最近では、FCS（Fast Cure Silicone）システムを利用した2成分系縮合硬化型シリコーン材料が使用されている。安全性をより向上させた難燃タイプ（**表6-29**）も開発されている。

表6-29 端子ボックス用ポッティング材（FCSシステム使用）

タイプ	一般グレード		難燃グレード	
硬化性	スタンダード	速硬化タイプ	スタンダード	速硬化タイプ
混合比（主剤：硬化剤）	100：10	100：10	100：10	100：10
主剤粘度　23℃（Pas）	2.5	2.0	5.8	4.1
硬化前物性				
流動停止時間（分）	35	15	30	15
硬化後物性				
外観	無色半透明	無色半透明	黒色	黒色
密度・23℃（g/cm3）	1.01	1.01	1.24	1.24
硬度（タイプA）	23	23	29	29
引張り強度（MPa）	0.5	0.5	0.7	0.7
破断時伸び（%）	140	120	90	110
体積抵抗率（TΩ・m）	60	60	11	11
絶縁破壊強さ（kV/mm）	26	28	27	27
せん断接着力（MPa）（Al/Al）	0.5	0.5	0.6	0.6
難燃性　UL94	HB	HB	V-0	V-0

硬化条件　23±2℃/50±5％RHx3days

▶ 6.11.4　透明封止材

太陽電池モジュールが開発された当初は、透明封止材として付加硬化型の液状シリコーンゴムが使用されていたが、液状であるため工程が複雑で、脱泡装置や大型の乾燥炉を必要とした。一方、現在では主流となっているEVA（エチレン酢酸ビニル共重合体）は、ドライフィルム状で、ラミネー

トプロセスで加工できるという生産性と、材料コストが安価であることからシリコーンゴムに代わって採用され、現在に至っている。しかしながら、近年、メガソーラーなど太陽光発電システムの大型化に伴い、20年以上の長期信頼性を有する太陽電池モジュールの市場での要求が高まり、透明封止材においても、EVAよりも耐候性、耐熱性、絶縁性に優れるシリコーンゴムへの期待が高まっている。以下に、シリコーンゴムで封止したモジュールの特性と、長期信頼性に関連した各種加速試験結果を紹介する。なお、評価に用いたシリコーンゴムの特性を**表6-30**に示した。

表6-30 太陽電池封止用シリコーンゴム

特性	物性値
密度（g/cm^3）	1.23
硬度（タイプA）	56
引張り強度（MPa）	9.0
切断時伸び（％）	700
引き裂き強さ（kN/m）	37
体積抵抗率（TΩ・m）	1×10

（1）シリコーンゴムで封止したモジュールの特性

　シリコーンで封止したモジュールの透過率を**図6-67**に示した。他封止材であるEVAと比較すると、短波長側の透過性に優れることがわかる。短波長高感度セルを使用すると、短絡電流密度が1.4％改善されるというデータもある。

（2）長期信頼性試験結果

　試験用に使用した太陽電池モジュールは、多結晶p型シリコン太陽電池セルを直列に42枚接続したマトリックスを、真空加熱ラミネーターを使って未加硫シリコーンゴムシートで封止したモジュールを用いた。試験条件として、温度85℃、湿度85％の条件下に曝露する高温高湿試験と、温度を－40℃から85℃の昇温、85℃から－40℃の降温を1サイクルとした温度サイクル試験を実施した。高温高湿試験3000時間までの出力推移と試験3000

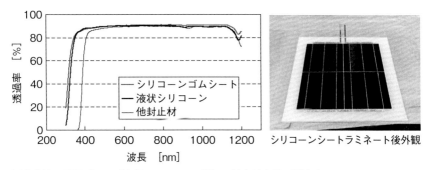

測定方法：両面ガラス（白板 3.2 mm、2 枚）に封止材を挟み測定する。
封止材　液状シリコーンゴム硬化物（1400μm）　シリコーンゴムシート（1400μm）
他封止材（EVA）(1200μm)　※いずれもラミネート後測定

図 6-67　太陽電池用シリコーン封止モジュールの透過率

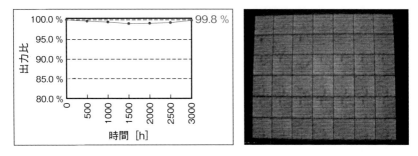

図 6-68　高温高湿試験 3000 時間までの出力推移（左）と試験 3000 時間後のEL画像（右）

時間後の EL 画像を図 6-68 に示す。また、温度サイクル試験の出力推移と試験 600 サイクル後の EL 画像を図 6-69 に示す。

　高温高湿試験では、3000 時間後に出力比 99.8 %、温度サイクル試験では、600 サイクル後に出力比 99.1 %であった。また、EL 画像では、試験による劣化の進行に伴う新たな暗部の発生は観測されず、太陽電池モジュールの認証試験の合格基準である高温高湿試験 1000 時間後、温度サイクル試験 200 サイクル後のいずれにおいても、初期出力の 95 %以上を維持している。これらの試験結果から、シリコーン封止材を用いた太陽電池モジュールは長期信頼性に優れていることが確認された。次に単結晶 n 型シリコン太陽電池

第 6 章　シリコーンの応用

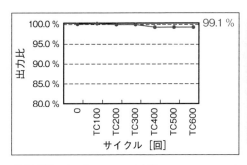 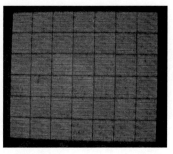

図 6-69　温度サイクル試験 600 サイクルまでの出力推移（左）と試験 600 サイクル後の EL 画像（右）

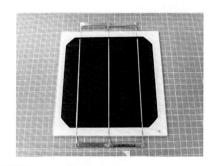

図 6-70　PID 試験用太陽電池モジュールの外観

セルを用いて太陽電池モジュール（シリコーン封止モジュール）を作製し、PID 試験を行った。評価に使用した単結晶 n 型シリコン太陽電池モジュールの外観写真を**図 6-70** に示す。

　PID 試験（AIST 法）は、85 ℃の温度において、モジュールのガラス表面の全面に設置したアルミ板に対してセルに −1000 V の電圧を 2 時間かけて行い、試験前後の太陽電池モジュールの出力変化を評価した。シリコーン封止モジュール、ならびに比較とした EVA 封止モジュールの PID 試験前後の電気特性と EL 画像の比較を、それぞれ**図 6-71** と**図 6-72** に示す。

　シリコーン封止モジュールは、PID 試験前後で電気特性は変わらず、EL 画像でも変化が見られなかった（図 6-71）。一方、EVA 封止モジュールでは、PID 試験前後で電気特性に出力低下がみられ、EL 画像でも輝度が低下することが確認された（図 6-72）。データは省略したが、多結晶 p 型シリコン太

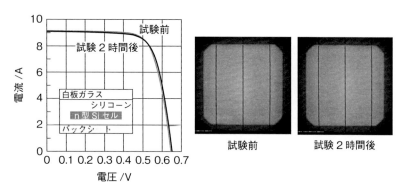

図 6-71 シリコーン封止モジュールの PID 試験前後の電気特性（左）と EL 画像（右）

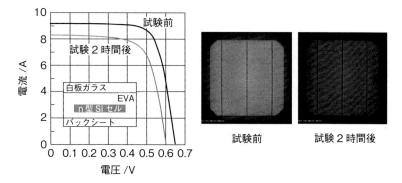

図 6-72 EVA 封止モジュールの PID 試験前後の電気特性（左）と EL 画像（右）

陽電池においても高い PID 耐性を示すことが確認されている。

　以上、述べたように、シリコーンゴムを透明封止材として使用した太陽電池モジュールは、高い信頼性を有している。

6.12 シリコーンシーラント

　シリコーンシーラントとは、狭義では建物の内外装や土木用途で接合部の目地、隙間を水密・気密を目的に密封（Seal）するために使用されるシーラント（Sealant）の中でも、**5.4**で記述した縮合硬化型シリコーンゴムのことを指す。広義では、使用前に不定形ペースト状または液状の室温硬化型シリコーンゴムからミラブル型シリコーンゴム成形品のようなガスケットまでもが含まれる。本項では前者の中で、特に建築・土木用途を中心に家庭用や一般工業用にも用いられるシリコーンシーラントについて汎用から機能品まで幅広く製品、用途を紹介する。

▶ 6.12.1　シーラントの分類

　日本ではシーリング材と記述されることが多いが、海外ではシーラント（Sealant）が一般的でシーリング材（Sealing Material）という記述はあまり目にしない。また、使用者にはシール、シール材、シーラントなどの呼称の方が定着しているが、いずれもシール（Seal：封印する、密封する）する材料という意味であり、特に区別なく使われている。機械・電気・化学などの各種工業分野において、接合部や接触部の水密・気密の目的で使用される材料もシーラントである。シーラントは各種部材間の接合部や隙間（目地）に充填または装着して水密・気密性を付与するほか、建物のガラスなどに対しては固定する働きを担っている。
　建築用のシーラントにはJIS（日本工業規格）があり、「JIS A 5758 建築用シーリング材」に規定されている。JIS A 5758は国際規格である「ISO 11600 Building construction. Jointing products. Classification and requirements for sealants」と整合が取られているが、日本の風土や市場の現状に合わせて独自に規定している箇所もある。代表的なのがJISでは材種による「仕様規定」の概念が残っている点である。

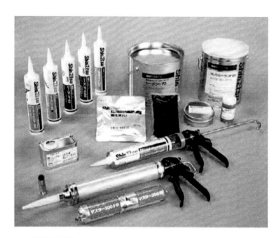

図 6-73 シリコーンシーラントの荷姿写真

　日本シーリング材工業会が公表している建築用シーリング材の分類方法では、包装形態、硬化機構に加え、構成ポリマーの材種によってシーリング材を分類している。シリコーンシーラントには 2 成分形反応硬化タイプ、1 成分形湿気硬化タイプ、非硬化タイプの分類がある。**図 6-73** にシリコーンシーラントのパッケージの写真を示す。

　シリコーンシーラントは他の有機樹脂系シーラントと比較して、耐候性、耐熱性、耐紫外線性などが圧倒的に優れているが、雨掛かりのある外壁目地に使用された場合に、微量のシリコーン成分が目地から流出し、外壁汚染の原因となる可能性があることから、日本では主に高い耐候性が要求されるガラス回りや内装、水回りのシールに使用されている。また、シリコーンシーラントは一般消費者にも使いやすいという特徴があり、後述する 1 成分タイプのものは DIY（Do It Yourself）ショップなどでも販売されており、汎用性が高く、建具の補修や日曜大工、工作などにも使用されている。

▶ 6.12.2　シリコーンシーラントの材料設計

　シリコーンシーラントの特徴の 1 つとして、様々な硬化タイプがあることがあげられる。用途別に様々な製品群があり、硬化タイプが制限される用途もある。硬化タイプの種類は 5.5 で記述した縮合硬化型シリコーンゴムと基

本的に同じであるが、建築用シーラントでは酢酸タイプ、オキシムタイプ、アルコールタイプ、アミノキシタイプ以外の硬化タイプはほとんどない。アミノキシタイプは2成分、3成分タイプであり、使用前の混合調製などで熟練した技術が必要であるため、一般消費者が適切に使いこなすのは困難である。表6-31に1成分タイプのシリコーンシーラントの基本組成を示す。

　ベースポリマーには水酸基末端のジメチルポリシロキサンが使用されることが多い。アルコールタイプの特殊品ではアルコキシシリル基をポリマー末端に有するジメチルポリシロキサンオイルが使用されることもある。極低温用の特殊製品では、−50℃以下での脆化を防ぐためにメチル基の一部をフェニル基に置換したポリマーが使用される。

　可塑剤は硬化後のゴムのモジュラスや施工時の製品粘度調整のために配合される。シリコーンシーラントに使用される可塑剤のほとんどがトリメチルシロキシ基末端のジメチルポリシロキサンである。可塑剤が配合されない製品もある。

　充填剤として多く用いられているのが乾式法により合成される煙霧質シリカである。シリカを充填剤として配合することで、他の有機樹脂系シーラントにはみられない乳白色半透明の外観を持つシーラントが得られる。シリカは硬化後のゴム強度の向上、硬化前粘度の調整、チクソ性向上などを目的に配合されている。シリカと並んでよく配合されるのは炭酸カルシウムである。

表6-31　1成分タイプのシリコーンシーラントの基本組成

成分	内容
ベースポリマー	水酸基末端ジメチルポリシロキサン アルコキシシリル基末端ジメチルポリシロキサンなど
可塑剤	トリメチルシロキシ基末端ジメチルポリシロキサンなど
充填剤	シリカ、炭酸カルシウム、酸化亜鉛、水酸化アルミなど
架橋剤	加水分解性シリル基含有化合物 アセトキシシラン、オキシムシラン、アルコキシシランなど
硬化触媒	有機錫化合物、有機酸錫塩、チタン酸エステル、チタンキレート化合物、ビスマス化合物など
接着助剤	各種シランカップリング剤など
その他	顔料、染料、チクソ性調整剤、防カビ剤、難燃性付与剤など

炭酸カルシウムは製造方法により沈降法炭酸カルシウム（コロイダル炭酸カルシウム）と粉砕法炭酸カルシウム（重質炭酸カルシウム）などがあり、それぞれ表面処理品と無処理品がある。沈降法炭酸カルシウムはほとんどのものが脂肪酸やロジン酸により表面処理されている。

その他の成分については、5.5で説明した縮合硬化型シリコーンゴムと同様であるが、建築用シーラントでは、仕様書などで硬化タイプが規定されている場合があるため、硬化タイプを決定する架橋剤の選択には注意する必要がある。

▶ 6.12.3　国内のシリコーンシーラント製品

（1）汎用タイプ

主に小〜中規模の建物の外装ガラス回りや内装用に用いられている。1成分タイプのカートリッジ荷姿で、封を開ければすぐに使用できるため使い勝手が良い。DIY店などで一般消費者向けにも販売されているため、容易に入手でき、日曜大工や戸建住宅の補修などでも使用されている。内装用、特に浴室、洗面所、台所などの水回りには下で述べる防カビ剤が配合されたシリコーンシーラントが使用されている。

（2）防カビタイプ（防カビ剤入り）

上述した汎用タイプのシーラントに防カビ剤が配合されたタイプのものの他に、ユニットバスメーカー向けに特別な設計をされたものもある。防カビタイプのシーラントの防カビ性能はJIS Z 2911の附属書1に記載されている「カビ抵抗性試験」により確認されている例が多い。配合されている防カビ剤は非水溶性のものが好ましい。水溶性が高いものは、施工後しばらくは高い防カビ性能を示すが、水回りに施工された場合、繰返し水が掛かったり、清掃されることで防カビ剤が流失され、性能低下してしまう。なお、国産のシリコーンシーラントでは確認されていないが、海外製の防カビタイプのシリコーンシーラントでは「バイナジン」と呼ばれる砒素系の防カビ剤を含有するものがあり、皮膚接触時の炎症などが懸念されるため、輸入品を使用する際には安全データシート（SDS）を確認し、含有する防カビ剤の種類について注意した方がよい。

(3) 抗菌用シーラント

MRSA（Methicillin-resistant Staphylococcus aureus＝メチシリン耐性黄色ブドウ球菌）などによる院内感染やアメニティー指向から、防カビ性能だけではなく抗菌性能の要求もあり、抗菌シーラントが上市されている。主に使用されているシーラントは1液縮合のオキシムタイプが多い。

(4) クリーンルーム用シーラント

クリーンルームの目地はクリーンルームに要求される空気清浄度や、そのクリーンルームで生産する製品、取扱う製品に求められる管理の厳しさによって、使用されるシーラントにも配慮が必要となる。多くの場合は防カビタイプの汎用シリコーンシーラントが用いられるが、半導体関連製品の製造ラインのクリーンルームなどでは、シリコーンシーラントに含まれる低分子シロキサンが基板に吸着し、接点不良などの不具合を起こす可能性があるため、このような用途には、特殊な処理方法により極限まで揮発性の低分子シロキサンを除去したシリコーンシーラントが使用される。

表6-32、図6-74に一般的なシリコーンシーラントとクリーンルーム用シーラントの低分子シロキサンをガスクロマトグラフィー（GC）により分析して比較した例を示す。

(5) 防火設備用シーラント

建築基準法では、外壁の延焼の恐れのある部分に開口部を設ける場合、遮炎性能のある防火設備（防火戸）とすることが義務付けられている。防火設備のガラス回りでシーラント納まりのものには難燃性に優れる防火設備用のシリコーンシーラントが用いられる。一般社団法人カーテンウォール・防火開口部協会（カ防協）が大臣認定を取得した特定の防火設備においては、日本シーリング材工業会が指定し、カ防協が登録した防火戸用指定シーリング材を使用しなければならない。

(6) 観賞用小型ガラス水槽用シーラント

熱帯魚、金魚などの観賞用小型ガラス水槽の水密性を確保するために用いられる。一般的なガラス水槽はガラスに掛かる水圧を樹脂製の枠、支柱で支えており、水密を目的として酢酸タイプのシリコーンシーラントがガラスの四辺に三角シールで施工されている。最近では、ガラスとシリコーンシーラントのみで組み立てられたフレームの無い水槽（フレームレスガラス水槽）

表6-32 シリコーンシーラントの揮発性（低分子）シリコーン化合物含有量
低分子シロキサン（単位：ppm）

抽出環状体 \ サンプル	クリーンルーム用（オキシム）	クリーンルーム用（アセトン）	一般
D3	10>	10>	10>
D4	10>	10>	10>
D5	10>	10>	130
D6	10>	10>	340
D7	10>	10>	240
D8	10>	10>	260
D9	10>	10>	280
D10	10>	10>	340
Σ D3-10	−	−	1590
D11	10>	10>	400
D12	10>	10>	460
D13	10>	10>	670
D14	10>	10>	870
D15	10>	10>	1020
D16	10>	10>	1170
D17	10>	10>	1190
D18	10	10	1220
D19	30	30	1260
D20	80	80	1630
Σ D11-20	120	120	9890

10>：検出限界

も販売されており、全体の透明性が高いことから意匠的に人気が高いが、この構造はガラスに加わる水圧をシリコーンシーラントのみで支える設計であるため、寿命が短く、一時的な使用に関しても緻密な設計が必須であり、使用には注意が必要である。

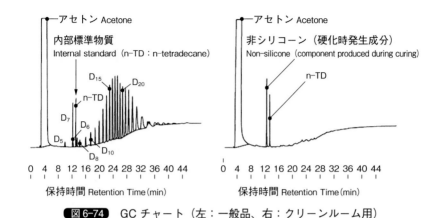

図6-74 GCチャート（左：一般品、右：クリーンルーム用）

（7）大型アクリル水槽用シーラント

　近年建設される水族館の水槽は年々大型化されており、商業ビルの複合施設として水族館が建設されるケースなどもあり、水槽の水密耐久性に対する要求はますます厳しくなっている。水族館の水槽の開口部（展覧側）には重合接着で何層にも積層された透明アクリル板が使用され、ライニング施工されたコンクリートとの接合部目地にシリコーンシーラントが用いられている。この目地にかかるムーブメントは比較的小さいが、水に常時浸漬される過酷な環境の中でも長期間大きな水圧に耐えられるよう、深部硬化性が良好な3成分タイプのアミノキシ型シーリング材が国内外の水族館の水槽のシールに好適に用いられて長い実績を誇る。

（8）土木用シーラント

　高速道路の高架道路、橋梁などのフィンガージョイント部、滑走路目地などで使用されている。いずれもウレタン系シーラントが主流であるが、最近ではシリコーンシーラントの長期耐候性に注目が集まっている。2、3成分アミノキシタイプ、1成分オキシムタイプのシーラントが用いられる。この他に、農業用水路目地などへの使用例が増えており、今後、土木分野でのシリコーンシーラントの活躍が期待されている。

（9）石材用シーラント

　建物の大理石、御影石などの隙間をシールする目的で使用される。天然石の切断面はポーラス（多孔質）であるため、シーラント内部の液状成分（可

塑剤など）が石材内部に移行し、表面から観察すると濡れたように変色してしまったり、さらにその上に塵、埃などが付着して汚れたりすることがある。石材への滲み込み汚染は無反応性シリコーンオイルを配合しないことによりほとんど防止できるため、可塑剤無配合の石材用シリコーンシーラントが上市されている。1成分オキシムタイプが多い。建築用途以外では、墓石の隙間を埋める目的で使用されることもあり、墓石が冬季や地震時に倒壊するのを防止する効果があることが知られている。

(10) 高透明シーラント

ショップや博物館のショーケース、インテリアのガラスパーティションの目地などでは意匠性の点からシーラントの透明性が重要なポイントとなる。フェニル基を含む特殊なシリコーンポリマーを原料に使用することにより、高透明のシリコーンシーラントが生産可能であり、酢酸タイプ、オキシムタイプの高透明シーラントが上市されている。透明性については、酢酸タイプの方が優れている。なお、この種のシーラントは一般的なシリコーンシーラントが脆化する$-50℃$以下の低温でも脆化しない特徴があり、冷凍庫用シーラントとしても好適に使用できる。さらに耐放射線（X線、γ線）性において、一般的なシリコーンシーラントより優れるため、X線やγ線が発生するような装置の周辺で使用されることがある。

▶ 6.12.4 海外のシリコーンシーラント製品

ここでは海外のシーラント製品に関して紹介する。一口に海外と言っても厳密には国別、地域別にシーラントの使われ方が異なっているのだが、興味深いことに、日本市場のみが世界の中でも異質な状況となっており、その他の国、地域では少しずつ差があるものの似通った使われ方をしている。本項では筆者のもつ知識と経験の範囲で簡単に紹介したい。

日本では建物の外装に使用されるシーラントのうち、シリコーンが使用されるのはほぼガラス回りのみとなっていることを先述したが、海外では卓越した耐久性や扱いやすさ、優れた接着信頼性などが優先され、シリコーンシーラントがパネル間、サッシ回りなど、建物外装のほぼ全ての部位にわたって使用されている。また、各国のランドマークとなるような超高層のオフィスビルではSSG構法が多くの物件で採用されている。特にビル物件の外装

で使用されるシーラントの総称を機能性シーラント（Functional Sealant）と呼び、汎用品と区別している。

（1）汎用シーラント

　日本の市場の製品ではシリコーンシーラントに含まれる有機質成分のほぼ全てがシリコーン及びシラン類であるが、海外の汎用シーラント市場で100％シリコーン組成のシリコーンシーラントは高グレードの製品に位置付けられる。酢酸タイプ、オキシムタイプでダイリュート（Dilute, Diluted）やエクステンディド（Extended）と呼ばれるタイプの製品が市場に多数に存在する。これらはシーラントの架橋に関わるベースポリマーとしてシリコーンポリマーが使用されているものの、可塑剤の代わりに希釈、増量成分として炭化水素系のオイルが配合されているのが特徴である。イソパラフィンが主に用いられており、希釈成分、増量成分という意味でエクステンダー（Extender）と呼ばれることもある。イソパラフィンは高い蒸気圧を持ち、シーラントの硬化途上や硬化後に経時でシーラント外へ揮発、消失してしまう。よって、この主の製品は体積損失（体積収縮）が大きい。この体積収縮はシーラントと被着体の接着界面に応力を生じさせ、しばしば、剥離トラブルを起こす原因となる。また、無極性で無反応性の性質からシーラントの接着性を低下させることが多い。他に汚染、破断の原因にもなることが知られている。

　炭化水素系オイルの配合量は製品種にもよるが、少ないもので約5％、多いもので約30％となる。50％前後の炭化水素系オイルを含むものもあるが、ほとんどの場合、これらの製品が使用者が所望するシール性能を発揮することは無いので、使用は控えるべきである。

（2）機能性シーラント

　機能性シーラント（Functional Sealant）という言葉はシーラント製造メーカーの造語だが、読んで字のごとく、汎用シーラントと異なり、用途別に必要とされる機能をもつシーラントのことを指す。機能性シーラントの主な使用箇所はオフィスビルなどの中層〜超高層ビルの外壁目地となる。

　図6-75は海外で採用例の多いSSG（Structural Sealant Glazing）構法のカーテンウォールの目地断面の一例である。

　以下に各シーラントについて簡単に解説する。

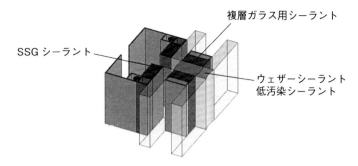

図 6-75 SSG 構法カーテンウォールの断面図

(3) ウェザーシーラント

ガラス嵌め込み構法、ガラスカーテンウォール工法のガラス回り目地の他、方立、無目ジョイントやガラス間目地、カーテンウォールユニット間目地、パネル間目地などに、水密・気密を目的に使用される。変形追従性、多様な材質の被着体への接着性に優れている。

(4) 低汚染シーラント

ウェザーシーラントの中で石材パネルにも使用でき、外壁汚染の原因となる架橋に取り込まれない成分を低減したタイプで、ASTM C1248 などの石材への滲み込み試験で汚染しないことが確認された製品を指して低汚染シーラントと呼んでいる。海外では無汚染シリコーンシーラント (Non-Stain Silicone Sealant) と呼ばれるのが一般的である。石材以外の塗装パネルに使用した場合でも一般的なシリコーンシーラントと比べると汚染の程度が低減されることが確認されている。なお、光触媒酸化チタンでコートされたガラスに適用した場合、目地周辺の親水性が低下する問題が生じる可能性があるので注意が必要である。

(5) 構造シーラント

構造シーラントは水密・気密を目的に使用するシーラントとは区別され、設計許容応力を設定して、シーラントに応力を負担をさせることを目的に使用されるシーラントである。設計許容応力の数値は風圧などの短期応力に対し 0.14 MPa、ガラス自重などの長期応力に対し 0.007 MPa が一般的に設定されている。この数値はシリコーンシーラントの引張接着強度と比較してか

なり小さい数値であるが、施工不良による強度低下、光・熱、雨、ムーブメントなどの影響による経年劣化、ロット別のバラつきなどを考慮して安全率を5倍以上として算出されるのが普通である。構造シーラントの主な用途はSSG構法用、複層ガラス用などである。日本では主に低層階のガラス方立構法で構造シーラントが使用されている。

（6）SSGシーラント

　SSGシーラントとは構造シーラントの中でもSSG構法に使用されるシーラントの総称である。SSG構法とは建物のガラスに掛かる風圧を構造シーラントの引張応力で支持して室内側の金属部材に伝達することで、室外側からの金属部材による支持が無いガラス辺（構造シーラントの接着辺）を支持辺と見なして設計する構法のことである。全面ガラス張りのファサードが得られることから意匠上の理由で採用されてきた。四辺SSG構法では、金属部材が屋外側に露出しない設計も可能であり、Low-E（低放射）ガラスを使用した複層ガラスと組み合わせることで、金属押縁のあるアルミカーテンウォールに比べて高い断熱性が得られる。よって、近年では省エネルギーの観点からも注目されている。構造シーラントには追従性や接着性、耐候性、耐久性だけでなく、短期荷重、長期荷重に対する許容応力が設定される。構造シーラントの材料規格はわが国には無いが、海外には米国のASTM C1184など複数の規格がある。工場施工SSGでは主に速硬化の2成分形、現場施工SSGでは装置の必要ない1成分形が用いられる。

（7）複層ガラス用シーラント

　複層ガラスは複数枚のガラスの間に中空層を設け、断熱、遮熱性能を向上させたガラスのことで、ガラスに挟まれるように四辺に設置された乾燥剤入りスペーサーとガラスの間をポリイソブチレン系のホットメルト材料でシール（1次シール材）して中空層の気密性を保ち、スペーサーの外側の2次シール材にポリサルファイド系、ポリウレタン系、シリコーン系などの専用グレードのシーラントが使用される。中でもシリコーン系は耐久性に優れており、最近の新築ビルの複層ガラスのほとんどにはシリコーン系の複層ガラス用シーラントが使用されている。多くは2成分形だが、1成分形の市場もある。なお、海外でSSG構法に用いられる複層ガラスの2次シール材は構造シーラントとみなされるため、シーラントの選択時には注意が必要である。

▶ 6.12.5 その他
（1）プライマー

　シリコーンシーラントにはプライマー無しで接着することが可能な製品が多くあるが、より確実な接着、耐久性を向上させるためにプライマーの使用が有効である。組成的に分類すると、シラン系、ウレタン樹脂系、アクリル樹脂系、エポキシ樹脂系、シリコーンレジン系のプライマーがあげられる。透明なプライマー施工後に、プライマー塗膜の有無を確認できるように、紫外線を当てて発光させられるよう蛍光剤を添加したものや染料で着色して肉眼で確認できるようにしたプライマーもある。プライマーには、接着性の付与、向上の他に、脆弱な被着体表面の強化や被着体からの接着阻害要因や可塑剤の移行を遮断するバリアーとしての機能もある。プライマーは用途、被着体の材質、シーラントの種類によって複数の種類から選択して使用するのが一般的である。

（2）放射線遮蔽シーラント

　病院など医療機関、検査期間のX線や放射性汚染物質から出るγ線の遮蔽など、従来、鉛シートや鉛毛が用いられて来た用途で使用される。シリコーン自体には放射線遮蔽性能はあまりないが、遮蔽性能の高い充填材を高充填することによって、一般的なシーラントより放射線遮蔽性を高めた放射線遮蔽シーラントが上市されている。

（3）変成シリコーンシーラント

　現在、国内で最も使用量の多い建築用シーラントは変成シリコーン系シーラントである。名称にシリコーンの名を冠しているが、ベースポリマーはポリプロピレンオキサイド骨格であり、化学組成上はシリコーンではない。架橋反応がベースポリマー末端の加水分解性シリル基の加水分解、縮合によるシロキサン結合の生成反応であり、架橋構造はシロキサン結合となる。変成シリコーンシーラントには、シリコーンシーラントのようなガラスに対する接着耐久性や耐候性は期待できないため、注意が必要である。

〈参考文献〉
1) 無機コーティング、近代編集社 (1983)
2) CMC テクニカルレポート、No.20、最新プラスチック表面技術 (1982)
3) 第5回プラスチック成形品の表面処理技術と応用開発講演会（プラスチック工技術研

究会、1987 年 7 月 8 日）
4) USP-2404357
5) USP-3451838
6) 特開昭 51-2736
7) 特開昭 48-26822、48-81928
8) H.Dislich：Angew. Chem., Int. Ed., 10, 363（1971）
9) 神谷寛一、横尾俊信：表面、24〔3〕、15（1986）、特開昭 63-83175、64-1769
10) 特開昭 55-94971、55-94772、59-159858
11) 特開昭 62-256874
12) 特開昭 62-121772
13) 特開昭 55-94971、55-94772、53-144959、55-106261、56-862
14) 特開昭 56-862、56-88469、特公昭 62-55555
15) 特開昭 57-21431、57-21432、57-42737
16) 特表昭 55-500856、55-500857、55-500858、特開昭 57-162728、57-162729、57-162730、58-196237
17) 特開昭 53-111336
18) 特開昭 51-58425、52-112698、53-30361、56-99263、60-46502
19) 特公昭 57-2735、59-35346、60-11727、特開昭 63-250390
20) 特開昭 57-4001、57-112701、58-122972
21) 特開昭 63-312311、64-4664、64-9704、
22) 鈴木正治：日本接着協会誌、25、156（1989）
23) 中島功、有我欣次：けい素樹脂、日刊工業新聞社（1970）
24) 宝田充弘：工業塗装、No,90、43（1988）
25) 特開昭 59-89368、58-213075、58-174389、57-21431、特公昭 63-8999
26) 特開昭 52-138565、特表昭 55-500809
27) 特開昭 53-138476
28) 特開昭 53-81533
29) 特開昭 56-16573、特開平 1-149879
30) 特開昭 57-23661
31) 特開昭 63-46213、63-130614、63-130615、64-54021
32) 特開昭 59-108604、59-115366、63-21601、63-247702、63-258963、63-305175、63-301267、63-308069、62-225635、特公昭 63-37142、63-45752、61-54331
33) 特開昭 63-48364
34) 特開昭 58-222268、特公平 1-19429
35) 特開昭 64-56538、63-218350、63-228527、63-310958
36) 特開昭 64-30744、63-301288、59-78271、59-78272、59-105058、59-202270、461-195185
37) 特許 2537629 号
38) 特許 3658561 号
39) 特許 3081049 号
40) 特許 3724988、特許 3976226 号
41) 特開 2004-169015 号
42) 特許 4647190 号
43) 特許 2582275 号
44) 特許 3739861 号

45) 特許 2631772 号
46) 特許 4490817 号
47) 特公平 06-15452 号
48) 特公平 03-7641 号
49) 特許 2704730 号
50) コンバーテック　2004 年 2 月号「シリコーン粘着剤の設計と応用」　青木俊司
51) 技術情報協会　「エレクトロニクス粘着剤の機能性向上と不良・トラブル対策」　2006 年　青木俊司
52) 2012 年　粘着剤 Q & A　黒田泰嘉
53) コンバーテック　2014 年 10 月号「付加硬化型シリコーン粘着剤」黒田泰嘉
54) 接着の技術 15（2），22-25，1995 岩淵元亮
55) 特公昭 40-16917
56) 特開昭 62-243621
57) C.J.Brinker and G.W.Scherer "Sol-Gel Science," Academic Press, p1（1990）
58) R.Aelion,A.Loebel and F.Eirich "J.Am.Chem.Soc.," 72 P5705-5712（1950）
59) A.Eucken：Forschg. Gebiete Ingenieurw., B3, Forchungsheft, Nr.353, 16（1932）
60) Bruggeman, D. A. G：AnnPhys., 24, 636（1935）
61) 山田邦弘、シリコーン　広がる応用分野と技術動向　改訂版、山谷正明編著、化学工業日報社、2011、p.119-129
62) シリコーンハンドブック、
63) 建築用シーリング材-基礎と正しい使い方-改訂新版、2012 年、日本シーリング材工業会
64) 別冊＆ SEALANT シーリング材と超高層の歴史＆ SEALANT Archives、2013 年、日本シーリング材工業会
65) ガラス方立構法技術指針（案）、2011 年、日本建築学会
66) Functional Sealants Technical Manual、2015 年、信越化学工業

第7章

シリコーンの分析法

　シリコーンはその優れた特性により広範囲用途に使用されている。使用形態としては、単独で大量消費される材料というよりは、機能性付与目的で他の素材と併用して使用される場合が多い素材である。そのため、シリコーンの分析に対するニーズは多種多様であり、適切な結果を得るためには様々な工夫と適切な分析手法の選択が必要とされる。

　本章では、シリコーンの特徴を理解してもらうために、なるべく多くの分析データを例示するように務めた。またいくつかの具体的な分析事例について記述した。

7.1 シリコーン分析の特徴

　シリコーンはオルガノクロロシランを加水分解、重縮合した中間体を組み合わせて製造され、その組み合わせにより直鎖状、環状、分岐状、網目状などの構造を有し、低粘度の液状物からゴム状や固形物まで様々な形態となる。また SiH 基にポリエーテルやエポキシなどの官能基を付加した多種類の変性シリコーンが開発されている。さらに、これらをエマルジョン化したり、種々のフィラー類を配合してエラストマー化した二次製品群があり、製品数が非常に多い。このため、シリコーンの分析を行う際には、まず用途や特性を十分把握することが必須である。他の素材と併用されている場合、目的とするシリコーンをあらかじめ溶剤等で共存物から分離回収し、その後シロキサン骨格構造の判別、有機基・官能基の特定と順を追って分析を進めていく。その際、特に重要な官能基の有無を正しく判断するためには、特性との関係を十分考慮することが肝要となる。最近では製造技術の進歩により、非常に複雑な構造の変性シリコーンが登場しており、構造解析の難度が高くなっている。また、塗工品やゴム成型品などの加工試料を分析する場合、後述する化学分解によりシリコーンをエトキシシランの形に変えてから分析するなどの工夫がなされている。シリコーン全般の詳細分析方法については成書を参考とされたい[1)~3)]。

　シリコーンは Si 元素を必ず含んでいるという大きな特徴がある。そのため、以前からシリコーンの簡易判別法として Si の有無で判断する方法が定着している。具体的には、対象となる物質を空気中で燃焼させ、SiO_2 を含んだ白煙の発生状況を観察したり、白煙を捕集するかあるいは残った灰分中から SiO_2 成分を確認する方法である。今日では、蛍光 X 線分析装置が普及しているため、燃焼せずに直接 X 線を照射して Si 原子の蛍光 X 線を検出する方法がより適切かもしれない。また、MIBK 等の有機溶剤に溶解できれば、原子吸光分析装置で Si 量を ppm オーダーまで検出可能である。

7.2 シリコーンの構造解析

シリコーンの Si 元素や Si–O–Si 結合による特徴を利用し、シロキサン骨格構造と有機基・官能基を IR、NMR 分析により分析する。

▶ 7.2.1 IR 法（Infrared spectroscopy）

シリコーンは吸光係数が大きく、また Si–O–Si 結合による特徴的な IR スペクトルを示す。このため、単独の場合はもちろん、混合物や混合物から分離して試料量が非常に少ない場合でも、シリコーンの構造確認には最も簡便で有効な方法である。IR の測定法は KBr 結晶板上に薄膜を形成して透過スペクトルを測定する方法が基本であるが、最近では簡便な ATR 法（Attenuated Total Reflectance）が多用されるようになっている。ダイヤモンド製 ATR 結晶の上に試料を載せるだけで透過法に類似したスペクトルが測定できるため、ゴム状製品や剥離フィルムの離型剤などを直接分析できる利点がある。またエマルジョンなど含水試料でも直接測定が可能である。

シロキサン骨格構造の異なる 8 製品の ATR 法による IR スペクトルを図 7-1 に示した。また主な IR 特性吸収帯とその帰属を表 7-1 に示した。

表 7-1 シリコーンの有機基の赤外特性吸収とその帰属

有機基	帰属		波数 (cm^{-1})
Si–CH$_3$	変角振動	SiMe、SiMe$_2$、SiMe$_3$	約 1270、約 1260、約 1255
	伸縮 & 横揺れ	SiMe、SiMe$_2$、SiMe$_3$	約 780、約 800/870、約 840/755
Si–C$_6$H$_5$	芳香環振動		約 1590、約 1430、約 1120
	=C–H 面外変角振動		約 740~690
	[Ph$_2$SiO$_{2/2}$] 型		約 720、約 700、約 530~510
	[PhSiO$_{3/2}$] 型		約 740、約 700、約 500~490
Si–H	伸縮振動		約 2130~2175
	変角振動		約 940~820、約 770~750
Si–CH=CH$_2$	C=C 伸縮振動		約 1600
	変角振動		約 1400、約 1010、約 960
Si–O–Si	伸縮振動		約 1100~1000、約 550~450

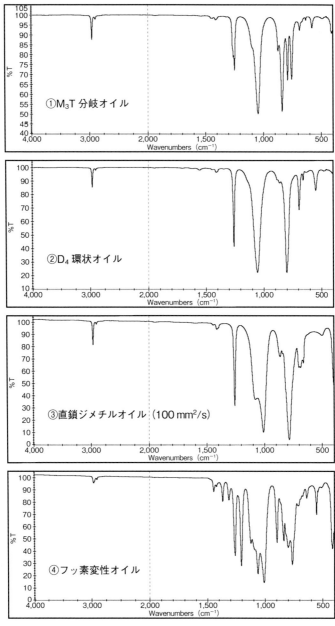

図 7-1 シリコーンの IR スペクトル比較（ATR 法）

第 7 章 シリコーンの分析法

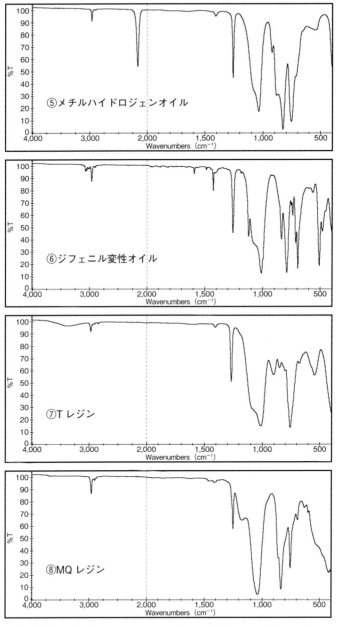

図 7-1 シリコーンの IR スペクトル比較（ATR 法：続き）

図7-1 ではシロキサン骨格の Si-O-Si 非対称伸縮による吸収帯が 1100〜1000 cm^{-1} に検出されている。4量体オイルではシャープな形状であるが、重合度が 10 を超えるオイルではブロード化して2つのピークトップを示すようになり、網目構造のレジンではさらにブロード化して非対称パターンに変化するため、ある程度のシロキサン骨格構造の推定が可能である。
　有機基で最も多い Si-CH$_3$ 基は、結合数（SiMe、SiMe$_2$、SiMe$_3$）により 1270〜1250 cm^{-1} 及び 870〜750 cm^{-1} 付近の変角や Si-C 伸縮振動による吸収波数に違いが認められ、判別に利用できる。④の CF$_3$ 型フッ素変性オイル試料では、C-F 結合による特性吸収が 1206、1123、1063、895、552 cm^{-1} 等に検出される。⑤の Si-H 基含有オイル試料では、2170、940〜820、770〜750 cm^{-1} 付近に Si-H 結合による特性吸収が認められ、構造の違いを鋭敏に反映するため詳細な構造解析に利用されている。また医薬部外品原料規格等の公定書でも、この吸収帯がIR法による物質確認法として採用されている。⑥のジフェニル変性オイル試料では、フェニル基の特性吸収が 3071、1593、1430、1122、715、696、509 cm^{-1} 等に検出されている。それぞれの試料の構造については、同一試料を測定した図7-5 の ^{29}Si-NMR スペクトルに構造式を記載した。
　なお、ATR 法ではピークトップ波数が透過法に比べて数 cm^{-1} 小さくシフトして検出され、また低波数側ほど吸収が強くなる特徴があるため、透過法による標準スペクトルと比較する場合には注意が必要である。

▶ 7.2.2　NMR法 (Nuclear Magnetic Resonance spectroscopy)

　シリコーンの主な有機基・官能基の ^{1}H-NMR ケミカルシフトを**図7-2**に示した。メチル系シリコーンはテトラメチルシラン（SiMe$_4$）が ^{1}H-NMR のケミカルシフト基準（0 ppm）物質に採用されているように、他の有機物とは少し離れたケミカルシフトをとる。そのため、他の有機物との混合物であっても、メチル系シリコーンを確認できる場合が多い。しかし、Si-Me 基以外の有機基や官能基は他の有機物とシフトがオーバーラップするため、これらを分析する場合は溶剤等であらかじめ有機物から分離する必要がある。一方、^{29}Si-NMR 法は他の有機物の妨害を受け難いため、シリコーンに適した方法である。

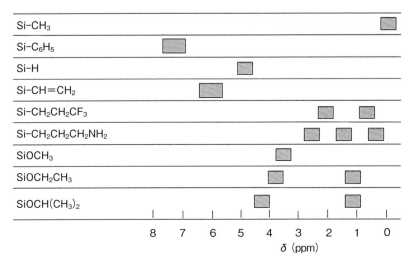

図 7-2 主なシリコーンの有機基の ^{1}H-NMR ケミカルシフト範囲

^{29}Si-NMR法はシロキサン骨格中の^{29}Si原子核を直接の検出対象とするため、骨格構造の違いを鋭敏に反映する長所もある。**図 7-3** にジフェニル変性オイルの ^{1}H-NMR、^{13}C-NMR、^{29}Si-NMR の各スペクトルを並べて示した。^{1}H-NMR と ^{13}C-NMR では有機基の種類が判別できる程度であるが、^{29}Si-NMR では構成シロキサン単位の種類と比率、さらにシロキサン単位の並び方を表す配列情報まで解析することができる。例えば図中の DDΦ の表記のピークは、検出対象である中央の D 単位の隣接単位が D 単位と Φ 単位である成分を示している。DDD など隣接単位の組合せが異なる場合、ケミカルシフトが変化して別ピークとして検出されている。詳細に解析すると 3 連鎖ではなく 5 連鎖によりピークが分離しており、それぞれのピーク面積比から配列がランダムなのか、ブロックに近いのかをランナンバー等の数字で比較評価できる[4~7]。ただし、後述する緩和試薬を過剰添加するとピークがブロード化してしまい、このような高分解能スペクトルが得られなくなる場合があるので注意が必要である。

図 7-4 にはシリコーン化合物の ^{29}Si-NMR ケミカルシフトと構造の関係を示した。ケミカルシフトの詳細は文献[8, 9]を参考にされたいが、多くのシリコーンは 20〜−140 ppm のケミカルシフト範囲内に検出される。シロキ

サン結合数が増えると高磁場シフトし、M → D → T → Q の順に検出される特徴がある。

図 7-5 には先述の IR 法と同じ 8 製品の ^{29}Si-NMR スペクトルを示した。メチル系シリコーンでは、環状や線状構造のオイルは非常にシャープなピー

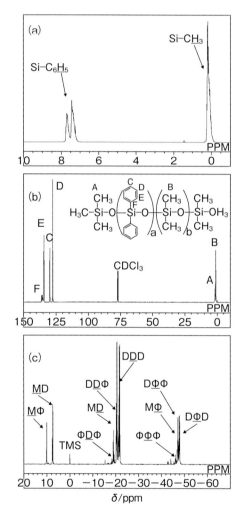

図 7-3 ジフェニル変性オイルの NMR 比較例
(a) ^{1}H-NMR、(b) ^{13}C-NMR、(c) ^{29}Si-NMR
M：Me$_3$SiO$_{1/2}$、D：Me$_2$SiO$_{2/2}$、Φ：Ph$_2$SiO$_{2/2}$

クを示すのに対し、網目構造のレジンはシロキサン結合状態が多種多様なため、多数のピークが混ざり合った非常にブロードなピークとなる特徴がある。一方Siに結合した有機基の違いによってもケミカルシフトは大きく異なり、部分変性オイルの場合は⑥の様に配列情報を伴った複雑なスペクトルとなる。

このように^{29}Si-NMR法はシリコーンの詳細な構造解析を行う上で非常に有効な方法であるが、定量的な解析が必要な場合には測定条件を適正に設定する必要がある。具体的には核オーバーハウザー効果を生じずに^{1}H核とのカップリングを消去できるInverse-gated decoupling法を採用する。さらに^{29}Si核の非常に長い緩和時間を短縮するために、Cr(acac)$_3$等の緩和試薬を0.03M程度添加する。照射パルス強度は45°程度に抑え、繰返し時間が10秒以内で済むように設定し、積算効率が最大となる条件に設定することを推奨する。ただし、Si-H基含有物質は10秒より長い待ち時間が必要な場合が多く、注意が必要である。また、^{29}Si核は天然存在比が4.7％と少ないため検出感度が低く、試料濃度が1％未満の場合にはINEPT法（Insensitive Nuclei Enhanced by Polarization Transfer）による感度増大効果を利用しないと検出できない場合がある。

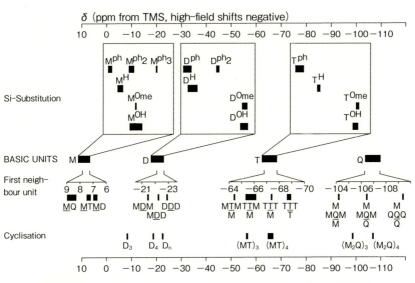

図7-4 シリコーンの^{29}Si-NMRケミカルシフトと構造の関係[4]

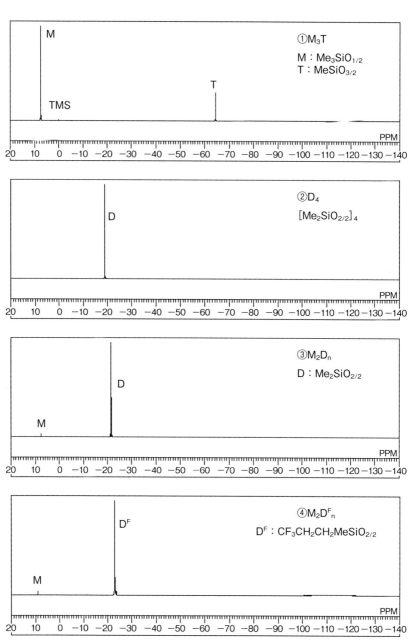

図7-5 シリコーンの ^{29}Si-NMR スペクトル比較

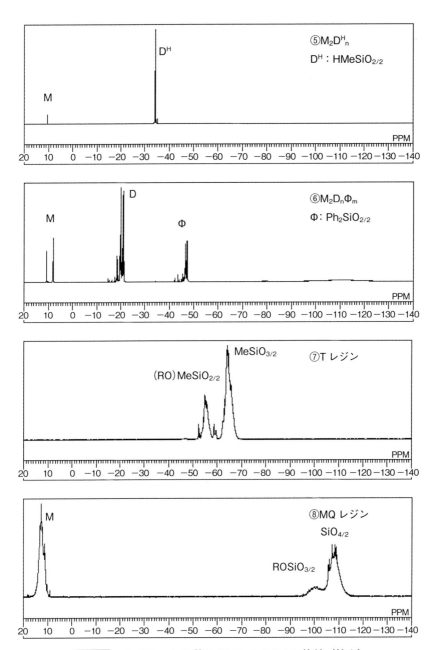

図7-5 シリコーンの ^{29}Si-NMR スペクトル比較（続き）

7.3
シリコーン製品の分析事例

ここからはシリコーン製品の具体的な分析事例を紹介する。

▶ 7.3.1 シリコーンオイルの分子量分布分析

一般の有機ポリマーと同様に、シリコーンの分子量分布はGPC（Gel Permeation Chromatography）を用いて分析している。GPC測定は有機溶剤で試料を0.2％程度の希薄溶液として分子サイズによりカラム分離を行う。検出方法は溶剤との屈折率差（RI）を利用しており、ジメチルシリコーンオイルでは屈折率差が大きく溶解性の良いトルエンが用いられる。検出感度は対象分子の屈折率により変化するので、高分子量成分と低分子量成分の屈折率差を考慮する必要がある。相対分子量を算出するための検量線にはポリスチレン標準を用いるが、その理由はジメチルシリコーンオイルのポリスチレン換算分子量と光散乱法絶対分子量が良く一致するためである[10]。ジメチルシリコーン以外の変性シリコーンを分析する場合の特徴を以下に示す。

屈折率の高いフェニル変性オイルと屈折率が低いフッ素変性オイルはTHF移動相を用いる。ただし、フッ素変性オイルはTHFよりも屈折率が低値となるため、フェニル変性オイルとは検出の向きが上下逆転する。ポリエーテル変性オイルは屈折率の異なるポリエーテルとジメチルシリコーンを付加させた製品であり、ポリエーテルと相溶性の良いTHF移動相を用いることで良好な分布が得られる。ただし、THFとジメチルシリコーン部分は屈折率が近いため、主にポリエーテル部分を検出した分布となる。ジメチルシリコーン部分を主に検出したい場合にはトルエン移動相を用いるが、**図7-6**に示したように移動相との親和性の違いから分布に差を生ずるため、解析には注意が必要である。

繊維処理剤等に用いられるアミノ変性オイルの場合には、強いカラム吸着が起こるため、アミノ基を化学修飾処理するか、あるいは極性物質を移動相

に添加することが必須である[11]。**図 7-7** にはアミノ基を無水酢酸処理した場合の分子量分布と、アミノ基を処理する代わりに移動相にトリエチルアミンを添加した場合の分子量分布を比較した。どちらもカラム吸着の影響を抑制したクロマトグラムが得られている。また、アミノ基やメルカプト基などは**図 7-8** の誘導化試薬で化学修飾処理を施すことで UV 吸収基に変えることができる。UV 吸収の少ない THF 移動相を用い、変性基を有した成分のみの分子量分布を UV 検出器で選択検出することが可能である。誘導化試薬の中でも DABS-CL はアミノ変性シリコーンを配合した柔軟剤用エマルション製品などの直接誘導化処理も可能であり、非常に有用な試薬である。

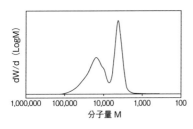
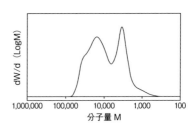

図 7-6 ポリエーテル変性オイルの GPC 比較例（微分分子量分布曲線）
左：THF 移動相（RI 検出）　右：トルエン移動相（RI 検出）

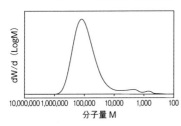
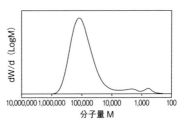

図 7-7 アミノ変性オイルの GPC 比較例（微分分子量分布曲線）
左：トリエチルアミンを移動相に添加　右：無水酢酸処理

①DNBC：3, 5-Dinitrobenzoyl chloride

②DABS-CL：4-Dimethylaminoazobenzene-4′-sulfonyl chloride

図 7-8 UV 吸収型誘導化試薬の例

▶ 7.3.2 シランカップリング剤の加水分解・縮合挙動分析

　シランカップリング剤は無機材料と有機材料を結合させる役割を担っている。そのため、無機材料表面の水酸基と結合するアルコキシ基（OX）と、有機材料と反応または相溶しやすいメタクリル、エポキシ、アミノ、メルカプト等の官能基（Y）を併せ持つ $(XO)_3Si(CH_2)_n-Y$ 型の基本構造を有している。無機材料表面にカップリング剤を湿式処理させる場合、表面処理剤としてpH調整したカップリング剤の希薄溶液が用いられる。シランカップリング剤の添加効果は成型物の強度向上や耐久性向上など物性面から確認できるが、成型物の無機材料表面処理剤の存在状態を分析してメカニズム解析することは難しい。従来から処理された無機材料表面分析には拡散反射IR法や顕微ラマン法、固体NMR法、XPS法（X-ray Photoelectron Spectroscopy）などが検討されているが、処理量が少ないこと、反応基が多いことが分析を進めるうえで高いハードルになっている。そのため、処理溶液中のカップリング剤の存在形態（アルコキシ基の加水分解及びシランの縮合度、官能基の変質）が詳しく調べられている[12〜15]。

　シランカップリング剤の存在形態は非加熱かつ非破壊測定が可能なNMR法が最も適している。**図7-9**にはエポキシ基を含有するKBM403の1%水溶液を直接 ^{13}C-NMR 測定した例を示した。処理溶液調整直後から20分毎に連続測定を行い、加水分解が終了してからは40分毎に連続測定を続けた。測定時間を短くしてポイント数を増やせば加水分解速度を算出することも可能となる。図7-9では初期のトリメトキシ体① $(MeO)_3Si$ からメトキシ基が1つ外れた $(HO)_1(MeO)_2Si$ のメトキシ基が50 ppm付近の②のピークとして検出され、同じ物質のSi隣接メチレン基 $SiCH_2-$ が5 ppm付近の②として検出されている。加水分解は①→②→③→④へ順次進行していく様子が確認され、40分以後はトリオール体のみとなり安定化している。**図7-10**にはKBM403の濃度を変えた場合の縮合度の違いを ^{29}Si-NMR のINEPT法で比較した例を示した。INEPT法ではガラスチューブを使用してもガラスピークは検出されないが、微量不純物によりpHが変化する可能性があること、及びカップリング剤が反応する可能性があることから 10 mmΦPTFE チューブを使用した方が良い。このようにして得られたデータが商品カタログ等に記載されているので参考にされたい。

第7章 シリコーンの分析法

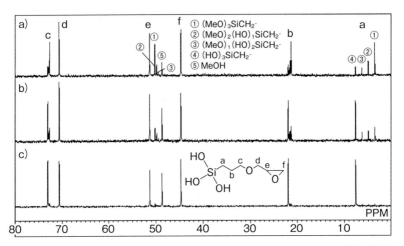

図7-9 ¹³C-NMRによる1% KBM403水溶液の初期加水分解反応解析例
a) 0-20分、b) 20-40分、c) 40-80分経過時の積算データ（25℃、pH=6）

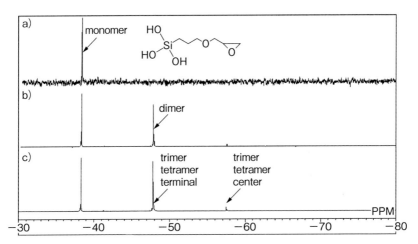

図7-10 ²⁹Si-NMRによるKBM403水溶液2日経過後の縮合度解析例
a) 2%、b) 10%、c) 20%水溶液の3h積算データ（25℃、pH=3）

▶ 7.3.3　表面処理シリカの処理状態分析

　シランカップリング剤を表面処理したシリカを樹脂に配合すると、未処理シリカと比べて補強効果が向上する。シランカップリング剤とシリカはSi-O-Si結合を生成するため、^{29}Si-NMR法により直接結合部位を調べるのが最適である。**図7-11**には比表面積の大きい乾式シリカをエポキシ基を有するKBM403で処理した場合の、処理条件による表面処理状態の違いを固体^{29}Si-NMR法で分析した例を示した。詳細な原理は省略するが、図の上段に示したDD/MAS法は全てのSi元素を検出対象とする方法であり、溶液NMRと類似した定量的なスペクトルを得たい目的で用いられる。一方下段のCP/MAS法は、主に高感度化を目的として開発された方法であるが、この例の場合にはシリカの表面部分及びシリカと結合しているカップリング剤成分のみを選択検出しており、シリカ表面近傍部分に特化したスペクトルが得られている[16]。図7-11から、KBM403を単純に乾式シリカと混ぜただけではCP/MAS法で検出されるカップリング剤成分が少なく、シリカ表面に弱く物理吸着しているだけの成分が多いと判断される。一方、シリカを先に水で濡らしてからKBM403を混合した場合、CP/MAS法の検出成分が大幅に増加し、T^{R}2成分（シリカのSiOH基2個と強固にSi-O-Si結合している）が多く生成する違いが確認できる。このことから、後者の方が表面処理法として適していると考えられる。

　シリカに表面処理を施して特性を付与する例として、シリコーン消泡剤があげられる。消泡性はシリコーンオイル単独でも有するが、表面処理したシリカをオイルとコンパウンディングすると飛躍的に消泡能力が向上する。ただし、消泡する対象液体の性質によって、最適なシリカの表面処理構造は異なっている。**図7-12**にはトリメチルシリル基で表面処理されたシリカをジメチルシリコーンオイルと加熱混練りした場合と、アルカリを加えて加熱混練りしてオイルと処理シリカを化学結合させた場合の固体^{29}Si-NMRデータ（CP/MAS法）を示した[17]。加熱混練りしただけではオイルはシリカ表面に弱い物理吸着しかしないため、$-10\sim-25$ ppm付近にオイル成分のピークが検出されていない。一方オイルを化学結合させると、シリカと化学結合した近傍部が非常にブロードなピークとして検出されており、両者の違いを明らかにすることができる。

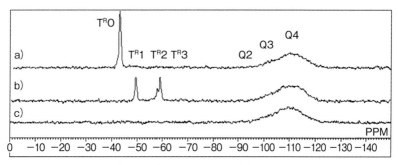

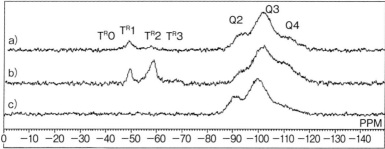

図7-11 KBM403処理シリカの固体 ^{29}Si-NMR 比較
（上：DD/MAS、下：CP/MAS）
a) KBM403混合、b) シリカを濡らしてからKBM403混合、c) 未処理シリカ
T^R はシラン成分、Q はシリカ成分、添字はシロキサン結合数を示す。

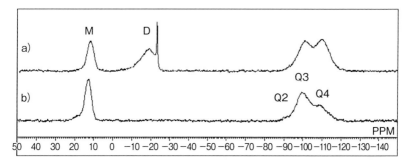

図7-12 消泡剤用の表面処理シリカの固体 ^{29}Si-CP/MAS-NMR 比較例
a) トリメチルシリル処理シリカにオイルを化学結合処理、b) は加熱混練りのみ
M はトリメチルシリル成分、D はオイル成分、Q はシリカ成分

▶ 7.3.4 低分子量シロキサン分析

揮発性の環状シロキサン $[Me_2SiO_{2/2}]_n$（$n=3\sim10$）が密閉系の電気接点の気相に多く存在すると、接点に付着した際に電気エネルギーで酸化分解されてシリカ等の絶縁体を生成して接点障害になる事例が以前より報告されている[18]。またクリーンルームのような清浄な室内環境では、シリコンウェハへ吸着してハジキの原因になる恐れがあり、このような用途に使用される製品では環状シロキサン量を非常に低いレベルに管理している。このような経緯により低分子量シロキサン分析は日常的に数多く行なわれている。

低分子シロキサンの測定法には、**図7-13**に示したようなアセトンやヘキサン等の溶剤により抽出してGC測定する方法と、加熱して気相に移行した成分をGC-MS測定する方法、そして加熱通気して気相に移行した成分を溶剤トラップしてSi量を測定する方法などがあげられる。またクリーンルーム等での汚染評価では、密閉容器内にシリコンウェハと同伴させ、ウェハに吸着する物質をGC-MS測定して特定する方法も用いられている[19]。**図7-14**ではデシケーター内にシリコンウェハと汎用シーラント製品を24h同伴させた際のウェハ吸着物質をGC-MS測定した例を示したが、沸点の低い $[Me_2SiO_{2/2}]_4$（D_4と略す）等はウェハ表面に吸着しても再脱着しやすいため、ウェハ汚染物質はより沸点の高い D_7 や D_8 が主成分になっていることがわかり、これらの含有量まで大幅に低減させる必要がある[20]。環状シロキサンの物性値を**表7-2**に示した。

表7-2 環状シロキサンの物性

環状シロキサン	分子量	融点℃	沸点℃	蒸気圧 mmHg、25℃
D_3	222.5	65	135	
D_4	296.6	18	175	1.55
D_5	370.8	−44	211	2.94×10^{-1}
D_6	444.9	−3	245	5.59×10^{-2}
D_7	519.1	−26	276	1.06×10^{-2}
D_8	593.2	32	303	2.01×10^{-3}
D_9	667.4	−24	326	3.82×10^{-4}
D_{10}	741.5			7.26×10^{-5}

第 7 章　シリコーンの分析法

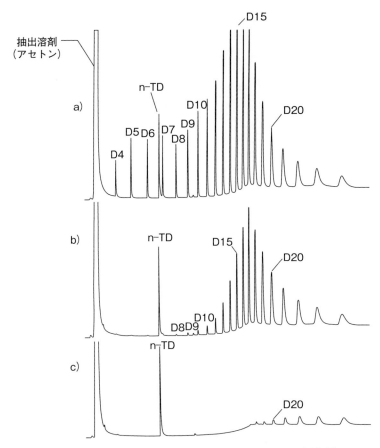

図 7-13　アセトン抽出法低分子シロキサンの GC 測定例
a) 一般品、b) 低分子低減品、c) クリーンルーム用製品　n-TD は内部標準

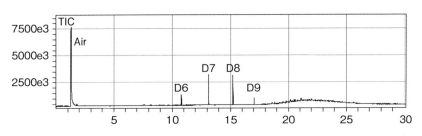

図 7-14　ウェハ吸着分子のダイナミックヘッドスペース GC-MS 法測定例 [20]
シリコンウェハに吸着した環状シロキサンを特定

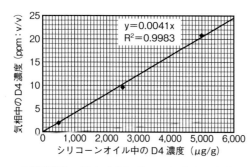

図7-15 ジメチルシリコーンオイル中のD4含有量と気相濃度の相関

　図7-15にはジメチルシリコーンオイル中のD_4含有量を変えた場合の25℃における気相への移行量を示した。オイル中のD_4含有量と気相への移行量には良い相関が認められるが、オイルから気相への移行比率は約2％となっている。表7-3には汎用品中の環状シロキサン含有量をアセトン抽出法によって求めた結果と、スタティックヘッドスペースGC-MS法により求めた結果を比較して示した。ヘッドスペース法はバイアル瓶に試料片を採取し、加熱温度と加熱時間を目的に合わせて条件決めする。試料量を増やせば1μg/g以下の低濃度まで検出感度を向上することが可能であるが、気相に移行した成分のみを検出する方法のため、加熱条件により検出量が大きく異なる結果となることに注意が必要である。150℃×30 min加熱条件の場合、D_3とD_4の8割程度は気相に移行していると考えられるが、図7-14の例でウェハ汚染の主成分であったD_7、D_8は3割未満しか気相に移行しないことがわかる。

表7-3 製品中環状シロキサン含有量と加熱時気相移行量（μg/g）

環状シロキサン	75℃×30 min	90℃×30 min	100℃×30 min	120℃×30 min	150℃×30 min	製品中含有量
D_3	30	45	50	55	65	<100
D_4	325	545	635	895	1120	1470
D_5	255	485	655	1100	1630	2630
D_6	160	320	485	970	1860	3970
D_7	35	55	85	175	435	1500
D_8	5	15	25	40	110	670
D_9	<5	<5	5	20	50	510
D_{10}	<5	<5	<5	10	25	440

7.3.5 シリコーン塗工試料の分析

シリコーンを塗工した製品としては離型剤を塗工した離型紙や離型フィルム、粘着剤を塗工した保護フィルムや粘着テープ、表面改質剤を塗工した化粧品用無機顔料などがあげられる。シリコーンの塗工量は蛍光X線測定によるSiピーク強度により管理可能であるが、塗膜の組成を知りたい場合はIR法や化学分解法であるエトキシシラン化法[21)]を用いる。エトキシシラン化法は、下記の反応式によりシロキサン結合を切断し、生成するエトキシシランをGCまたはGC-MSで分析する方法である。

$R_nSiO_{(4-n/2)} + Si(OEt)_4 \rightarrow R_nSi(OEt)_{4-n} + SiO_2$

具体的には塗工試料を適度に細片化し、過剰なテトラエトキシシラン(TEOS)と少量のKOHと共に加熱して反応を進行させる。例えばジメチルシリコーンオイルでは$Me_3SiO_{1/2}$末端と$Me_2SiO_{2/2}$主鎖の組み合せ構造のため、得られるエトキシシランはMe_3SiOEtと$Me_2Si(OEt)_2$の2種類であり、その比率は元のオイルの重合度を反映する(実際はTEOSとのダイマー成分等も副生する)。付加硬化型の塗膜ではシルエチレン架橋基が$(EtO)_2MeSiCH_2CH_2SiMe(OEt)_2$などのエトキシシランとして検出されるため、架橋構造の詳細解析や付加反応率の算出も可能である。

図7-16にはメチルフェニル系レジン塗膜の分析例を示した。他にアルキル変性やフッ素変性シリコーンなどでも変性基を確認することが可能である。

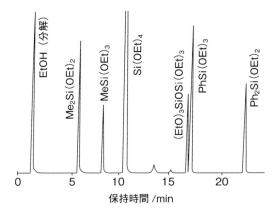

図7-16 メチルフェニル系レジン塗膜のエトキシシラン化GC測定例

▶ 7.3.6 シリコーン中の不純物分析

　シリコーン中間体は酸または塩基触媒による重縮合反応により製造されることが多い。残存触媒が最終製品の信頼性に影響しないように、水洗等で精製除去するか、あるいは安定な中和塩とする。触媒由来不純物の簡易分析法として抽出水分析が行われている。試料をトルエン等の溶剤に溶解し、水との接触効率を上げた状態で振とうしてイオン性物質を水抽出し、pHと電気伝導度を測定する。各成分の定量が必要な場合には、抽出水中のイオン量をイオンクロマト分析するか、ICP-OES（誘導結合プラズマ発光分析）により元素を定量する。

　RoHS規制対象であるCr、Cd、Pb、Hg、Brなどの元素は蛍光X線によるスクリーニング分析を行う。シリコーンは軽元素のH、C、O、Siが主要構成元素のため、一般的な炭化水素系ポリマーと同じ様に50 ppm以下程度の含有量までスクリーニングが可能である。より低濃度まで分析する場合には、Cr、Cd、Pbは硫酸等を用いた酸分解処理を行い、マッフル炉等で灰化処理してSiO_2に変え、SiO_2をフッ酸で脱珪素処理して除去し、残分を硝酸等の酸に再溶解してICP-OES等で定量する方法が用いられる。Hgは同様に処理すると途中で気化して加熱残分に残る割合が低くなってしまう。そのため、JIS K0102に準じて還流冷却器付容器で過マンガン酸カリによる湿式前処理を施してHg^{2+}に変え、次いで塩化スズ（Ⅱ）を加えてHgに還元し、ガス通気して気化したHgを冷原子吸光法で定量する。Brは燃焼フラスコ等の密閉容器を用いてシリコーンを燃焼分解させ、水に吸収したBrイオンをイオンクロマト分析により定量する。上記5元素については故意添加するような製品はほとんどないため、検出下限以下の結果となる場合が多い。

　最後に、付加硬化型シリコーンを被着体と接触させて硬化する場合、被着体側に硬化触媒のPtと配位しやすいアミン、硫黄やリン含有化合物等が存在すると硬化阻害を引き起こして十分に硬化が進行しない場合がある。このような作用を及ぼす物質を触媒毒と呼んで徹底的にマークしている。硬化触媒濃度は通常ppmオーダーであり、触媒毒の影響もppmオーダーで発現する。そのため、被着体表面の極僅かな汚れ成分がシリコーン内部に移行しているか調べるための高感度NS分析装置が必要になるのも、シリコーン分析の特徴の1つである。

〈参考文献〉
1) A. Lee Smith:"*The Analytical Chemistry of Silicones*"、(1991)、(John Wiley & Sons, INC.)
2) 伊藤邦雄:"シリコーンハンドブック"、(1990)、(日刊工業新聞社)
3) 日本分析化学会・高分子分析研究懇談会編:"新版　高分子分析ハンドブック"、(1995)、(紀伊国屋書店)
4) G. Engelhardt and H. Jancke:"Structure Investigation of Organosilicon Polymers," *Polymer Bulletin*, 5, 577 (1981)
5) I. R. Herbert and A. D. H. Clague；*Macromolecules*, 22, 3267 (1989)
6) M. J. Ziemelis and J.C.Saam；*Macromolecules*, 22, 2111 (1989)
7) 松井智波、大島充芳、荒又幹夫:高分子学会 91-2 NMR 研究会予稿集、1 (1991)
8) R. K. Harris and B. J. Kimber:"Silicon-29 NMR as a tool for studying silicones," *Appl. Spectrosc. Rev.*, 10, 117 (1975)
9) E. A. Williams and J. D. Cargioli:"Silicon-29 NMR Spectroscopy," in *Annual Report on NMR Spectros.*, 9, 221, G. A. Webb, Ed., Academic, London (1979)
10) 五十嵐敏昭:(信越化学工業 (株)、技術資料)
11) 五十嵐敏昭、珍田充:日本分析化学会年会講演要旨集、45、110 (1996)
12) N. Nishiyama, K. Horie, T. Asakura:*J. Appl. Polym. Sci.*, 34, 1619 (1987)
13) 材料技術研究会編:"複合材料と界面," 11 (1986)、(総合技術出版)
14) 山谷正明:日本接着協会誌、27、246 (1991)
15) 川手靖俊、松井智波、荒又幹夫:日本分析化学会年会講演要旨集、38、603 (1989)
16) 荒又幹夫、五十嵐敏昭:分析化学、147、12、971 (1998)
17) 特開 2013-215633
18) 平塚:品質管理、27、1210 (1977)、吉村、伊東:信学技法、EMC76-41 (1977) 等
19) 日本空気清浄学会:クリーンルーム構成材料から発生する分子状汚染物質の測定方法指針、JACA、No.34-1999
20) 斉藤賢司:"ケイ素化合物の選定と最適利用技術," 180 (2006)、(技術情報協会)
21) M. G. Voronkov:*J. Gen. Chem.*, 29, 907 (1959)

索　引

●あ行●

アクリル変性シリコーンオイル ……… 100
アセトンタイプ ………………………… 176
アミノ変性シリコーン ………………… 225
アミノ変性シリコーンオイル ………… 93
アラルキル変性シリコーンオイル … 101
アルコキシオリゴマー ………………… 118
アルコールタイプ ……………………… 176
硫黄暴露試験 …………………………… 311
イオン結合性 …………………………… 10
一液型 …………………………………… 171
インテグラルブレンド法 ……………… 42
液状硬化型放熱材料 …………………… 296
液状射出成形システム ………………… 149
エクステンダー ………………………… 331
エトキシシラン化法 …………………… 357
エポキシ変性シリコーン ………… 95, 228
エマルション型 ………………………… 246
煙霧質シリカ …………………………… 325
オキシムタイプ ………………………… 176
オプティカルボンディング材 ………… 182
オリゴマー ……………………………… 118
オリゴマーカップリング剤 …………… 119
オルガノシラノール …………………… 24
オルガノシラン ………………………… 22
温度 ……………………………………… 173

●か行●

開環重合 ………………………………… 16
界面活性剤 ……………………………… 201
化学的安定性 …………………………… 78
化学的消泡 ……………………………… 233
架橋型ポリシロキサン ………………… 207
架橋剤 …………………………………… 249
過酸化物硬化型と付加硬化型 ………… 266
加水分解 ………………………………… 38
加水分解エネルギー …………………… 172
加水分解・縮合挙動 …………………… 350
型取り材料 ……………………………… 166
カーボンファンクショナルシラン …… 25
カルビノール変性シリコーンオイル
 …………………………………………… 98
カルボキシル変性シリコーンオイル
 …………………………………………… 96
簡易判別法 ……………………………… 338
乾式シリカ ……………………………… 135
乾式法 …………………………………… 42
感触改良剤 ……………………………… 201
含水率 …………………………………… 211
基材 ……………………………………… 252
基材密着性 ……………………………… 253
機能性シーラント（Functional Sealant）
 …………………………………………… 331
キュアラブルグリース ………………… 296
吸水加工剤 ……………………………… 229
経時変化（エージング） ……………… 251
屈折率 …………………………………… 63
グリニャール（Grignard）法 ………… 14
軽剥離コントロール剤 ………………… 250
化粧品 …………………………………… 281
結合角 …………………………………… 11
結合距離 ………………………………… 11
ゲル ……………………………………… 166
濃色化剤 ………………………………… 229
硬化 ……………………………………… 251
抗菌加工剤 ……………………………… 230
高硬度熱伝導性ゴムシート …………… 298
構造解析 ………………………………… 339
コーティング材 ………………………… 164

コンタクトレンズ	210

●さ行●

最密充填	292
酢酸タイプ	177
酸素透過係数	211
酸素透過性	210
酸無水物変性シリコーンオイル	96
紫外線硬化	180
自己接着 LIMS	152
自己乳化	241
指触乾燥時間	172
ジシリン	8
ジシレン	8
湿式シリカ	135
湿式法	42
湿度	173
ジメチルシリコーンオイル	54
重剥離コントロール剤	250
縮合	38
縮合硬化型	171
樹脂の内部応力低減剤	278, 281
蒸気圧	63
触媒	251
シラザン	49
シラノール	110
シランカップリング剤	29
シーラント	323
シリカによる消泡機構	235
シリコーンエマルション	257
シリコーンオイル	54, 256
シリコーンオイルコンパウンド	235
シリコーングラフトアクリル共重合体	209
シリコーン系消泡剤の種類	238
シリコーン系消泡剤の特徴	237
シリコーンゴムパウダー	277
シリコーンダイボンド材料	312
シリコーンハイドロゲル	212, 216
シリコーンハードコート	127, 190

シリコーン複合パウダー	279
シリコーン分岐型	205
シリコーンマクロマー	216, 217
シリコーンモノマー	216, 217
シリコーン離型剤	253
シリコーンレジン	107, 117, 121
シリコーンレジンパウダー	276
視力矯正具	210
シリルアミド	49
シリル化剤	48
シーリング材	162
シロキサン	107
親水性モノマー	216
親水防汚	125
滑り成分	250
スリップ防止剤	229
ずれ現象	295
制御剤	252
生理活性	84
設計許容応力	332
接触熱抵抗	290
接触熱抵抗の低減	293
接着剤	162
接着助剤	162
接着性	172
繊維処理剤	221
繊維用柔軟剤	225
繊維用撥水剤	223
増粘剤	201
相変化	299
装用感	211
ソフトコンタクトレンズ	211
ゾル−ゲル	109
ゾルゲルシリカ	283
ゾル・ゲル法	192, 283

●た行●

耐寒性	70
耐熱性	63, 270
耐暴露性	253

耐放射線性 ……………………… 79
太陽電池 ………………………… 314
太陽電池封止用シリコーンゴム … 319
太陽電池用シーリング材 ………… 316
ダイリュート …………………… 331
タックフリータイム …………… 172
ダム剤 …………………………… 183
炭酸カルシウム ………………… 326
端子ボックス用ポッティング材 … 318
炭素繊維用油剤 ………………… 230
ダンパー材料 …………………… 182
長鎖アルキル変性シリコーンオイル
 ……………………………… 101
直接法 …………………………… 7
詰め綿用柔軟剤 ………………… 230
低ガス透過性フェニルレジン … 308
低硬度放熱パッド ……………… 299
低分子量シロキサン …………… 354
電気陰性度 ……………………… 8
電気特性 ………………………… 75
電極保護コーティング材 ……… 182
電子的効果 ……………………… 9
塗工量 …………………………… 250
トリス（トリメチルシロキシ）
 メチルシラン ……………… 203
トリメチル白金錯体 …………… 186

●な 行●

難燃剤 …………………………… 123
二液型 …………………………… 171
二次加硫 ………………………… 141
熱抵抗 …………………………… 290
熱伝導性フィラー ……………… 290
熱伝導性フィラーの熱伝導率 … 291
熱伝導性両面粘着テープ ……… 300
熱伝導率 …………………… 60, 290
熱軟化 …………………………… 299
燃焼性 …………………………… 69
粘度 ……………………………… 55

●は 行●

ハイドロゲル …………………… 212
配列情報 ………………………… 343
ハウスホールド製品用柔軟剤 … 230
剥離紙、剥離フィルムの用途 … 248
剥離紙用シリコーン …………… 244
白金触媒 ………………………… 155
ハードコンタクトレンズ ……… 211
破泡性 …………………………… 233
貼り合せ工程 …………………… 183
反応型（皮膜形成型）シリコーン
 繊維処理剤 ………………… 228
反応性官能基含有オリゴマー … 120
反応制御剤 ……………………… 160
光拡散剤 ………………………… 277
光活性白金触媒 ………………… 182
光造形 …………………………… 180
比重 ……………………………… 60
ビスアセチルアセトナト白金（Ⅱ）錯体
 ……………………………… 186
ヒドロシリル化反応 …………… 155
比熱 ……………………………… 60
非腐食性 ………………………… 175
皮膜形成剤 ……………………… 201
表面処理シリカ ………………… 352
表面張力 ………………………… 71
フェーズチェンジシート ……… 299
フェノール変性シリコーンオイル … 98
付加架橋 ………………………… 130
不純物分析 ……………………… 358
腐食性 …………………………… 79, 172
物理的消泡 ……………………… 233
フーリエの法則 ………………… 290
分子量分布 ……………………… 348
粉体分散剤 ……………………… 201
平衡化反応 ……………………… 17
ペインタブル …………………… 253
ベースポリマーの架橋密度 …… 249
変性シリコーンオイル ………… 91

防汚性	211
防カビ剤	326
放熱オイルコンパウンド	295
放熱グリース	295
放熱ゲル	296
放熱材料	287
放熱材料の高熱伝導率化	291
放熱接着剤	296, 297
ポッティング材	164
ポリエーテル変性シリコーンオイル	103
ポリエーテル/ポリグリセリン変性ポリシロキサン	205
ポリグリセリン変性シリコーンオイル	103
ポンピングアウト現象	295

●ま行●

ミラブル	130
無溶剤型	246
メタクリル変性シリコーンオイル	100
メチルシクロペンタジエニル	186
メチルハイドロジェンシリコーンオイル	54
メチルフェニルシリコーンオイル	54
メルカプト変性シリコーンオイル	99

●ゆ行●

有機過酸化物架橋	130
有機変性シリコーンレジン	309
油剤	201
溶解性	80
溶剤型	244
抑泡機構	235
抑泡性	233

●ら行●

らせん構造	11
離型剤	253
流動化剤	284

●数・英●

2重絶縁	298
3次元網目構造	217
ATR法	339
BLT	294
Bond Line Thickness	294
Bruggeman の理論式	291
Dk値	211
D単位	15
EB(電子線)硬化型	248
ECU	175
FCSタイプ	178
HAV	146
HCR	130
INEPT法	345
Inverse-gated decoupling法	345
LED(発光ダイオード)	301
LIMS	149
LOCA：Liquid Optical Clear Adhesive	183
Maxwell-Eucken の理論式	291
MQレジン	265
M単位	15
NMR法	342
PCB	175
PID	315, 321
Q単位	15
ROSS/佐々木による消泡機構	234
RTV	130
SSG(Structural Sealant Glazing)構法	331
Thermal Interface Material	287
TIM	287
TIM-1	297
TIM-2	296
T単位	15
UV硬化型	247

◇監修者略歴◇

山谷　正明（やまや　まさあき）
1952年生まれ。1978年京都大学工学研究科修士課程工業化学専攻修了。
同年信越化学工業（株）入社、2007年4月シリコーン電子材料技術研究所第一部長。
2009年6月よりシリコーン電子材料技術研究所長。

◇著者一覧◇

第1章	池野　正行	信越化学工業（株）シリコーン電子材料技術研究所	
第2章	峯村　正彦	〃	〃
第3章	入船　真治	〃	〃
第4章	吉川　裕司	〃	〃
第5章	五十嵐　実	〃	〃
	首藤　重揮	〃	〃
	栁沼　篤	〃	〃
	坂本　隆文	〃	〃
第6章	樋口　浩一	〃	〃
	亀井　正直	〃	〃
	工藤　宗夫	〃	〃
	青木　俊司	〃	〃
	濱嶋　優太	〃	〃
	櫻井　孝冬	〃	〃
	井原　俊明	〃	〃
	髙田　有子	〃	〃
	黒田　泰嘉	〃	〃
	井口　良範	〃	〃
	松村　和之	〃	〃
	櫻井　郁男	〃	〃
	田部井　栄一	〃	〃
	栁沼　篤	〃	〃
	岩崎　功	〃	〃
第7章	松井　智波	〃	群馬事業所品質保証部

技術大全シリーズ
シリコーン大全　　　　　　　　　　　　　NDC 578.437

2016年1月25日　初版1刷発行
2025年4月25日　初版12刷発行

　　　　　（定価はカバーに表示してあります）

　　　監　修　　山谷　正明
ⓒ　編著者　　信越化学工業
　　　発行者　　井水　治博
　　　発行所　　日刊工業新聞社
　　　　　　　　〒103-8548　東京都中央区日本橋小網町14-1
　　　電　話　　書籍編集部　03（5644）7490
　　　　　　　　販売・管理部　03（5644）7403
　　　FAX　　　03（5644）7400
　　　振替口座　00190-2-186076
　　　URL　　　https://pub.nikkan.co.jp/
　　　e-mail　　info_shuppan@nikkan.tech
　　　印刷・製本　新日本印刷（株）（POD8）

落丁・乱丁本はお取り替えいたします。
2016 Printed in Japan
ISBN 978-4-526-07501-8　C3043

本書の無断複写は、著作権法上の例外を除き、禁じられています。

日刊工業新聞社の好評図書

大好評発売中!

おもしろサイエンス
シリコンとシリコーンの科学

山谷　正明　監修　信越化学工業　編著
定価1600円+税　ISBN 978-4-526-07050-1

<目次>
- 第1章　元素の〝シリコン〟とスーパーマテリアル〝シリコーン〟は違う!
- 第2章　魔法のオイル、と呼ばれるシリコーンオイル
- 第3章　シリコーンオイルをベースにさらにその先の応用へ
- 第4章　3次元構造で、多彩な用途を持つシリコーンレジン
- 第5章　液状シリコーンゴムってどんなもの?
- 第6章　過酷な環境を耐え抜くシリコーンゴム
- 第7章　シラン製品っていったいなんなの?

　シリコーンは、「文明の調味料」とも呼ばれ、微量加えるだけで、驚くほど素材の特性が変化するため、電気・電子、自動車、建築、化学、化粧品、繊維、食品などさまざまな分野に使用されています。このようにシリコーンの応用範囲は、想像以上に多岐にわたっていますが、世の中にはあまり知られていない存在です。
　そこで、本書では、科学の視点から、誰にでもわかりやすく、理解しやすい読み物に近い形で、このシリコーンの基礎的な性質・特徴、そしてオイルから、ゴムまで幅広い応用例の数々を具体的におもしろく解説していきます。